兔场经营管理与生物技术利用

向　前　张秀江　向凌云　主编

中原农民出版社

·郑州·

图书在版编目（CIP）数据

兔场经营管理与生物技术利用 / 向前，张秀江，向凌云主编 . —郑州：
中原农民出版社，2021.11
ISBN 978-7-5542-2496-0

Ⅰ . ①兔… Ⅱ . ①向… ②张… ③向… Ⅲ . ①兔－养殖场－经营
管理 Ⅳ . ① S858.291

中国版本图书馆 CIP 数据核字（2021）第 228678 号

兔场经营管理与生物技术利用

TUCHANG JINGYING GUANLI YU SHENGWU JISHU LIYONG

出 版 人：刘宏伟
策划编辑：朱相师
责任编辑：卞　晗
责任校对：李秋娟
责任印制：孙　瑞
版式设计：薛　莲
封面设计：陆　斌

出版发行：中原农民出版社
　　　　　地址：郑州市郑东新区祥盛街 27 号 7 层　　　邮编：450016
　　　　　电话：0371-65788655（编辑部）　　　0371-65788199（发行部）
经　　销：全国新华书店
印　　刷：新乡市豫北印务有限公司
开　　本：710mm×1010mm　1/16
印　　张：15.25
字　　数：256 千字
版　　次：2021 年 11 月第 1 版
印　　次：2021 年 11 月第 1 次印刷
定　　价：39.00 元

如发现印装质量问题，影响阅读，请与印刷公司联系调换。

兔场经营管理与生物技术利用
编委会

主　　编　向　前　张秀江　向凌云

副 主 编　刘　丽　胡　虹　权淑静　张雯雯

参编人员　解复红　冯　菲　巩　涛　马　焕　王秋菊　张志龙

　　　　　　孙小玉　杨灵杰　张魁梅

主编简介

向前，中共党员。1966 年毕业于武汉大学生物系动物专业。曾先后担任内蒙古自治区公安厅业务干事、业务办公室主任、业务科长，河南省科学院生物研究所党办主任、副所长，河南省商城县副县长，河南省科学院黄淮海平原开发办公室副主任等职务。

曾任中国特种经济动植物协会（筹）常务理事、中国兔业协会专家团成员、中国畜牧兽医学会家畜生态学会分会常务理事、河南省特种养殖业协会副会长、河南省生态学会副秘书长等职务。

主持和参与国家级、省部级课题 12 项，获省部级科技进步二等奖 2 项、三等奖 3 项，获河南省科学院科研成果奖 7 项等。发表专业技术论文 164 篇，正式出版图书 38 本，共计 870 多万字。

获得"科技扶贫先进工作者""七五期间扶贫开发先进工作者""野生动物保护先进工作者"以及河南省省直机关"优秀共产党员"等荣誉称号。事迹被《当代中国科学家与发明家大辞典》《中国当代创业英才》《中国专家人才库》《世界文化名人辞海·华人卷》等 11 部典籍收录。

张秀江，河南省科学院生物研究所有限责任公司研究员，河南省工业酶工程技术研究中心主任。

2000年以来，针对我国畜牧和养殖业发展过程中存在的问题，带领团队对相关的技术进行了系统研究和科研攻关。主持和参与国家级、省部级课题9项。获省部级科技进步二等奖1项、三等奖2项。2010年至今作为第一作者发表核心期刊论文16篇，近3年申报国家发明专利6项，授权2项。2007年至今作为主编出版专著3册，作为副主编出版专著2册。

2006年被中国饲料工业协会评为"全国饲料添加剂科技创新先进工作者"，2010年被评为"河南省科普工作先进工作者"，2017年荣获"河南省创新争先奖状"，2018年入选"河南省科技创新杰出人才"，2018年被评为"河南省优秀科技特派员"。

向凌云，1972年，中共党员，河南省科学院生物研究所有限责任公司高级实验师，研究方向微生物。

2018年主持河南省科学院预研项目1项，2021年主持河南省科学院科技开放合作项目1项，2015年至今作为第一作者发表核心期刊论文3篇，近3年申报国家发明专利5项。主编出版专著1册，副主编出版专著5册。

前言

　　现代的养兔业已经发展成为畜牧业的重要组成部分，近年来由于受到回乡创业人员的重视，发展速度很快。然而，由于养兔企业只重视养兔生产不重视经营，不仅自身收入不高，而且在当地也没有培养出人们对兔肉的消费习惯，单靠出卖活兔营利，销售低谷期利润低，甚至赔钱，若是低谷期长一些，就会伤及企业的元气，走上倒闭的道路。

　　编者从事养兔的技术研究、产品开发研究和废物循环利用研究等工作已近半个世纪，积累了丰富的经验，为使大多数养兔企业立于不败之地，在家兔及其产品销售低谷期仍有利可获，使企业由小变大、由弱变强，现将养兔生产经营管理进行总结和分析，以期提高养兔生产的附加值，为企业争取获得更大的经济效益。

　　因为有关养兔场的生产经营的内容是首次系统总结的，可能会有一些不完善的地方或不当之处，请同行给予斧正。

编者

2020 年 7 月

目　录

第一部分　解读家兔 ………………………………………………… 1

第一章　兔产业发展的意义 ………………………………………… 2

一、快速生产优质肉食品 …………………………………… 3

二、促进生态农业发展 ……………………………………… 3

三、助力乡村振兴 …………………………………………… 4

四、带动裘皮工业的发展 …………………………………… 5

五、促进毛纺织工业的发展 ………………………………… 6

第二章　家兔的分类及特性 ………………………………………… 8

一、家兔起源及形成的应用方向 …………………………… 9

二、家兔原有品种介绍 ……………………………………… 10

三、家兔的体质 ……………………………………………… 18

四、家兔的外貌 ……………………………………………… 19

五、家兔的一般生活习性 …………………………………… 22

六、家兔的一般生理特性 …………………………………… 25

七、家兔的繁殖生理特性 …………………………………… 31

八、养兔的原则 ……………………………………………… 36

第二部分　兔场生产与生物技术利用 …………………………… 39

第三章　兔的营养需要与饲料配制 ……………………………… 40

一、兔饲料的化学成分及其营养作用 ……………………… 41

二、家兔各种常用饲料 ……………………………………… 48

三、日粮标准及参考饲料配方 ……………………………… 70

第四章　家兔分阶段饲养管理 ……………………… 78
　　一、家兔不同时期的划分及各时期的生理特征……… 79
　　二、家兔不同生理时期的饲养 …………………… 80
　　三、家兔不同生理时期的管理 …………………… 83

第五章　养兔提质增效技术 ………………………… 94
　　一、选择优良品种 ………………………………… 95
　　二、科学饲养 ……………………………………… 96
　　三、提高商品兔的育成率 ………………………… 97
　　四、兔舍环境因素控制 …………………………… 100

第六章　家兔生物育种 ……………………………… 102
　　一、家兔育种标准 ………………………………… 103
　　二、怎样建立家兔优秀种兔群 …………………… 105
　　三、建立育种体系和幼种兔的培育工作 ………… 118

第七章　家兔的繁殖技术 …………………………… 122
　　一、家兔生殖系统的解剖与功能 ………………… 123
　　二、家兔的生殖与繁殖计划 ……………………… 125
　　三、家兔配种技术 ………………………………… 130
　　四、提高家兔繁殖力的技术措施 ………………… 141

第八章　兔场建设与设施设备 ……………………… 145
　　一、兔场场址选择与布局 ………………………… 146
　　二、兔舍的建造 …………………………………… 149
　　三、兔笼的建造 …………………………………… 153
　　四、肉兔场所用饲具和用具 ……………………… 157

第九章　家兔的疾病防治 …………………………… 163
　　一、养兔场的卫生防疫 …………………………… 164
　　二、家兔健康检查与病兔给药方法 ……………… 167
　　三、疾病防治措施 ………………………………… 171

第三部分　兔场经营与管理 ………………………… 209

第十章　兔场经营管理新理念 ……………………… 210
　　一、经营与管理的辩证关系 ……………………… 211
　　二、生产与经营的新理念 ………………………… 211

三、建立规章制度规范管理 ·············· 213

第十一章　兔场高质量发展路径 ·············· 216

一、懂管理，会经营 ·············· 217

二、循环利用，绿色发展 ·············· 217

参考文献·············· 231

目　录

3

第一部分

解读家兔

· 兔产业发展的意义
· 家兔的分类及特性

第一章　兔产业发展的意义

一、快速生产优质肉食品

家兔繁殖力强,生长快,养殖周期短,饲料转化率高,是快速生产肉食品最好的养殖品种。早年有报道介绍,一只肉用良种母兔,在良好的饲养管理条件下,一年可生产 35 ~ 42 只商品兔。编者近些年经过实际考察认为,肉用品种兔每只母兔每年育成 40 只商品兔可以作为商品生产的指标。

兔肉营养很丰富,比其他畜禽肉的蛋白质含量高,而脂肪含量低,同时蛋白质的质量也比其他畜禽肉好得多。据畜牧科技杂志介绍,兔肉蛋白质生物效价为 40.15%,仔鸡肉的生物效价则为 31.62%,牛肉的生物效价为 24.61%。其原因在于兔肉中所含有的必需氨基酸完全、比例合理,如色氨酸、赖氨酸、蛋氨酸等主要氨基酸都比较丰富。

兔肉中脂肪含量占 8% 左右,与牛肉接近,比其他肉类脂肪含量低,例如仔鸡肉脂肪含量为 10.2%、母鸡肉脂肪含量为 18.7%、山羊肉脂肪含量为 19.4%、猪肉脂肪含量为 13.2%,牛肉脂肪含量为 7.4%。兔肉胆固醇含量为 0.05%,而牛肉胆固醇含量为 0.14%、猪肉胆固醇含量为 0.15%、仔鸡肉胆固醇含量为 0.09%,兔肉为最低。因此,长期食用兔肉对预防人类的脑血管疾病有很多好处。兔肉肌肉纤维细,消化率比其他动物肌肉都高。据测定,兔肉的消化率为 85%,而猪肉的消化率为 75%、牛肉的消化率为 55%、鸡肉的消化率为 50%。

兔肉具有“三高三低”的营养性,即高蛋白质、高赖氨酸、高消化率,低脂肪、低胆固醇、低热量,对各年龄段的人都有保健作用,常吃兔肉可以增强人们的体质。

二、促进生态农业发展

(一)兔粪尿促进农业增产

兔粪是高效有机肥,氮、磷、钾含量比其他家禽、家畜粪均高,兔粪的含氮量是牛粪的 7.9 倍,是羊粪的 3.8 倍,是猪粪的 3.5 倍;钾的含量是牛粪的 17 倍,是羊粪的 11.3 倍,是猪粪的 5.7 倍;磷的含量是牛粪的 65.9 倍,是羊粪的 37.3 倍,是猪粪的 44.8 倍。据测定,100 千克兔粪尿相当于 10 千克硫酸铵。

通常 1 只成年兔每年可积肥 100 千克,10 只小兔从小到大平均每天排粪尿 150 克,每 60 只小兔从出生养到 4 月龄,就能积粪尿 1 000 千克,可解决 1 亩地的农家肥问题。试验证明,庄稼施用兔粪比施其他农家肥高产,小麦增产 30%、早稻增产 28%、晚稻增产 18%,玉米增产 20% 左右。兔粪尿施于果园、茶园、菜园都有增产的效果。

兔粪尿不仅是高效有机肥,而且还有一定的灭菌、杀虫作用,能减少蝼蛄等地下害虫的数量。如在棉田里施用,能减少蝼蛄、红蜘蛛和黏虫的数量。鱼塘里施兔粪,可提高水的肥力,促进浮游生物的繁殖,增加鱼的饵料,提高淡水鱼的产量。

表 1-1　兔粪和其他畜禽粪尿比较表(%)

粪别	水分	氮	磷酸	钾
兔粪	66.6	2.30	11.20	1.70
牛粪	83.0	0.29	0.17	0.10
马粪	75.8	0.44	0.32	0.35
羊粪	65.5	0.60	0.30	0.15
鸡粪	56.0	1.60	1.70	0.80

(二)兔粪经发酵可以代替部分猪饲料

兔粪经过二次消化吸收以后,仍有丰富的营养,据测定,干兔粪中含粗蛋白质 18.4%、粗脂肪 4%、无氮浸出物 16.8%,用益生菌发酵后,不仅可消除其中的病菌和寄生虫卵,而且可使其中的纤维素降低 10%~15%,无氮浸出物含量提高 10% 左右,蛋白质含量也提高不少,同时维生素 B_2、维生素 B_{12}、烟酸、泛酸等多种维生素含量非常丰富,可以作猪的饲料。

三、助力乡村振兴

我国已经全面进入乡村振兴时期,要实现乡村的共同富裕,农民都需要有固定的项目、稳定的收入来源。我国是农业大国,农民是主体,目前虽然大部分中青年人到城市务工,但是也有一部分中年人由于家庭的特殊情况离不开农村,或在外时间长了想回家自主创业,他们都需要有好的项目、先进的生产技术来支撑。就目前来看,养兔的利润率在80%左右。以饲养肉兔为例,2015年冬季商品兔收购价在15元/千克,中原地区饲料原料比2013年以前大降价,肉用兔比较好的品种,到75日龄体重可以达到2.75千克,自己加工的饲料每千克在1.7元左右。以每育成1只商品兔需要全价配合饲料8.5千克、分摊种兔的饲料3千克,合计11.5千克,饲料费投入19.55元,再加防疫费和小病处置费1.2元,一只商品兔投入20.75元。那么出售价以每千克15元计算,2.75千克售价41.25元,扣除成本20.75元,利润20.5元,再扣除生产过程中一些杂支,1只商品兔纯收入也能在18元左右。

一对中青年夫妇如果常年饲养200只基础母兔,按每只母兔每年育成40只商品兔,全年可育成商品兔8 000只,每年纯收入可达14.4万元。如果经过2~3年养兔技术熟练后,再增加兔粪发酵养猪的内容,每年再育成100头肥猪,每头肥猪平均纯收入500元,再增加5万元,全年纯收入可达20万元。一个5口之家,人均纯收入4万元。

养兔生产采取的是立体笼养,便于管理,再加上用益生菌作添加剂,可以去除兔舍的臭味,不给生活环境带来压力,属于生态养殖。发展养兔生产应尽可能以"一乡一业、一村一品"的生产模式,在一个乡或一个村集中发展,实现小规模大群体的生产格局。对1户农民来说,1年出售4 000只商品兔不少,8 000只不多,但对一个行政村或几个行政村来讲,年生产商品兔就可能会有十几万只或几十万只,就形成了规模,便于收购、加工形成产业,带动养兔持续发展。在这个产业内有专门培育种兔的、专门从事笼具加工的、专门收购商品兔运销或就地加工的,最后形成产业链。兔肉可以鲜食,也可以以风味熟食的形式上市。

四、带动裘皮工业的发展

我国目前所饲养的皮用兔绝大多数是獭兔,1924年首次在法国巴黎国际家兔博览会上展出以后,不久就由传教士带到中国,在中国开始零星饲养。中华人民共和国成立以后,我国从苏联引种,但没有形成商品生产。1979年浙江皮货商包起昌先生从美国首批引进144只种獭兔,在浙江省定海市金塘饲养。1980年中国土畜产进出口总公司从美国引进种獭兔2 000只,1984年农业部也从美国引进种獭兔800只,分散养殖在北京、天津、浙江、山东等地。1986年中国土畜产进出口总公司又接受美国国泰裘皮公司赠送的种獭兔 300 只,四川、北京、山东等地又陆续引进獭兔种 600 多只,至此全国已引进獭兔种 4 000 只,遍及全国各地。2000 年獭兔饲养大暴发后,獭兔存栏量达 600 万只,年产等级皮千万张,獭兔养殖成为我国农村的一项新兴养殖业。

由于世界范围都在保护野生动物,禁止狩猎,人工饲养狐狸和水貂等珍贵毛皮动物饲料价格高、成本贵。用狐狸皮、水貂皮制作的 1 件裘皮女大衣要价 3 万~4 万元,到 2013 年,1 件女式貂皮大衣卖价达 7 万~8 万元,中等收入人群很少问津。獭兔是草食动物,饲养成本低,皮张价格也低,且制出的裘皮服装轻柔、美观、华丽、价廉,很受中等消费水平的人群青睐,消费量很大。欧洲国家是裘皮用量最多的地方,据不完全统计,獭兔皮加工量占整个裘皮加工量的 60% 以上。我国每年生产獭兔皮 4 000 万张左右,除了国内自己加工服饰以外,还对欧洲国家进行出口。

五、促进毛纺织工业的发展

毛用兔起源于土耳其的安哥拉城,因此称为安哥拉兔。是家兔中的长毛型突变体,因其毛绒奇特、洁白、美观而深受人们的喜爱。这种突变体经过育种专业人员指导下的扩大繁殖、定向选育和培养,形成了长毛兔。一开始人们对长毛兔只是玩赏,18 世纪土耳其开始向国外销售种兔,先后传入法国、美国、德国、日本等国家。随着饲养范围的扩大和毛纺工业的不断发展,利用兔毛纺织毛线制作毛衣的产业开始兴起,由于兔毛绒柔软、细暖、透气性好、吸水性好、染色后色彩绚丽,深受消费者青睐,在世界范围内迅速扩散。

我国于 1924 年首次从日本引进长毛兔,1926 年又从法国引进法系长毛兔,长毛兔生产初期分散在浙江一带。20 世纪 50 年代初期随着兔毛外销渠道打开,优质毛优价政策的落实,大大提高了养兔户饲养、选择、培育良种的积极性,种兔的质量和数量都有较大的发展。1954 年我国开始出口兔毛,当年出口只有 0.4 吨,占世界兔毛贸易量的 0.3%。以后兔毛逐年出口量如表 1-2。

表 1-2　我国兔毛出口情况表

统计年份	收购数量（吨）	出口数量（吨）	占世界贸易量（%）
1954		0.4	0.3
1959	540	335	17.0
1969		1 250	78.0
1979	3 515	2 675	92.0

　　2013 年前后我国年产兔毛在10 000吨左右，除了原毛出口以外，国内还将其加工成兔毛绒出口，大大提高了兔毛的附加值。饲养长毛兔主要的省、直辖市有山东、江苏、浙江、河南、安徽、山西和陕西，天津、上海、四川也有饲养。其产品主要销往德国、美国、意大利、荷兰、加拿大等。

　　随着经济的发展和人民消费水平的提高，人们对服饰用品追求向着"轻、软、暖、爽、美"的方向发展，兔毛织品恰恰具备了这 5 个方面的优点，是棉花、化纤、羊毛和其他兽毛所无法比拟的。兔毛纤维平均细度为 14～15 微米，比最细的羊毛（16～23 微米）还细，所以兔毛织物轻薄柔软；兔毛吸湿能力强，吸湿度达 60%，比羊毛高 1 倍，比棉花高 2 倍，人穿着用兔毛织出的布料做成的夏装时，身上汗水能以最快的速度挥发，从而降低人体表面的温度；优质兔毛白亮如雪，其皮质层细脆易吸收染料，所以兔毛染色纯正；兔毛蛋白质中的氨基酸链架构特殊，因此兔毛织品经久耐用，挺爽舒适。近些年山东省、长三角的一些省市兔毛纱出口，大大提高了出口创汇能力。

　　前些年统计，全世界兔毛最高年产量不过 2 万吨，其中贸易量的 90% 来自中国，全世界每年产棉花、化纤、蚕丝、羊毛和其他兽毛的总和有6 000万吨，兔毛只占 0.03%。2 万吨兔毛，世界人均不到 5 克，中国人均不到 20 克。因此，兔毛生产量和需求量差距很大，具有非常大的发展空间。

第二章 家兔的分类及特性

一、家兔起源及形成的应用方向

家兔是由野生穴兔经过人类长期驯化和选育而形成的家养动物。我国人工养兔具有悠久历史,古书中对白兔的人工养殖记载最早在公元 37 年,即汉建武十三年。另据考证,中国先秦时代即养兔。

家兔种在穴兔驯化的基础上,经过变异个体的培育和选择、人为的杂交定向选择和培育,到目前为止已形成 60 个不同的品种、200 个不同品系,四大应用方向(肉用兔、毛用兔、皮用兔和近些年培养的玩赏兔)。

(一) 肉用兔

第二次世界大战以后,由于兔肉生产被重视,交易已进入了国际市场,促进了养兔业的发展,世界各国在原驯化穴兔(家兔)基础上,相继培育出许多肉用新品种。例如中国白兔、喜马拉雅兔、日本大耳白兔、青紫蓝兔、新西兰兔、比利时兔、加利福尼亚兔、德国巨型兔、公羊兔等 20 多个品种。

(二) 长毛兔

毛用兔,俗称长毛兔。长毛兔是家兔的变种。有关长毛兔起源比较公认的说法是:在土耳其的安哥拉城的某养兔场标准毛型的兔群中出现了长毛型的突变体,因其毛绒奇特、整洁美观而深受人们的喜爱,人们将这种长毛兔饲养起来,使其繁衍后代供少数人观赏用。18 世纪中期土耳其开始向国外输出长毛兔,先后传入法国、美国、德国、日本等国家。随着饲养范围的扩大和毛纺织业的不断发展,利用兔毛纺织高档毛线的产业开始兴起,由于羊毛线柔软、细暖、透气性好、吸收性强,染色后色彩绚丽,深受消费者青睐,因而使长毛兔养殖得到迅速推广。经各国养兔界多年选育,杂交改良,先后形成了比较著名的美系、法系、德系、日系等长毛兔品种。因长毛兔起源于安哥拉城,因此定名为安哥拉兔,把德国培育的新品种称德系安哥拉兔,法国培育的新品种称为法系安哥拉兔……

(三) 皮用兔

皮用兔起源于法国科伦地区,是由家兔中出现的突变个体培育而来的。据记载,在 1919 年法国一个名叫卡隆的牧场主的兔群中,一窝灰兔中出现了一只短毛的幼兔,几个月后棉毛状的被毛脱落,换成了十分漂亮的短绒。后来又在另一个地方发现了一只短毛的异体兔。这件事被法国一位名叫吉利的神父所知,他出资买下了这两只突变体的短毛兔,使其交配、繁殖、扩群、选育,逐渐形成了一个品种。因这个品种的兔绒毛平齐而密,戗毛不露出绒毛面,显得十分漂亮,故命名为卡司它·力克斯。卡司它在法语里意思是海狸,力克斯在拉丁文里意思是王,卡司它·力克斯即海狸王。因其被毛细密平齐而直立,富有绚丽的丝光,手感柔软、舒适,也有人称其为天鹅绒兔。又由于其被毛细密,很像珍贵动物水獭的皮,故又称獭兔。

獭兔首先在1924年法国巴黎国际家兔博览会上展出时,轰动了养兔界,得到了养兔界的高度重视,成为当时最受人们喜爱的家兔新品种,并逐渐流传到世界各地。20世纪30年代后期,英国、德国、日本、美国都相继引进饲养,并培育出各色型的獭兔。在英国得到认可的有28个色型,在美国有14个色型。法国是培育出獭兔最早的国家,种兔的品质最好。德国继法国之后也培育出獭兔的另一个品系——德系獭兔,从事獭兔选育、提纯、复壮的是养兔学家拉贝克,他培育出的德系獭兔,个体大、体型粗壮,成年兔体重多为4.0～4.5千克,前胸深、宽,但粗毛率高。美国也培育出一个新的品系,称美系獭兔,成年兔体重3.6～4.0千克,毛密绒细,粗毛率相对较低。

（四）玩赏兔

玩赏兔是近些年新培育出的一种类型的兔,其特点是体型小,成年兔在2～2.5千克,毛长,有的面部和耳尖有长毛,非常好看。

二、家兔原有品种介绍

家兔品种按体型分有大体型兔、中体型兔和小体型兔。

大体型兔主要特征:体型大,体重在5千克以上,增重速度快,性成熟迟,性成熟在5月龄以上,繁殖力较差。例如公羊兔、比利时兔、德国花巨型兔及我国培育的哈白兔、塞北兔等。

中体型兔主要特征:体型中等,体重3.5～4.5千克,增重速度中等,性成熟为3.5～4月龄,繁殖力中等。例如新西兰兔、加利福尼亚兔及我国培育的虎皮黄兔和豫丰黄兔。

小体型兔主要特征:体型小,体重2～3千克,一般不会超过3.5千克,性成熟早,3月龄就达到性成熟,繁殖力强,母性好,抗病力强,抗热能力强。例如中国白兔、原美系獭兔等。

按应用方向分,家兔可分肉用品种兔、皮用品种兔、毛用品种兔和现在正在培育的玩赏品种兔。

(一)肉用品种兔

1. 公羊兔　又名垂耳兔,是大体型肉用兔品种。以黄褐兔者居多。头粗糙,眼小,颈短,背腰宽,臀圆,骨粗,体质疏松肥大。该品种兔早期生长快,40日龄断奶时仔兔平均1.5千克,成年兔体重6~8千克,最高可达9~10千克。耐粗饲,抗病力强,易饲养。性情温顺,不爱活动,因反应迟钝,故有人称它"傻瓜兔"。其繁殖性能低,主要表现为受胎率低,哺育仔兔性能差,产仔少。该品种兔作为父本与中体型兔杂交,效果好,杂交1代生长发育快,抗病力强,经济效益高。特别是同是大体型兔的比利时兔杂交,效果更好,被毛颜色一致,被认为是比利时兔。

2. 德国巨型兔　原产于德国,是一个大体型肉用兔品种。德国巨型兔全身被毛为白底黑花,黑白分明。黑眼睛、黑耳朵、黑嘴环、黑鼻头,从耳朵后到尾根部有1条黑色脊背线,从头到身躯两侧有对称的黑斑或黑点。又由于鼻、嘴部的黑色花斑形似蝴蝶,又被称为蝴蝶花斑兔。

该品种兔身腰长,身躯呈弓形,腰腹部距离地面较高。性情温顺,行动敏捷,喜欢跳动。该品种仔幼兔生长发育较快,3月龄体重可达2.5~2.7千克,成年兔体重为5~6千克,最高可达7千克以上。繁殖能力很强,胎产仔10~12只,最高可达16~19只,但哺乳性能不够好,母性不强,胎产仔数不稳定。

该品种兔对饲养管理要求较高,在粗放的饲养管理条件下,退化现象比较明显,表现在被毛黑白色不规则,有的黑色斑点变为黄褐色,体型也变小。

3. 比利时兔　由英国的育种家用原产于比利时的野生兔驯化改良而成,是一个大体型肉用兔品种。

比利时兔被毛为深褐、浅褐或赤褐色,体躯下部毛色变灰白色,尾内侧呈黑色,外侧灰白色,与野兔毛色相似。眼球成黑色,耳朵宽大直立稍倾向两侧。头型粗大,颊部突出,脑门宽圆,鼻梁隆起,头形似马,故被称为"马兔"。该兔四肢长,体躯离地面高,细长而健壮,行动敏捷,善于跑跳,被誉为兔中的"竞走马"。

该兔为大体型肉用兔,仔、幼兔阶段生长发育快,3月龄体重可达2.8~

3.2千克，成年兔体重可达5.5～6.5千克，最高可达7～9千克，极少个体可达10.5千克。兔体肌肉丰满，体质健壮，生长发育快。适应性强，繁殖力强，年繁殖4～5胎，胎产仔7～8只，最多达16只；泌乳力强，仔兔生长发育均匀。

该品种兔与中国白兔、日本大耳白兔和加利福尼亚兔杂交可获得很好的杂交优势。

4. 新西兰兔　本品种兔原产于美国，是近代世界著名的肉用品种之一，世界各国广为饲养。新西兰兔有白色、红棕色、黑色3个变种。新西兰白兔是3个变种中最著名的、饲养量最多的一个变种。

新西兰白兔全身被毛纯白，眼呈粉红色，头宽圆而粗短，耳朵短小，后躯滚圆，腰肋丰满，四肢健壮有力，全身结构匀称，发育良好，具有肉用品种的典型特征。本品种最大的特点是早期生长发育快，在良好的饲养管理条件下，10周龄体重可达2.3千克，成年兔体重可达4.5～5.4千克，而且出肉率高，肉质细嫩。本品种繁殖力强，胎产仔6～8只。也耐粗饲，饲料利用率高，适应性和抗病力均强。特别是其有丰厚的脚毛，脚皮类病发病率低。

新西兰白兔自20世纪70年代引入中国，目前许多省市均有饲养。多年饲养表明，该品种兔能适应各地气候条件，抗病力很强，育肥性能好，产肉率高，肉汁细嫩，是饲养界公认的有前途的肉用优良品种。本品种兔与中国白兔、日本大耳白兔或加利福尼亚兔杂交，能获得很好的杂交优势。

5. 加利福尼亚兔　育成于美国加利福尼亚，是一个专门化的中型肉用兔品种。

加利福尼亚兔的毛色以纯白色为主，鼻端、两耳、四肢及尾部被毛为黑色或锈黑色，故被称为"八点黑"兔。被毛丰厚、平齐、秀丽，眼呈红色，耳小直立，颈粗短，体长中等，肩部和后躯发育良好，胸围较大，体质紧凑，肌肉丰满。本品种兔体型中等，3月龄体重可达2.3～2.6千克，成年兔体重3.6～4.8千克。生命力和适应性均强，毛绒厚密、柔软，早成熟易肥，肉质细嫩，屠宰率高，净肉率也高。母兔性情温顺，平均每胎产仔7～8只，母兔泌乳性能好，是有名的"保姆兔"。其生长速度略低于新西兰兔，断奶前后对饲养管理条件要求较高。本品种与新西兰白兔杂交，杂种优势明显。

6. 齐卡兔　是一个配套系专门化肉兔优秀品系。是由德国的齐默尔曼博士培育而成的，中国四川省畜牧兽医研究所于1986年从德国引进。

齐卡配套系由大、中、小三个品系构成，大型品种为德国巨型白兔，中型兔为德国大型新西兰白兔，小型兔为德国合成白兔。它们的外貌特征和生产性能分别是：

德国巨型白兔(配套系中的 G 系)：全身被毛纯白，红眼，两耳大而直立，头粗大，体躯长大丰满。此系兔早期生长发育快，3 月龄体重 2.7 ~ 3.4 千克，成年兔体重 6 ~ 7 千克。饲料报酬高，料肉比 3.2∶1。该兔耐粗饲，适应性强，年产 3 ~ 4 胎，胎产仔 6 ~ 10 只。性成熟较晚，6 ~ 7.5 月龄才能初配，夏季不育持续期较长。

大型新西兰白兔(配套系中的 N 系)：全身被毛洁白，红眼，耳短小，头型粗壮，体躯丰满，呈现典型的肉用砖块形。该兔早期生长发育快，3 月龄体重达 2.8 ~ 3.0 千克，成年体重 4.5 ~ 5.0 千克。肉用性能好，饲料报酬高，料肉比 3.2∶1。年产仔 5 ~ 6 胎，胎产仔 7 ~ 8 只，最高胎产 15 只。养育该兔时，饲养管理要精细。

德国合成白兔(配套系中的乙系)：该兔被毛纯白，红眼，头清秀，两耳薄，体躯长，清秀。其最大的优点是，母兔的繁殖性能好，可年产仔兔 60 只，平均每胎产仔 8 ~ 10 只。仔兔成活率高，适应性好，耐粗饲。3 月龄时体重 2.1 ~ 2.5 千克，成年兔平均体重 3.5 ~ 4.0 千克。

这三个品系配套生产商品杂交优势兔。其制种模式是：德国巨型白兔 (G)♂ × 大型新西兰白兔(N)♀ → GN♂ 做父系，德国合成白兔(乙)♂ × 齐卡大型新西兰白兔(N)♀ → 乙 N♀ 做母系，GN♂ × 乙 N♀ → 商品兔。

商品兔的生产性能，德国标准为：年产商品活仔兔 60 只，胎平均产仔 8.2 只，28 日龄断奶时平均体重 650 克，56 日龄体重达 2.1 千克，84 日龄体重 3.0 千克，日增重 40 克，料肉比 2.8∶1。四川省畜牧兽医研究所在开放式的自然条件下，测得的结果是：3 月龄体重 2.4 千克，日增重 32 克以上，料肉比 2.3∶1，达到国内领先水平。

7. 布列塔尼亚兔　是法国养兔专家贝蒂先生经多年精心培育而成的大型肉兔配套系，由 A、B、C、D 四系组合而成。1994 年黑龙江省双城市龙华畜产品有限公司和吉林松原市永生缘草畜牧有限公司分别从法国引进了该配套系，这是继四川省从德国引进齐卡配套系后，中国引进的第二个肉兔配套系。

该配套系具有较高的生产性能，极高的繁殖性能和较强的适应性。据资料介绍，该配套系祖代之一 A，成年兔体重 5.8 千克以上，性成熟期 6.5 ~ 7 月龄，幼兔 70 日龄体重 2.5 ~ 2.7 千克，28 ~ 70 日龄之间料肉比 2.8∶1；祖代之二 B，成年兔体重 5.0 千克以上，性成熟期 121 ± 2 天，幼兔 70 日龄体重 2.5 ~ 2.7 千克，28 ~ 70 日龄的料肉比 3.0∶1，每只母兔生产断奶仔兔 50 只；祖代之

第一部分　解读家兔

013

三 C,成年兔体重3.8~4.2千克,性成熟5.5~6月龄,性情活泼,性欲旺盛,配种能力强;祖化之四 D,成年兔体重4.2~4.4千克,性成熟期(113±2)天,年产活仔兔80~90只,具有极强的繁殖能力。

该配套系生产工艺流程是:由祖代 A 与祖代 B 交配繁殖的后代做父系,父系兔成年兔体重5.5千克,性成熟期6.5~7.0月龄,28~70日龄日增重42克,料肉比2.8:1;由祖代 C 与祖代 D 交配繁殖的后代做母系,母系兔成年兔体重4.0~4.4千克,性成熟117±2天,胎产仔10只,胎产活仔9.3~9.5只,28日龄断奶,断奶时仔兔成活8.8~9只,出栏时窝成活8.3~8.5只。

由父系群里选择的优良公兔做商品生产的公兔、由母系群里选择的优良母兔做商品生产的母兔所繁殖的后代为商品兔。这一配套系繁殖性能特别强,胎产仔一般9~12只,最高达23只,其他生产指标均能达到配套系生产能指标。

8. 青紫蓝兔 原产于法国,是典型的皮肉兼用兔,这里放入肉用兔介绍。青紫蓝兔毛色为灰蓝色,每根毛纤维自基部向毛梢分为石盘蓝色、乳白色、珠灰色、雪白色和黑色五段颜色,毛被夹有全黑和全白的粗毛,吹开毛被呈现彩色蝶形旋涡,很美。被毛浓密均匀,有光泽。因其毛皮与南美洲产的一种珍贵毛皮动物青紫蓝绒鼠相似,故被称为青紫蓝兔。该兔的眼睛呈茶褐色或蓝色,眼圈和尾端尾底为白色,耳尖和尾背呈黑色,唇额三角区和腹部为浅灰色。

青紫蓝兔分为标准型、美国型、巨型 3 个类型,分别介绍如下:

标准型:体型较小,耳短小直立,面圆小,体质结实紧凑,成年母兔体重2.7~3.6千克,成年公兔体重2.5~3.4千克。

美国型:体型中等,腰臀丰满,成年母兔体重4.5~5.4千克,成年公兔体重4.1~5.0千克。

巨型兔:是偏于肉用的大型品种。体大耳长,有的一耳竖立一耳下垂,颈下有肉髯,成年母兔体重5.9~7.3千克,成年公兔体重5.4~6.8千克。

青紫蓝兔性情温顺,耐粗饲,体质健壮,抗病力强。生长发育快,产肉率高,肉味鲜美,毛皮品质好。繁殖力强,年产仔4~5胎,胎产仔7~8只,母兔母性好,泌乳力强。本品种在中国分布很广,尤以标准型和美国型饲养量较大。

9. 日本大耳白兔 原产于日本,是一个小体型品种。全身被毛纯白紧密,针毛含量较多。眼为红色,头方长粗大,嘴稍钝,耳朵长大直立,耳根细,耳端尖,耳穴向外,形似柳叶,颈和躯干较长,四肢粗壮,母兔颌下有肉髯。

目前中国各地均有人饲养此品种,个体分大、中、小3个类型。

大型大耳白兔:成年兔体重5.0~6.0千克,最大的达8.0千克。

中型大耳白兔:成年兔体重3.0~4.0千克。

小型大耳白兔:成年兔体重2.0~2.5千克。

中国饲养较多的是大型大耳白兔。大型大耳白兔耐粗饲,耐寒性强,成熟早,生长发育快,肉质好,皮张面积大品质优良、易染色。繁殖力强,母兔年产4~7胎,胎产仔8~10只,最高胎产仔19只,母性好,常被用作"保姆兔"。

10. 哈白兔　是哈尔滨兽医研究培育而成的大型肉用兔。哈白兔被毛纯白,毛纤维比较粗长。眼睛红色,大而有神,头大小适中,耳大直立,四肢健壮,体型均匀。该品种兔体型大,早期生长发育快,3月龄体重达2.5千克,成年公兔体重5.5~6.0千克,成年母兔体重6.0~6.5千克,个别大的个体成年体重达8.8千克。产肉率高,饲养利用率高,料肉比3.35:1。皮毛品质好,遗传性稳定。耐寒,耐粗饲,抗病力和适应性均强。繁殖力强,胎产仔8~10只,育成率达85%以上。

11. 塞北兔　是张家口高等农业专科学校培育的一个大型肉用型品种。塞北兔被毛多为黄褐色,尾巴边缘饬毛上部为黑色,尾巴腹面、四肢内侧、腹部毛为浅白色。被毛绒密,弹性好。头中等大小匀称,眼眶突出,眼大而有神,微向内陷,下颌骨宽大,口方正,多数鼻梁上有一黑色山峰线。耳朵宽大,一耳直立一耳下垂,故称斜耳兔,但兼有少量两耳直立或两耳下垂的。颈粗短,成年兔颌下有肉髯。肩宽大,胸宽深,背平直,后躯丰满,四肢粗短而健壮,体躯匀称。本品种兔体型大,生长发育快,3月龄体重达到2.1千克,成年兔体重5.0~6.5千克,个别个体可达7.5~8.0千克。饲料报酬高,育肥期料肉比达到3.29:1。性情温顺,耐粗饲,抗病力和适应性均强。繁殖力强,年产仔4~6胎,胎产仔7~8只,高者达15~16只,断奶成活率达81%。

(二)皮用品种兔

1. 美系獭兔　从美国引进,是我国獭兔饲养早期饲养量最多的一个品系。外貌特征是头小嘴尖,眼大而圆,耳中等大小而直立,转动灵活,颈部稍长,肉髯明显,胸部较窄,腹部发达,背腰略成弓形,臀部较发达,肌肉丰满。色型以白色为主,还有黑色、蓝色、咖啡色、加利福尼亚色等多个色型。成年兔体重3.5~4.0千克,体长45~50厘米,胸围33~35厘米。繁殖较强,胎产仔6~8只,初生重40~50克,母性好,泌乳力强,40日龄断奶时体重400~500

克,5~6 月龄体重达 2.5 千克。美系獭兔最大的特点是毛皮质量好,被毛密度大,粗毛率低,毛被表面平齐度好,同时由于引入我国时间较长,适应性好,易饲养;不足之处是体型偏小,品种退化严重。

2. 法系獭兔 1998 年从法国引进,外貌特征是体型较大,胸较宽深,背宽长,四肢粗壮,头圆颈较粗,嘴巴呈钝形,肉髯不明显,耳朵短而厚,呈"V"形直立,眉须弯曲,毛被浓密,平齐度好,粗毛率低,毛纤维长 1.55~1.9 厘米。色型以白、黑、蓝为主,白色养殖得比较普遍。成年兔体重 4.5 千克。胎产仔4~6 胎,仔兔生长发育快,32 日龄断奶时平均体重 640 克,3 月龄体重 2.3 千克,6 月龄平均体重达 3.65 千克。皮毛品质好。不足之处是不耐粗饲,饲料营养标准高,不适应粗放的饲养管理条件。

3. 德系獭兔 从德国引进,体型粗壮,体重也比法系兔大,特别是前胸也比法系獭兔宽深,体躯近似筒状。被毛浓密,出毛率比法系兔高。成年兔体重 4.5~5.0 千克,适应强,耐粗饲,抗病力强。繁殖力不及美系獭兔。生产中常有人用白兔德系獭兔做父本,与美系獭兔母兔杂交,其后代体型大,生长发育快,被毛也比美系獭兔丰厚。自从法系獭兔引进后,用这种方法的人就少见了。

4. 四川白獭兔 四川白獭兔繁殖性能好,母兔发情后的受配率81.8%,胎产仔平均 7.1 只。仔、幼兔生长发育快,6 周龄断奶时,体重 678.2 克,断奶时仔兔成活率 94.03%,8 周龄时平均体重1 268.92 克,12 周龄时平均体重2 016.92 克,22 周龄时平均体重 3 040 克。毛皮品质好,生皮面积平均1 132.83 厘米,毛被密度22 935 根/厘米^2,毛的长度 17.46 毫米,毛的细度 16.78 微米。毛被密度达到世界先进水平,生产性能和繁殖力达到国内领先水平。

(三)毛用品种兔

1. 德系安哥拉兔 刚刚引进中国时中国人称"西德长毛兔",是世界最著名的长毛兔。

德系安哥拉兔被毛洁白,密度大,逆向吹开毛被,几乎看不到皮肤。被毛细长柔软,有毛丛结构,排列整齐,结块率低,有明显的波浪弯曲。四肢、脚毛、腹毛都很浓密。面部无长毛,个别个体有少量额毛和颊毛,大部分耳背无长毛,仅耳尖部有一撮缨穗状刷毛(少部分没有)飘出耳外。该品系兔属细毛型,细毛占90%以上,粗毛长 8~13 厘米,平均长 9 厘米,细毛长 5.5~9 厘米,平均长7.5厘米。德系安哥拉兔产毛量高，成年公兔年产毛量1 140克，成年母兔年平均产毛量1 350克。德系安哥拉兔头型偏尖削，但也有短而宽的，双耳长而厚。四肢较粗壮，胸部和背部发育良好。体型较大，成年兔体重平均3.75～4.00千克，高者达5.7千克。繁殖性能较差，公兔雄性较强，母兔母性较差，年产仔3～4胎，胎产仔5～7只，夏季配种不易受胎。耐粗饲，耐热性较差，抗病力也较弱，遗传性能不稳定，因此对饲养管理要求的条件较高。在养兔生产上，要因时因地制宜，采取有效措施。

2. **法系安哥拉兔** 属粗毛型长毛兔。耳背部无长毛，俗称"光板"，是与英系安哥拉兔相区别的主要特征。头稍尖，面长鼻高，耳朵大而直立，骨骼比较粗重。成年兔体重3.0～4.0千克。繁殖力较强，年产仔兔4～5胎，胎产仔6～8只，母兔泌乳性能好。抗病力和适应性都较强。被毛密度较差。额毛、颊毛和脚毛较少，腹部毛较短。毛长8～13厘米，最长达17.8厘米，粗毛含量高达8%～15%，法系安哥拉兔因粗毛率高而闻名，年均产毛900克，优秀母兔年产毛量达1 200克。

3. **英系安哥拉兔** 属于细毛型长毛兔。被毛雪白，蓬松似棉球，密度较差。耳端有缨穗状长绒毛，飘出耳外，甚为美观，额毛、颊毛较多。被毛长达10～11厘米，从脊背自然分开，向两侧披下。毛质细嫩，绒毛含量占98%以上，年均产毛量400～600克。英系安哥拉兔头型小，鼻梁低，鼻端缩入，耳朵宽薄。体型较小，成年兔体重2.5～3.5千克。繁殖力较强，年产仔4～5胎，胎产仔4～6只。该品系兔体质较弱，抗病力不强。目前纯种英系安哥拉兔已经很少见了。

4. **中系安哥拉兔** 中系安哥拉兔分为不同类型的兔群。有的耳毛特别多，而头部绒毛少，面部稍尖，称全耳毛兔；有的兔群除了耳毛丰盛外，头部绒毛也很丰盛，额毛、颊毛连成一片，形成面相发圆的"狮子头全耳毛兔"；有的趾间和脚底密生绒毛，形成"虎爪兔"。中系安哥拉兔被毛柔软，绒毛较细，戗毛较少，被毛易结块，公兔结块率尤高。年产毛量250～350克，最高达500克。中系安哥拉兔骨骼较细，胸部略窄，皮稍厚，体型较小，成年兔2.5～3.5千克。耐粗饲，耐热，适应性与抗病力均强，性成熟早，繁殖力强，年产仔3～4胎，胎产仔7～8只，最高达11只，哺乳性好，成活率高。该品系的兔体型小，生长慢，产毛量低，有待进一步选育提高。

5. **镇海巨型长毛兔** 该品系兔成年平均体重5.0千克，高者达7.45千克。仔、幼兔生长发育快，2月龄平均体重2.0千克，3月龄平均体重达3.0千克。该品系兔所产绒毛粗,密度大,不缠结,粗毛含量高。繁殖力强,胎平均产仔5.5只,母性强,仔兔成活率高。适应性和抗病力均比较强。

6. 苏系、浙系、皖系粗毛型长毛兔　苏系粗毛型长毛兔:平均粗毛率15.71%,年产毛量平均898克,成年兔体重4.5千克。浙系粗毛型长毛兔:平均粗毛15.94%,年产毛量平均989克,成年兔平均体重4.0千克。皖系粗毛型长毛兔:平均粗毛率15.14%,年产毛量平均1 012克,成年兔平均体重4.1千克。以上3个品系的繁殖力强,生长发育快,产毛量和粗毛率均高,再继续选育,各项性能基本稳定后,可以达到德系长毛兔的产毛量和法系长毛兔的粗毛率的"双高"特性。

(四)玩赏兔

近些年由于人民生活水平的提高,在城市继玩赏狗以后,又出现了玩赏兔。由于兔相对狗来讲不会咬人,小孩玩得多,大人也比较放心。最早是有些人到养兔场里购买加利福尼亚的肉用品系或獭兔品系的断奶小兔,重量50克1只,毛洁白,尾巴和鼻端、两耳和四肢八点都是黑色,非常好看。又是草食动物,饲料非常好寻找。以后有人引进一些外部形态美好的小体型兔品种,集中专业饲养,生产后代向外出售,由中间商运往各大城市猫狗市场出售,由于是新兴行业,商品兔也少,售价较高,销售情况没有加利福尼亚小兔好。建议养兔的科研和生产人员抓紧育种,培育出更多品系的玩赏兔,销售形势肯定会很好。

三、家兔的体质

家兔与其他家畜一样,它们的体质与其产品方向密切相关,同时体质也影响繁殖力、生活力和抗病力。家兔的体质与饲养管理条件、选配技术也分不开;通过体质鉴定,也可以判定饲养过程中采取综合技术措施的效果。在实际评价中多是以其外形为依据来鉴定家兔的体质。家兔的体质可分为如下四个类型:

(一)粗糙型体质

粗糙型家兔由于先天性发育良好,从小能适应外界不良环境,因此,头部、四肢和全身骨骼都很粗大,胸围大,皮肤粗厚,全身肌肉发达,被毛粗硬,有大量针毛,生活力和抗病力都强。

(二)紧凑型体质

紧凑型家兔先天发育良好,后天也得到适当营养,具有圆而稍长的头,但不粗大,骨骼结实,皮肤紧密,被毛丰满,肌肉结实,结缔组织脂肪层不发达,生产性能良好,抗病力强,生活力也很好,具有良好的健康状态,是最好的家兔。

(三)细致型体质

细致型家兔与粗糙型家兔相对饲料营养要求高。头小而清秀,轻而细的骨骼,皮肤细嫩,容易伸延,肌肉不发达,被毛柔软,细而拉力小,食量不大,生产性能与生活力都低,患病率高。在选择过程中注意淘汰这一类个体。

(四)疏松型体质

疏松型家兔与紧凑型家兔正好相反,先天性虽然是良好的,但在长至成兔阶段,没有很好的运动,特别是营养过剩,造成体质疏松。它的外形虽然很大,实际肉不扎实、骨骼不结实。肌肉和皮肤都很松弛。皮下脂肪很发达,肌肉和内脏器官间有大量脂肪。被毛柔软而稀疏,生活力和抗病力都很弱。

四、家兔的外貌

鉴定家兔的外貌,应重点掌握主要特征部位,一般用目测和综合称量的办法来进行。

(一)头部

公兔头部要比母兔头部宽圆而粗大。发育正常的家兔,头部大小与躯体成正比。家兔头部外形一般可以说明其体质类型:头部过于粗大,可以判定为粗糙型;头部过小,耳根有细嫩的显露的皮肤,呈现头小体大,表示过度发育,可判定为细致型;头大体小,则表示后天发育不良。

(二)眼睛

有色品种的家兔,眼球有各种颜色,如天蓝色、茶褐色、灰色、黑色等。有色品种家兔,眼球颜色一般与被毛颜色一致。法国公羊兔眼球呈黑色,青紫蓝兔眼睛为褐色,有色力克斯兔眼球呈灰色。白色家兔眼球不含色素,实质为红色,那是眼球内血液的颜色,不是眼球本身的颜色。由于眼球虹彩组织不同,眼球有呈粉红色的,也有呈樱桃红的。有色品种家兔的白色眼圈是否鲜明整齐,可以说明品种是否纯正。

(三)耳朵

家兔耳朵的形状、长度和厚度也是品种特征之一。如中国家兔耳短而厚,直立;法国公羊兔耳阔而下垂,呈"八"字形;喜马拉雅兔两耳棕褐色;巨型兔两耳深黑色。两耳"V"形直立,表示驯养程度低;两耳下垂表示历代过度驯养。

(四)肉髯

一般大中型家兔在颈下具有肉髯,例如比利时兔、加利福尼亚兔、德国巨型兔和大型青紫蓝兔等。母兔的肉髯比公兔要大一些。肉髯过于发达,表示年龄大或肥胖。肉髯过大不太好。

(五)颈与胸

发育正常的家兔,颈的粗细与体躯成正比,而且肌肉发达的最理想;家兔的胸不如其他家畜发达,因此胸宽而深是健康和体质健壮的表现。宽而深的胸部,肺和心脏会发育良好。窄胸兔容易出现呼吸系统疾病,不耐粗饲,经常食欲不佳,体质一般都较弱。

(六)背与腰

家兔背和腰宽广,是发育好、健康的标志。背部要求近于平直,驼背与凹陷会影响内脏发育。背部脊椎骨左右肌肉和脂肪层厚薄,可代表家兔整体营养状况。当过肥时,背部肌肉脂肪很厚,脊椎骨无法完全分辨;过瘦时,脊椎骨凸出,两侧凹陷;脊椎骨略能分辨,但摸不清楚,也就是属中等体况的,最适合繁殖要求。

(七)臀与腹部

家兔的臀部是产肉的主要部位。臀部宽而圆,表示家兔健壮,产肉性能高。臀部因品种不同而有差异。臀短而下垂,不利繁殖。家兔腹部要求容积大,有弹性;腹部松弛,表示运动量不足。

(八)脚与爪

家兔四肢应强健有力,肌肉发达,形态正常。脚的长度与厚度应与躯体成一定的比例。脚爪弯曲或过于纤细,都表示骨骼发育不良或患有佝偻病,这是饲养管理不良引起的。母兔的脚爪比公兔略细,爪的弯曲度能表示年龄:爪短而平直,隐在脚毛中,是青年兔;爪一半露在脚毛外,爪尖钩曲是老年兔。爪的颜色常与被毛色一致,白色兔爪的根部粉红色,尖部白色,界限清楚。

(九)乳房

由母兔的乳房情况可判断其泌乳能力。乳房的数目不同,泌乳能力也不同。一般母兔是4对乳房,也有少数母兔有5对乳房。繁殖力强、泌乳能力高的母兔,一般都有4对及以上发育良好的乳房。乳房数和泌乳能力能遗传。乳头有大有小、有短有长,据观察,乳头长而小的乳房泌乳能力强。

(十)皮肤

皮肤的结构可区分家兔的体质类型。皮肤厚实而粗糙,是粗糙型家兔的重要特征;皮肤细嫩柔软,是细致型家兔的特征;皮肤致密结实而且有弹性,是紧凑型家兔的特征;皮肤松弛是疏松型家兔的特征。家兔皮肤厚度一般为1.2~1.5毫米。公兔的皮肤要比母兔厚一些;老年兔的皮肤要比青年兔的皮肤厚一些,松一些。

(十一)被毛

不论哪一种家兔,都要求被毛浓密、柔软滑爽并富有弹性和光泽。光亮的被毛是体质健康、饲养管理科学的标志。过于粗糙或柔软稀疏都是缺陷。

鉴定有色品种家兔被毛颜色及深浅度时,最好在秋季换毛结束后进行。其方法是把家兔拿到室内,可以用嘴逆毛方向吹气,把兔毛吹成一个旋涡,就可以清楚地看到从基部到尖端各段毛的颜色。

一般可通过观察旋涡中心所露皮肤面积的大小,来判断兔毛的浓密度。

· 最好的浓密度:旋涡中心看不到皮肤或皮肤面积只有别针头大小。

· 良好的浓密度:旋涡中心所露皮肤面积有火柴头大小。

·合格的浓密度：旋涡中心皮肤面积有三个别针头那么大。

注：以上是评判肉用兔被毛密度的标准。

（十二）体尺与体重

家兔各品种都有标准的体尺和体重。测定家兔体尺长短和体重大小，是判定家兔生长发育情况的主要依据。

家兔体尺一般指体长和胸围这两项指标。家兔体长的测量方法：将米尺放在桌子上，然后让兔呈匍匐状态，测量从鼻尖到尾根的长度。

家兔体重可用秤测定。

五、家兔的一般生活习性

家兔是由野兔驯化而来的。但是，野兔的种类很多，究竟是哪一种野兔驯化而来的呢？目前公认的说法是，家兔是由生活在地中海周围地区的一种野生穴兔驯化而成的。家兔所有品种都还保留着野生穴兔的生活习性和繁殖特性。研究和掌握家兔的生活习性很重要，因为饲养管理、繁殖、笼舍建造等方面顺其习性，养兔才有可能成功。

（一）穴居性和昼伏夜出

1. 穴居性　穴兔野生状态下，因体小无抵御猛兽的能力，多生活在深山丛林中，挖洞藏身，白天躲在洞中，夜里出来采食。采食的多为青草、树叶、籽实，或挖掘地下的块根块茎，养成基本吃素食的食性。已经驯化家养的家兔仍保留着祖先的穴居特性，散放在土地上时仍会打洞、穴居、隐藏自身，免遭侵袭。

2. 昼伏夜出　穴兔在野生条件下为了保护自己，白天躲在洞中，夜里出来采食，虽然人工驯化已近2 000年，但仍保留着昼伏夜出的生活习性。在人工饲养的条件下，白天除吃食外，常趴卧在笼内，眼睛半睁半闭，安静地休息；晚上比较活跃，一般是日出之前、日落之后。这一夜之间的吃食量约占全天吃食总量的70%，饮水约占全天饮水量的60%。根据这一特性，在饲养管理上要特别重夜饲，晚上多给饲料、饲草和饮水。目前编者推广一种省工养兔法，即投饲一次使家兔可采食三天，节省了投饲所用去的大量时间，家兔也能自由采食，想什么时间吃食就什么时间吃食，想吃多少就能吃多少，不被人为地限制饮食。

(二)胆小怕惊吓

家兔体力弱小,没有抵御敌害的能力,所以形成胆小的特性,一有响动,就能引起家兔惊恐。在人工饲养条件下,兔舍要经常保持安静,严禁突然发生惊吵、突然发出奇怪的叫声或其他动物进入兔舍,若出现了上述情况,兔群会发生炸群现象。出现炸群有时会引起严重的后果,例如可使有些妊娠母兔流产、早产等;正在产仔的母兔停止产仔、造成难产等;哺乳母兔拒绝哺乳、母兔泌乳量下降等,甚至因出现惊恐咬死、踏死、吃掉仔兔;幼兔因惊吓出现惊恐,产生应激现象,会出现消化不良和胀肚、腹泻等现象,影响其生长发育,也容易诱发其他疾病。养兔经说:一次惊场,三天不长。所以,选择场址时,一定要远离交通要道,远离有噪声、会产生震动的工厂。管理上要谢绝参观,严防其他动物进入兔舍,过年过节要禁止在场内放鞭炮。

(三)喜干燥怕潮湿

家兔喜欢干燥的环境而不喜欢潮湿,潮湿环境适于病原体滋生。例如疥癣虫、球虫、霉菌和多种致病菌的滋生,引发疥癣病、球虫病、脱毛癣等;也容易诱发脚皮炎、呼吸道疾病等。所以,选择场址时就应该选择地势高、排水性能好且干燥的地方;兔舍建造时要考虑通风良好、容易排出兔舍湿气,保持兔舍干燥、通风。这里所说的干燥也不是十分干燥,是相对比较干燥,即兔舍相对湿度在60%左右为好。

(四)喜清洁怕污秽

家兔喜欢清洁的环境,污秽的环境容易引起传染病的发生。养兔要环境净、笼舍净、饲具净、空气净(新鲜)、饲料净、饮水净、家兔身上净、饲养员的身上也要净,这是防疫的基本要求,也是养好家兔的基本条件。

(五)耐寒冷怕炎热

家兔汗腺不发达,仅在鼻镜和鼠蹊部有少量汗腺,散发的热量有限,所以与其他家畜比,耐热力要弱一些。家兔能适应的温度为5～30℃,生长发育适宜的温度为15～25℃。如果兔舍内温度高于30℃,家兔会心跳加快,呼吸频率加快,食欲减退,繁殖率下降。在长期高温的情况下,家兔不仅生长发育缓慢,繁殖力明显下降,而且常常因发生中暑而死亡,其他疾病发生率也高。公兔在夏季高温情况下,睾丸生精上皮细胞变性,暂时失去产生精子的能力,表现为性欲减退,受配母兔受配率低,即使受配胎产子数也少,这种现象称为公兔夏季不育现象。相反的,温度偏低时,家兔身体能减少散热,增加产热,应用物理的、生理的方法调节体温维持其正常,但低温对家兔也有不良影响。相对来讲,高温的危害性高于低温,家兔抗寒力较强。

特别应指出的是,仔兔体温调节系统还没有完全形成,体温调节能力差,既怕热又怕冷,冬季保温不好常常造成仔兔死亡,所以管理上冬季要设仔兔保育室,保育室要加温,室内温度保持在15℃左右,仔兔窝内温度应保持在33～35℃。夏季进入5月中旬就停止种兔配种,让种兔休息两个多月,到立秋以后配种,9月产子成活率高。

(六)嗅觉、味觉、听觉灵敏,视觉迟钝

家兔鼻能闻到各种气味,闻出自己爱吃的各种东西,分辨异己、性别等。舌也很灵敏,被称为小味蕾的味觉感受器都集中在家兔舌部,舌尖部味蕾较多。对饲料味道辨别力很强。家兔爱吃甜食和苦味的草等,不爱吃带腥味的动物性饲料,如果饲料中添加动物性饲料,鱼粉超过2%,家兔就不爱吃。家兔的听觉也十分灵敏,能听到很远的声音,兔场周围很小的响动它们都能听到,并做出反应。

家兔视觉较差,眼睛对光的反应也较差。辨别能力主要靠听觉。母兔看不清,只靠嗅觉闻味来识别仔兔是不是自己的,因此把母兔的乳汁或它自己窝内仔兔的尿涂抹在被代养的仔兔身上,使母兔闻不到异窝兔的气味,母兔就能接纳异窝仔兔,并给其喂奶。

(七)群居性差,同性之间好斗

家兔在仔兔、幼兔期间喜欢群居,随着月龄增加,群居性愈来愈差。成年公兔或成年母兔若多只混在一起饲养,会经常发生咬斗,造成伤害。在配种期,如果将两只公兔放在一个笼内,咬斗会更加厉害。所以在生产技术上,性成熟前的幼兔可以混群饲养,性成熟后做种兔留用的,不管是公兔或母兔,都应单笼饲养,一笼一只,特别是妊娠期的母兔,千万不能两只放在一个笼内饲养。不留种的商品兔,公兔去势后可以两只合养,不咬斗,毛皮品质更好。

（八）家兔有后肢和啃齿性

据记载，一群野兔在一个区域生活时，公兔之间会相互争斗，选出一个"兔王"来，由它担任兔群的警戒任务。别的兔自由寻食时，兔王两耳高举，静听四方，如有响动，即发现狐、狼、鹰等敌人时，后肢脚底板就在地上拍打即顿足，发出响声，警告野兔们赶紧逃跑或藏身。兔群的野兔听到兔王顿脚的声音，会立即飞快地逃避，免遭敌害捕食。尽管穴兔经过驯化已经近两千年了，现代的家兔还保留着这一习性。兔群受到惊吓时，很多成年兔都不停地用后脚底拍打笼底，以响亮的顿足声警告同类，也有吓唬敌害的作用。另外，母兔发情、公兔交配射精后，也做出顿足的动作。这一行为常会造成其后脚机械性损伤。因此，修建兔笼时，笼底一定修整平滑，防止其后脚底出现机械性损伤，形成脚皮炎。

另外，家兔和鼠类一样，有啃齿行为。它们的两对门牙是恒齿，经常生长，需要经常磨牙才不会影响采食，应经常在兔笼内投放一些粗树枝让其啃啮，以减少其啃产子箱等木质笼具。修建兔笼时要用铁的、水泥预制板或用砖砌，但笼门用铁丝制成，笼底要用楠竹片制成，使家兔无法啃咬。

六、家兔的一般生理特性

（一）家兔的体温调节

家兔的体温调节与其他家畜基本相同，但是由于家兔的汗腺不发达，对体温调节也有一定的影响，也有其自身的特殊性。

家兔的正常体温为 $38.5 \sim 39.5℃$。但家兔体温没有其他家畜体温那么稳定，在一昼夜之间由于外界温度的变化，家兔的体温会相差 $2 \sim 3℃$，夏天时体温比冬天要高 $0.5 \sim 1.0℃$。

家兔能适应的温度是 $5 \sim 30℃$，成年家兔最适宜的外界温度为 $15 \sim 20℃$，一般不低于 $10℃$，不高于 $25℃$。

家兔为了保持比较恒定的体温，必须以散热和产热两个方面来调节。家兔首先用物理的方法来调节体温，即当外界温度下降时，就要限制体温的分散，这时兔体要缩小皮肤血管的内径，减少血流量，使皮肤表面的温度下降。这就缩小了皮温与气温的温差，从而降低了体温的散失。反之，当外界温度增高时,家兔就扩张血管,扩大皮肤血管内径,增加血流量,这样就扩大了体温的散失。若这样还不够,体温还高,就增加呼吸次数,加强由呼吸道蒸发水分,来增加体热的放散。

其次,是用化学方法调节体温。当外界温度突然下降时,家兔仅靠物理方法不能保持正常体温,这时就用加强体内氧化的化学方法来增加体内的产热量。增加产热量是为了维持正常体温,但要消耗体内的营养物质,因而引起了体内物质代谢程度的改变。当家兔处在不需要用化学方法调节体温的气温范围内时,家兔对饲料的利用是经济的。

此外,家兔毛被的状态,对散热影响也很大,据研究,长毛兔在剪毛以后,散热量比不剪毛以前增加30%。不同毛被的家兔,在同样的温度范围内,皮肤的温度有差异。有人测定,相同情况下,安哥拉兔皮肤(胁部)温度为35.8℃,青紫蓝兔则为34℃,也就是说,皮肤温度高的安哥拉兔比青紫蓝兔散热量大。

不同的季节家兔维持体温恒定所需的热量也不一样,冬季需要量大,夏季需要量小。因此,在一般情况下冬季家兔消耗的饲料比夏季高30%~35%。

(二)家兔的消化吸收

1. 食性　动物的食性分三大类,即肉食性、杂食性、草食性,家兔是草食性动物。

(1)草食性和择食性　家兔主要吃植物性饲料,即植物的茎、叶、块根、块茎、种子。家兔两对上门牙、两对下门牙,共计4对,且盲肠特别发达,便于食草。

家兔在没有驯化之前,凭着发达的嗅觉和味觉寻找自己爱吃的草。在家养条件下,饲料比较充足时仍有挑食的特性。家兔在青绿、多汁饲料中喜食多汁饲料,在多汁饲料中喜食胡萝卜和白萝卜,在青饲料中喜食颗粒饲料,颗粒饲料的采食量和消化率都比粉状饲料高。家兔不愿意吃动物性饲料,动物饲料中若有鱼粉、骨肉粉、血粉等,比例稍大一些家兔就拒绝进食。所以,如果饲料需搭配一些动物性饲料时,加量不能超过3%,并且要混入饲料中,加工成颗粒饲料才行。

(2)消化特性　家兔是单胃动物,具有较强的消化植物性饲料的能力。家兔肠道非常长,总长度约为体长的10倍,使食物通过肠道的时间长,有利于植物性食物消化。

家兔的消化道还有一个特点，就是消化道发炎时，消化道壁会出现渗透，成年兔这种渗透性低，幼兔渗透性高，因此幼兔患胃肠疾病时较为严重，容易出现中毒症状和死亡。根据这一生理特点，在饲养刚吃食仔兔时，要注意预防肠胃炎或消化不良。

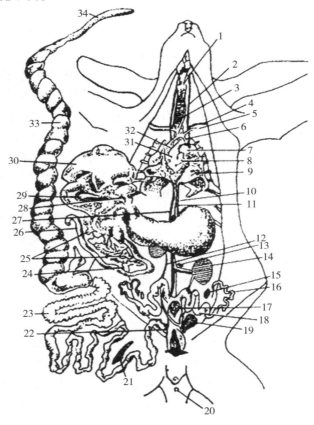

图 1－1　兔的内脏系统

1. 颌下腺　2. 左颈静脉　3. 气管　4. 左锁骨下静脉　5. 左锁骨下动脉　6. 主动脉弓　7. 左心房　8. 左心室　9. 左肺　10. 食管　11. 主动脉　12. 左输尿管

13. 左肾上腺　14. 左肾　15. 左卵巢　16. 左输卵管　17. 阴道　18. 左子宫

19. 膀胱　20. 肛门　21. 脾脏　22. 直肠　23. 结肠　24. 胰管　25. 胰腺

26. 小肠　27. 后腔静脉　28. 胆管　29. 胆囊　30. 肝(朝上掀开)　31. 右心室

32. 右心房　33. 盲肠　34. 蚓突

2. 其他采食与消化特性

（1）食粪性　食粪性是家兔的一大消化特性。家兔白天排硬便，呈球形，家兔不吃；晚上排软便，呈软团状，营养丰富，家兔会立即吃掉。

（2）惯食性　家兔经常吃某种饲料后，便形成一种习惯，突然更换新饲料时，家兔食欲下降或者拒食，甚至吃了新饲料后出现胃肠应激导致腹胀、腹泻等。根据这一特性，在给家兔换饲料或饲料中的某种成分时，要逐步进行，一周左右更换完毕。不是必须更换的饲料成分，不要轻易更换。

（3）胃的消化特点　家兔胃容积大，是单胃动物中胃容积最大的，胃容积占消化道总容积的 35.5%。家兔胃内容物排出缓慢，具有相当耐饥饿的能力。15 日龄以内的兔子，胃内缺乏游离的盐酸，对植物蛋白不能消化。16 日龄以后才有少量盐酸，30 日龄后胃机能才基本完善，所以 20 日龄前后给仔兔补充饲料时，以植物性能量饲料为主，加少量动物性蛋白饲料比较适宜。35 日龄断奶后，配合饲料中可加入植物性蛋白，逐渐去掉动物性蛋白。

由此可知，青年兔和成年兔的投喂方法可以由原来的每天早晚各投喂 1 次，改为每天晚上投喂一次，但投喂量不能减少，这样喂兔的时间就节省一半。

（4）胃肠壁薄　家兔易患消化道疾病，一旦发生很难救治，死亡率很高。特别是饲料中的粗纤维含量较低时，很容易造成消化机能失调，出现肠道疾病。饲料、饮水不卫生，腹部受凉都会出现消化不良，引起肠炎。特别是幼兔，胃肠壁更薄，消化能力低且贪吃，稍微吃多一些就会出现消化不良，进而发展为肠炎造成死亡。

（5）家兔可以利用非蛋白氮　在家兔饲料中添加一定量的尿素，对增重有一定促进作用。这主要是盲肠中的微生物可以利用非蛋白氮合成自身蛋白，即细菌蛋白随软粪排出体外后被家兔吃了，经二次消化而被吸收。饲料中添加尿素的量应占配合饲料比例的 0.5%～2.5%，以 1%～1.5% 为宜。

（6）家兔可以利用无机盐　家兔饲料中添加硫酸盐，如硫酸铜、硫酸钠、硫酸钙、硫酸锌、硫酸亚铁、硫黄等，对家兔的增重都有促进作用。用同位素跟踪表明，家兔口服硫酸盐并被吸收后，在其体内可以合成胱氨酸和蛋氨酸，将无机硫转化为有机硫，以促进兔的增重和毛的生长，增加毛的密度和光泽。这种将无机硫转化为有机硫是经盲肠微生物的分解过程实现的，通过家兔的食粪习性重新进入家兔的体内，经二次消化吸收方能被家兔利用。

（三）家兔的生长发育特性

家兔的生长发育分为三个阶段，即胚胎期、哺乳期、幼兔期。家兔生长最晚可持续到7月龄,但5月龄以后生长速度明显减慢,因此商品兔出栏在5月龄以前。优良品种肉用兔75日龄前后体重达2.5~2.75千克可以出栏;獭兔90~105日龄出栏,体重达到2.5~2.75千克,毛被品质好。

1. 胚胎期　出生以前的兔即为胚胎期兔,又可以分为3个阶段:最后一次配种结束到妊娠12天以前称为胚期,妊娠13~18天称为妊娠中期,妊娠19~30天称为胎儿期。胚期也可以称为妊娠前期,胚胎生长发育很慢,胎儿生长很快,据解剖孕兔测定,妊娠18天以前的胚胎重只有3克,30天的胎儿重量可达到40~60克。妊娠前期和中期共计18天的增重不到出生重的10%,妊娠后期12天增重占妊娠期生长重量的90%以上。胚胎期胎儿生长速度与胎儿性别无关,与母体营养水平、胎儿数量、胎儿在子宫内的排列位置有关系。母兔营养好的胎儿生长发育快,母体营养差的胎儿生长发育慢;多胎中的胎儿生长发育慢,少胎中的胎儿生长发育快;远离卵巢的胎儿生长发育慢,离卵巢近的胎儿生长发育快。

2. 哺乳期　从出生到断奶,这一段时间是仔兔吃奶的时期,即为哺乳期。哺乳期仔兔主要以乳汁为营养来源,乳汁营养很丰富,因此生长发育很快。出生时仔兔体重40~60克,1周后体重就可以达到100克以上。哺乳期日增重最快的时段为3~7周龄,每天仔兔增重可达30~50克,8周龄以后增重速度下降。10~12周龄以后仔兔生长速度再次降低。家兔的哺乳期一般为30~35天,出生后20~35天是家兔哺乳期生长速度最快的时间,但是从20日龄以后母兔泌乳量开始下降,仔兔单靠吃奶获得的营养已经不能满足其营养需要,所以这一时期要给它们补充饲料。一方面是给仔兔增加营养,另一方面是锻炼它们对植物性饲料的消化能力。30~35日龄断奶后,要重视幼兔的饲料营养水平。

在哺乳期里,获得母兔乳汁的多少对仔兔生长发育影响很大。母兔分泌乳汁量是一定的,当这只母兔产7~8只仔兔,由于分配到每只仔兔身上的乳汁少,仔兔获得的营养不足,个体生长潜力得不到发挥,生长发育就慢,仔兔个体就小;当这只母兔1窝只产4~5只仔兔,由于分配到每1只仔兔身上的乳汁较多,仔兔获得的营养丰富,个体生长潜力得到充分发挥,生长发育就快,仔兔个体就大。所以,在母兔哺乳期间仔兔的生长潜力发挥得好,对以后的成活率、生长速度、到成年兔时的体重以及繁殖力都会有好的影响。

3. 幼兔期　仔兔断奶后至3月龄为幼兔期,幼兔期仍有一段时间生长旺期,尤其是35~65日龄这一段时间生长速度仍很快,变化最大,环境影响也很大,特别是刚断奶后的 10 ～ 15 天,若饲养管理跟不上去,死亡率会很高。正常情况下肉用兔优良种群 75 日龄体重达到 5 千克。影响家兔生长发育的除了遗传因素外,最重要的是饲养管理,特别是饲料营养水平高低。据统计,性别对生长速度也有影响,8 ～ 26 周龄,母兔比公兔增重快。

(四)家兔的血液循环

家兔的血液循环生理与其他家畜相同,本部分不再详细介绍,这一部分主要介绍家兔的生理指标。

家兔血液循环一次的时间为 4.75 ～ 10.4 秒。家兔全身血液总量占自身体重的 7% ～ 10%,平均 8.7%,造成差异的因素,主要为年龄、体型、品种和肥度。血液成分随着不同的年龄和生理状态而有变化,因此,掌握血液中血细胞的正常值,比较病兔血液成分的变化,可以辅助诊断某些疾病。

(五)家兔的呼吸

家兔呼吸是用肺吸入新陈代谢所需要的氧气,排出体内代谢所产生的二氧化碳。家兔肺不发达,全重只有 12 ～ 20 克,平均 14 克。家兔体型多为臀部大、胸部细,胸腔比较小,其容积为 70 ～ 80 厘米^3,仅为腹腔的 1/8 ～ 1/7。家兔是属于活动少、运动强度比较低的动物,因此相应的呼吸强度也比较低。兔舍中加强通风换气工作,经常进入新鲜空气,降低二氧化碳,特别是降低兔舍内的氨气与水蒸气,对家兔的健康是非常有益的。因为家兔肺不发达,对二氧化碳耐受力要比其他家畜低得多。据研究,当空气中二氧化碳的含量增加到50% 时,引起家畜死亡;对家兔来讲,空气中二氧化碳含量达到 25% 时就出现死亡。

家兔除了用肺呼吸之外,皮肤也有微弱的呼吸作用。家兔皮肤吸入的氧气量为肺吸入氧气量的 0.2% ～ 1.0%。皮肤排出的二氧化碳量则为二氧化碳排出总量的 0.35% ～ 1.74%。皮肤呼吸虽然微弱,可是它对皮肤的新陈代谢起着显著作用。皮肤呼吸在黑暗中或在饥饿时都会减弱。

(六)家兔的换毛

换毛是毛皮兽对季节性变化的一种适应。成年兔每年有两次换毛:春季和秋季。一般春季换毛在 3 ～ 4 月,秋季换毛在 8 ～ 9 月。地区不同,换毛期会提前或推迟。据观察,北京地区家兔换毛期为 3 月初至 4 月底,9 月初至 11

月底。正常的季节性换毛成年兔需要持续 30～45 天才能结束。如果饲料丰富、营养全面，兔又健康，则换毛持续时间就缩短，繁殖就会延长。据试验，气温变化对换毛期不产生明显的影响，而光照的长短对换毛期却有着明显的影响。在换毛期，低温可生长浓密的毛绒。春季换成的夏毛，密度小，绒毛少，有利于散热；秋季换成的冬毛，密度大，绒毛较多，针毛少，有利于防止体温散失。

家兔没有达到一定月龄之前，存在着年龄性换毛。仔兔出生时无毛，有色兔的皮肤有色素沉着。发育正常的兔，在第四天开始长毛，30 天后全部乳毛长成。第一次年龄性换毛从出生后 30 天起到 100 天止；第二次换毛从 130 天起到 190 天结束。6.5～7 月龄家兔成年，以后就变成季节性换毛了。

毛用兔的换毛情况与肉用兔和皮用兔完全不同。毛用兔成年个体的换毛在一年之中或多或少不断进行着，在换毛的过程中尚有季节性。幼兔也有年龄性换毛。第一次开始于 1.5～2 月龄，在 2.5～3 月龄时普遍进行，也有一些个体换毛表现得不明显；在 5～6 个月龄时进行，能观察到明显换毛情况，但也有的保留全部毛被，同一窝的兔换毛情况也不相同。在毛用兔中有着不同换毛特征，季节性换毛及在全年逐渐进行的非季节性换毛没有明显的规律性。

家兔在换毛期间，皮肤柔软，毛细血管大量充血，皮肤增厚到 1.760～2.366 毫米（非换毛期间，特别是冬季皮肤最薄，其厚度只有 1.108～1.497 毫米），这时皮肤的温度稍有提高。有色兔在换毛部位的皮肤有浅蓝色的色素。白色兔的皮肤不能合成色素，始终是白色。在换毛期间，为形成毛绒，家兔需要很多的营养物质，要保证其日粮的质量和数量。换毛期家兔体热散失比较多，对外界环境温度变化抵抗力弱，容易患感冒和肺炎，要注意天气突然变化，以及适当的管理。秋季换毛结束后，冬季生长停止，毛根和毛球都完全角质化，毛球接近皮肤的表面，色素合成已停止，皮肤有最大的坚韧性，这说明兔皮已成熟，此时宰兔取皮可获得优质皮张。

七、家兔的繁殖生理特性

家兔是繁殖力最强的毛皮动物，它在繁殖生理上有许多独特的地方。当我们能够正确掌握这些基础理论知识时，才能挖掘家兔最大的繁殖潜力。

（一）生长与性成熟

仔兔出生时，体上无毛，有色兔的仔兔皮肤上有不同程度的色素，眼闭着。

因品种不同初生重也有差异，一般为 45～80 克。如青紫蓝兔初生重为 40～55 克，比利时兔初生重为 75～85 克，公羊兔初生重为 70～80 克，全耳毛兔初生重为 45～50 克，獭兔初生重为 50～60 克。

仔兔出生后 18 天之内所需的营养完全依靠母乳。家兔乳汁较浓，乳汁中干物质占 30%，比任何农畜的乳汁都浓。如牛乳干物质含量为 12.7%，兔乳比牛乳高 1.4 倍。除此之外，蛋白质和脂肪的含量也高，蛋白质占 12%、脂肪占 13.5%，牛乳蛋白质含量为 3.4%、脂肪含量为 3.7%。由于兔乳营养丰富，仔兔生长发育很快，出生后 3～4 天仔兔皮肤开始长毛；5～6 天体重即可增加 1 倍；10～12 天睁眼；17～20 天便可出窝采食少量饲料。4 月龄时，体重可达成年兔体重的 50%～60%；8～10 月龄时，中型或大型品种兔，即可达到成年兔的体重。

家兔具有早熟性，也就是仔兔、幼兔生长发育快、性成熟早。早熟性在经济上是非常有价值的，可高效利用饲料，在短时间内生产大量产品。一般小型兔 4 月龄、中型兔 5～6 月龄、大型兔 6～7 月龄投入配种是可以的。

良好的饲养管理条件，特别是饲料条件，是保证早熟性的物质基础。实践证明饲养不良会使大型品种兔体型变小，推迟性成熟时间到 10 个月以上。家兔个体之间性成熟的早晚也有差异，通过选择早熟性的个体，改善培育条件，可逐渐提高早熟性和生长速度。

（二）性周期

家兔的繁殖没有季节性，公、母兔一年四季都能发情交配，但季节对其性活动有影响。例如，冬季夜里气温经常在 0℃ 以下时，夏季兔舍温度经常在 30℃ 以上时，公兔配种力下降，母兔不发情。有发情达成交配的，受配率也比较低。不管是春、夏、秋、冬，只要兔舍气温在 15～25℃，光照时间在 14～16 小时且强度达到，繁殖都会正常进行。

成年公兔一年四季随时都可以与母兔交配，也就是说，公兔没有性周期。据研究，季节影响公兔的射精量和精液品质，3 月射精量最大，精液品质最好，7 月射精少、精液品质差；季节也影响睾丸体积变化，7 月最小，8 月立秋以后又开始逐渐增大。野兔表现最明显，在母兔妊娠率降低前 1 个月，出现公兔睾丸缩小的情况，这种情况称为"夏季不孕"。高温会影响公兔的繁殖机能，光照不足也会影响。当光照时间从 8 小时或 12 小时增加到 16 小时，公兔睾丸重量和精子数量显著增加。

每天采精液样品检查精子数,发现精子数也会出现周期性变化,从最小数量时为1%到最大数量时为79%之间波动,周期为2~7天,精子活力与精液量的波动周期性与精子数量是一致的;另外也发现公兔血液中的雄性激素含量与精液量无关,而与精液中的胶状物含量呈正相关变相,两者均有3~8天周期性变化。研究公兔的性周期,对提高配种的准胎率会有很大价值。

母兔性成熟以后,生殖器官会出现周期性的重复变化。这是因为卵巢间隔一定时间就发育成熟一批新的卵泡,成熟的卵泡能产生一种激素,叫卵泡素,这种激素进入血液中,引起母兔生殖器官变化和性行为,称之为发情。母兔由一次发情到另一次发情,生殖器官中所发生的各种生理变化需要一段时间,两次发情的间隔时间,就是母兔的性周期或发情周期。母兔的年龄达到4~5岁时,卵巢就失去了产生成熟卵泡的能力,性周期就停止了。

据研究,在正常饲养管理条件下,一般可以认为家兔发情周期为6~15天,发情持续期为3~5天的个体在母兔群中居多。

除了营养条件对母兔性周期有影响以外,季节所形成的环境因素也能产生明显的影响。秋季换毛期,有很多母兔能延迟发情周期;春季发情比较集中,发情周期也比较短;夏季,特别是大体型母兔能把发情周期延长或发情周期不明显,给配种工作造成困难。季节对母兔性周期的影响主要是光照和温度,近年来许多实验是研究光照时间长短对家兔繁殖的影响,如每天给新西兰母兔以8小时、12小时和16小时不同的光照,结果以每天16小时光照组母兔发情率显著提高;12小时光照组新西兰母兔未能排卵。许多实验和生产观察表明,母兔发情虽然没有季节性,但季节对家兔发情的影响是肯定的。我们在生产实践中,创造适宜光照条件,能常年使母兔性周期正常。温度也是如此,兔舍温度常年保持15~25℃,性周期也能正常化,光照和温度这两种因素明显影响母兔性周期。

(三)排卵与受精

家兔的卵子较大,其直径为92~120微米,最大者直径160微米。公兔与母兔交配时爬跨刺激并不是诱导排卵的唯一刺激素,母兔被其他发情母兔或非发情母兔反复爬跨并且很温顺时也可以引起排卵,这一理论在1967年被Staples所证实。也就是说在母兔一批卵泡成熟的发情期内给予爬跨的物理刺激,这种诱导刺激会引起发情母兔释放黄体生成素(LH),该激素是引起排卵的激素,母兔由交配产生LH或注射LH到排卵,需10小时左右。近些年已研究出许多种诱导排卵的方法,在家兔人工授精的配套技术中应用最多的是促性腺激素制剂,如促黄体素释放激素(LH－RH)和人类绒毛膜促性腺激素(HCG)及孕马血清促性腺激素(PMSG)等,这些成就对家兔繁殖及人工授精工作具有重要意义。

发情的母兔经过诱导后,10～14个小时排卵,在排卵前1～2小时,卵泡逐渐增大,卵泡膜破裂,卵子排出。排卵后卵子可以维持活力8～10小时,而获得最高受精率的时间在排卵后2小时,排卵6小时后卵子被黏蛋白覆盖而不能受精。

公兔性成熟以后,最低每天产精子量为8.2×10^7个,最高产精子量可达2.1×10^8个。日产精子量不受射精次数的影响。公兔的精子像蝌蚪,但非常小,从头到尾的长度只有35.5～6.25微米。大多数的哺乳动物交配后精子在几分就可以达到受精部位,家兔则需要较长的时间,事实上交配5分已有足够数量的精子进入子宫颈内,但有些精子3小时才能到达输卵管,因为子宫颈与子宫管连节处会阻碍大量精子通过。据研究,为了获得最高受胎率,使大量的精子到达输卵管,家兔精子在与卵子受精前,要有一段时间的获能作用,即精子首先与子宫内膜,而后与输卵管内膜密切接触,在这些组织上获得能量,改变其顶体特性和结构——这一现象通常称为"获能作用",这样的精子才具备进入卵子的能力。然后,精子移动穿入透明带,实现受精作用。据研究指出,精子的获能作用需5小时左右。近年来有人研究认为获能作用最少需10小时,这与交配后10～14小时排卵的时间相吻合。

正常的成年公兔,每次交配射精量因个体不同差异很大,人工采精一般为0.5～1.0毫升。日本芝田的资料报道公兔射精量为0.2～2.0毫升,平均0.92毫升,每毫升含精子1.64×10^8～12.07×10^8个,平均5.59×10^8个。河北省张北县五七牧场测定,杂种公兔每天采精2次,一次交配或采精排出的精子数在0.25×10^8～0.38×10^8个。精子与卵子受精需要一定量的精子数量,如果精子数过多,也影响受精效果。据试验报道,用2.8×10^6个精子,分别给正常和超数排卵的家兔输精,结果正常排卵的卵受精率为100%,而超数排卵的卵受精率为55%。也有的试验指出,获得最高受精率所需的精子数为1×10^6个,当大量的精子滞留在输卵管时,受精率降低,其原因可能是精子在输卵管获能有限,被过多的精子所抑制造成的。

交配后虽然有数以亿计的精子进入母兔的阴道和子宫内,由于遇到许多障碍阻止它们前进,所以到达输卵管1/3处壶腹的受精部位的精子不过1万个左右,有时仅几百个。即使如此,一个精子碰到一个卵子的机会仍是很多的;精子遇到卵子后,经过一系列的化学过程,黏于卵内完成受精过程,形成合子。精子在母兔生殖道内,可以受精的寿命为 30 ~ 32 个小时,母兔卵子受精的寿命为 6 小时。受精完毕,在生殖道中剩余的精子则在几天内被生殖黏膜吸收、消失。

(四)妊娠与假孕

精子与卵子在输卵管中受精后,接着就进行细胞分裂,变成胚囊。胚囊由输卵管移动到子宫内,需要 2 天多的时间。如果从配种时算起,囊胚到达子宫内是交配后的第四天。接着囊胚在子宫内浮游,沿子宫收缩波分布,最后在子宫壁附着,即着床。一般认为在 7 ~ 9 天开始定位,同时形成胎盘,细胞开始增殖分裂,胎盘具有形态时就得有 11 天左右。

家兔妊娠期,从交配后第二天算起,一般为 31 天。据研究和生产统计,家兔妊娠 30 ~ 34 天的占 95%,个别妊娠期最短为 26 天,最长 40 天。新西兰白兔 46% 妊娠母兔妊娠期 31 天,98% 的妊娠母兔妊娠期 31 天或 32 天,妊娠期长短与胎产子数呈负相关的关系,即胎产子数多的妊娠期短,胎产子数少的妊娠期长。妊娠期在 29 天以前或 35 天以后可以认为是不正常的。

触摸妊娠的母兔空腹时的腹部,10 天时有蚕豆大小的球状物,15 天左右有大拇指头大小的小肉球,20 天有核桃大小的肉球,22 ~ 23 天可触及胎儿的头。

研究受精卵着床发现不论母兔是单侧子宫妊娠或是双侧妊娠,其长的胚胎数完全相等,因此研究者假定母兔具有一个固定的系统限制。另外,发现超数排卵导致受精卵着床数目的减少,这是因为子宫内拥挤造成着床直径缩小,使胚胎死亡率提高的结果。观察发现,每个子宫角最多的胚胎数为 8 个。在超数排卵时,大多数胚胎在着床后死亡被吸收,死亡多发生在交配后第 10 ~ 13 天。在正常排卵时,胚胎的死亡率占着床后总数的 7%,多数发生在刚着床不久,其中 66% 发生在 8 ~ 17 天,27% 发生在 17 ~ 23 天;在着床前失去总数的 11.4%,着床后失去总数的 18.3%,总共失去总数的 29.7%。

日粮营养水平对胚胎的死亡或被吸收也有影响,营养水平过高时,其受精卵的脱落数高于营养水平适宜时。交配后 9 天观察受精卵着床数,营养水平过高的胚胎死亡率 44%,而营养水平适宜的仅 18%,营养水平过高的活胎儿数为 3.8 只,营养水平适宜的活胎儿数为 6 只,另外营养水平过低的胎儿死亡率很高,这就是说饲料营养水平的高低,与母兔的胎产子数密切相关。

母兔排卵未受精往往引起假孕,其原因是排卵后黄体存在并能继续分泌孕酮。据研究,大约17天后,黄体退化,孕酮分泌减少,从而假孕终止。在假孕期间家兔仍呈现性活动,在假孕期间还可以排卵和接受交配,在假孕的第6天或第12天的两天时间出现交配动作。秋季和冬季假孕第6天或第12天的性活动较强烈,而春季和夏季较弱,性活动表现亲近异性,撕咬其他母兔,喜掘穴和筑窝。假孕期间,诱导排卵后输精,受精卵不着床,如果假孕达21天或更长一些配种,做诱导排卵处理,所有这样的母兔的受精卵均能着床。

(五)分娩与泌乳

妊娠到30~31天,胎儿发育已成熟,这时就要分娩了。分娩前母兔要筑窝,除叼草以外,还用腹部和胸部的毛絮窝。当缺乏筑窝材料和适宜的场所时,母兔会多处产子或蚕食仔兔。母兔正常分娩需经过15~30分,个别母兔可达1小时左右。

只允许仔兔在哺乳时接近母兔,能避免拥挤、母兔蚕食仔兔等,从而能提高仔兔育成率。因哺乳发生在清晨,并存在一种光照期反应的缘故,如果给母兔每天6小时光照6小时黑暗,24小时变为2天,即人为地诱导母兔在24小时内哺乳2次。每天2次哺乳,可增加泌乳量1.8倍。利用强制哺乳的哺乳方法,母兔一天也哺小兔2次,可供给14只小兔生长发育需要的足够乳量。

八、养兔的原则

(一)要给家兔创造适宜的环境条件

家兔能否健康地生长发育、繁殖,与环境条件有密切关系。例如兔对环境温度的要求是:15~25℃是最适宜的温度,生长兔生长发育快,健康,疾病发生率低;种兔繁殖性能好,能正常发情配种,受配母兔妊娠率高、胎产仔多、仔幼兔成活率高。家兔能够适应的温度为5~30℃,最高临界温度为30℃,在最高临界温度以上15~20天,种公兔出现夏季不育,种母兔也不发情,繁殖出现停滞状态,生长兔食欲减退,由于热应激肠道疾病发生率也会提高。冬季,如果兔舍温度经常在5℃以下,种母兔发情率降低,生长兔由于冷应激,腹胀、腹泻率提高,死亡率也提高。

光照时间的长短和强度。秋分以后，每天的日照时间明显由长变短。中原地区到冬至前后每天的日照时间不足 10 小时。可是母兔每天的日照时间需要 14～16 小时，所以每年的 11 月至翌年 3 月中旬，兔舍每天必须保证光照时间达到 14～16 小时。

冬季兔舍应注意通风换气，保持兔舍空气湿度小，氨味小，整个兔舍相对干燥。相对湿度最好保持在 60%～70%。入冬以后兔舍要封闭、保温，如不重视通风换气，兔尿蒸发的水分散发不出去，空气湿度大，相对氧含量也会降低；另一方面，尿中尿素分解产生氨气，氨浓度大刺激兔呼吸系统，使呼吸系统发病率提高，影响兔群健康。例如一到冬季，兔群传染鼻炎发病率高，如不及时采取治疗措施，鼻炎会愈来愈重，最后转成气管炎、肺炎。只要兔喘气严重，就很难治愈了。所以，冬季母兔繁殖率低，除了温度低和光照时间、光照强度不够以外，呼吸系统疾病发病率高也是一个重要原因。

冬季兔舍加强通风换气的措施应是晴天 11:00～15:00 打开小窗通风换气。待兔舍温度降至低于通风前 3～5℃时，及时关闭通风口或窗户等。不可以在早、晚温度低的时段通风换气，天气不好，刮风、下雨、寒流入侵都不要开窗通风。

（二）按防疫程序进行防疫

1985 年以前，我国养兔生产上没有疫苗，那时养兔场一旦发生传染病，兔大批死亡，特别是一旦发生兔瘟病，会给兔造成毁灭性打击。后来科学技术工作者开始研制兔用疫苗，到目前为止兔用疫苗已经比较齐全和完善了。只要按照防疫程序进行防疫注射，兔瘟病的保护率可达到 100%，细菌类传染病的保护率可以达到 60%～70%，只要你不用私人生产的无厂名、无批文号的疫苗，兔群的健康状况就能相对稳定。

有些养兔生产者不按程序防疫，虽说也注射了疫苗，但效果并不好。例如，研究证明，刚断奶的小兔（35 日龄前）注射兔瘟疫苗，兔体对疫苗无反应，不会产生抗体，打了也没有抗病力作用，这些不当操作作者下基层进行技术指导时纠正过不少，这里特别一提。正确的防疫程序应该是：

1. 仔、幼兔防疫程序

（1）仔兔 20～30 日龄　注射波氏杆菌病＋大肠杆菌病二联苗（波大二联苗），每只 1 毫升。

（2）仔兔 30～35 日龄　注射产气荚膜梭菌（魏氏梭菌）单苗，每只 2

毫升。

（3）幼兔 40 ~ 45 日龄　注射兔瘟 + 兔巴氏杆菌病二联苗（瘟巴二联苗），每只 2 毫升。若选择作种兔培养个体，60 日龄时再加强注射 1 次，每只 2 毫升。

2. 成年兔防疫程序

（1）母兔应注射葡萄球菌疫苗　母兔在初配前 15 天注射 1 次瘟巴二联苗，每只 2 毫升；初配前 7 天，注射 1 次葡萄球菌疫苗，每只 2 毫升。正常繁殖的成年母兔每 4 个月注射 1 次葡萄球菌疫苗，每次 2 毫升。每年注射 3 次葡萄球菌疫苗。

（2）正常繁殖的成年兔免疫注射　6 个月注射 1 次瘟巴二联苗，每次 2 毫升；每 4 个月注射 1 次产气荚膜梭菌单苗，每只 2 毫升；每 4 个月注射 1 次波大二联苗，每只 2 毫升。

（三）选择优秀的种兔

种兔品质是否优良直接影响养兔生产的经济效益。好的种兔商品率高、商品兔饲养成本低，出售时卖价高，利润空间大；反之，利润空间则小。品质好的种兔成年兔体重应在 3.5 ~ 4.5 千克，胎产仔 6 ~ 8 只，仔兔 90 ~ 105 日龄体重达 2.5 ~ 2.75 千克；在饲养配方科学的情况下，100 日龄前后毛长达到 1.6 ~ 2.2 厘米，毛的密度平齐、丰厚，收购商满意。这样品质的种兔所繁殖的商品兔，一般 90 ~ 105 日龄就可以卖了。即使兔价降了，每只兔依然有薄利。

第二部分

兔场生产与生物技术利用

- · 兔的营养需要与饲料配制
- · 家兔分阶段饲养管理
- · 养兔提质增效技术
- · 家兔生物育种
- · 家兔的繁殖技术
- · 兔场建设与设施设备
- · 家兔的疾病防治

第三章 兔的营养需要与饲料配制

一、兔饲料的化学成分及其营养作用

通过对植物和动物的测定发现,其体内都含有兔体生长发育繁殖等生理活动所需要的营养物质。植物体和动物体都含有四种主要的化学元素,即碳(C)、氢(H)、氧(O)、氮(N),共占植物体和动物体的90%以上。除了上述这4种元素,还有少量的硫(S)、磷(P)、铁(Fe)、钾(K)、钙(Ca)、镁(Mg)、锌(Zn)、碘(I)、钠(Na)、氯(Cl)、锰(Mn)、铜(Cu)、钴(Co)等。家兔在它生长、繁殖、换毛和长毛过程中必须从饲料中摄取足够数量的化学元素,合成自己体内所需要的物质,才能维持其正常的生命活动,否则其生命活动就要受阻。

在植物体和动物体中,这些元素并不单独存在,而以构成复杂的化合物的形式存在,如蛋白质、脂肪、碳水化合物、矿物质、维生素和水等。

以下对饲料中各营养物质(营养素)的主要作用做一下简要介绍:

(一)蛋白质

1. 蛋白质对生命体的重要性　蛋白质是构成家兔和其他生命体组织、细胞的主要成分;是生命体热量的来源之一,1克蛋白质在动物体内进行生物氧化,可产生17.14千焦的热量;是家兔体内合成激素和酶类的重要原料;是构成细胞器的主要原材料。

2. 蛋白质的含氮量　蛋白质是含氮的高分子有机化合物,植物性蛋白质含氮量17.68%,动物性蛋白质含氮量16.06%,植物性蛋白质比动物性蛋白质含氮量稍高一些。蛋白质含氮量变动范围为15%~18.4%,平均为16%。

3. 氨基酸　蛋白质的结构比较复杂,主要是由许多种氨基酸构成,少数蛋白质也含有部分其他物质。目前发现的氨基酸有40多种,其中有10种氨基酸是人和动物体内不能合成的,必须从食物中取得,称必需氨基酸,它们是赖氨酸、蛋氨酸、色氨酸、组氨酸、苯丙氨酸、亮氨酸、异亮氨酸、苏氨酸、缬氨酸、精氨酸。这些氨基酸现在人类都能人工合成。饲料中的蛋白质在家兔体内经过消化,分解成氨基酸才能被利用。家兔对蛋白质的需要,实质是对氨基酸的需要。

4. 必需氨基酸和非必需氨基酸　根据氨基酸在动物体内能否自身合成及其作用把氨基酸区分为两大类,即必需氨基酸和非必需氨基酸。凡在动物体内不能合成,或能合成,但合成速度或数量不能满足正常生长发育需要的,必须由饲料中吸收获取的均称必需氨基酸。

凡在动物体内合成较快，或需要量小，不必依靠饲料供给的，均称为非必需氨基酸。

必需氨基酸对动物体的作用更为重要一些。它们能保证幼畜最适宜的生长发育，维持成年畜体内氮平衡，并使之处于健康状态。

5. 几种必需氨基酸对动物毛被质量有影响　色氨酸在饲料中最少，动物正常新陈代谢过程中合成 B 族维生素中的尼古酸（烟酰胺）。缺色氨酸时，动物生长停止，皮肤干燥，毛绒发育不良。

含硫的氨基酸对珍贵毛皮动物，包括毛用兔和皮用兔都有特别重要的意义。在全部氨基酸中仅有蛋氨酸、胱氨酸和半胱氨酸三种氨基酸分子中含有硫，其中蛋氨酸是必需氨基酸。

充分供给胱氨酸时，可以降低蛋氨酸的用量。缺少蛋氨酸和胱氨酸时，影响毛用兔和皮用兔毛皮和毛绒的质量。

苯胺酸对有色兔毛内色素合成有作用，同时对幼兔生长有促进作用。

6. 氨基酸的互补作用　蛋白质的互补作用，实质是氨基酸的互补作用。因为不同饲料原料中的蛋白质、必需氨基酸的组成和数量都有很大差异，有目的、有比例的搭配，可以互相弥补氨基酸比例不合理或数量不足，提高蛋白质的生物效值。

（二）粗脂肪

在饲料化学分析时，用有机溶剂或乙醚提取的有机物，统称为粗脂肪，或称脂类。其中除了真脂肪以外，还有磷脂、蜡、固醇、树脂、叶绿素以及其他的有机物质等，这些统称为类脂肪。

1. 脂肪（中性脂肪）　饲料中的脂肪大都是三酸甘油酯，即中性脂肪。它是由脂肪酸和甘油组成的。按脂肪酸的性质，可分为饱和脂肪酸和不饱和脂肪酸两大类。饱和脂肪酸化学性质比较稳定，不饱和脂肪酸化学性质不很稳定。

2. 类脂肪　类脂肪主要有磷脂（脑磷脂、卵磷脂）、固醇类和蜡等。脑和神经组织含有大量的磷脂，在毛脂中含有大量的胆固醇，被称为类固醇。蜡和皮肤油脂可以保护皮肤，增强毛的光泽。

3. 脂类的生理功能　脂肪是构成动物体细胞的主要成分之一。脂肪是动物体内热能的重要来源及能量在动物体内贮备的良好形式，1 克脂肪在家兔体内完全氧化,产生热量 38.87 千焦。家兔生理活动要进行内分泌和外分泌活动,这些活动产生的物质都需要脂肪为原料,例如母兔在哺乳期,每天都要分泌乳汁(100～300 克),乳汁中脂肪含量占 13.5%,每天分泌的乳汁按 150～200 克计算,脂肪就占 20～27 克。脂肪是维生素的有机溶剂,缺少脂肪时,家兔不能吸收饲料中的维生素 A、维生素 D、维生素 E 和维生素 K,繁殖就要受到严重影响。

4. 必需脂肪酸　家兔体内糖代谢时能合成脂肪和类脂肪,但是饲料中完全除去脂肪是办不到的,也没有必要,因为有些脂肪酸在动物生命活动中是必需的、不能缺少的,但是身体又不能合成,如必须从饲料中获得的不饱和脂肪酸,又称必需脂肪酸。在毛皮兽生命活动中,亚麻油二烯酸、亚麻酸和二十碳四烯酸是必需的脂肪酸。

5. 脂肪酸的酸败　脂肪在贮存过程中,发生的氧化作用,其特征是脂肪颜色明显变黄、发苦和出现特殊的臭味。其原因是脂肪在氧化过程中,产生低分子的有机化合物,主要有过氧化物、醛类、酮类和低分子脂肪酸等。

酸败的脂肪和分解产物,对家兔健康十分有害。因为它们直接作用消化道黏膜,使整个小肠发炎,造成严重的消化障碍。酸败的脂肪产物破坏多种维生素,损坏皮肤的代谢。如酸败的油饼类、鱼粉等,对家兔危害极大。

（三）碳水化合物

家兔需要的碳水化合物基本上全部来源于植物体,是由碳(C)、氢(H)、氧(O)三种元素构成。除碳外,氢和氧的比例与水不同,因此称碳水化合物。动物饲料中碳水化合物很少,牛肝中最高才 9%,植物性饲料中碳水化合物极为丰富,一般占 50%～80%,如玉米中含 74.3%。

1. 碳水化合物的分类　碳水化合物包括无氮浸出物和粗纤维。无氮浸出物包括糖类、淀粉、极少数半纤维素。糖类又可以分为单糖、双糖、多糖。

单糖包括葡萄糖、半乳糖、甘露糖和果糖。双糖包括乳糖、麦芽糖。多糖包括淀粉、肝糖。单糖和双糖能被家兔 100% 地消化利用。淀粉可消化吸收率达 82% 以上。

粗纤维包括纤维素、半纤维素、木质素等。家兔盲肠中大量的有益细菌具有消化粗纤维的能力。消化率的高低与木质素的含量有关。木质素家兔不容易消化,木质素比例大时,家兔对粗纤维的消化率就低。例如,家兔对甘蓝叶中的粗纤维的消化率为 75%;对胡萝卜中的粗纤维的消化率为 65.3%;对木屑中的粗纤维的消化率为20%。粗纤维过多能降低营养物质的消化率,适量的粗纤维可以促进消化道蠕动,使粪粒变得疏松。大量用精饲料、全价饲料中纤维素含量不足10%时,家兔会出现消化不良。适量的纤维素含量,应为全价配合饲料的12%～16%。

2. 碳水化合物的生理功能　碳水化合物也是构成家兔体内细胞和组织的原料之一。它们在家兔体内代谢也可以合成氨基酸,降低蛋白质的消耗量,饲料中碳水化合物含量低时,蛋白质含量就得高,否则营养水平就低。碳水化合物能调节兔体的新陈代谢,防止出现酸中毒。碳水化合物是兔体内重要的热能来源之一,1克碳水化合物在兔体内氧化可产生17.14千焦的热量。

（四）矿物质

把饲料进行完全燃烧,有机物质完全烧掉了,剩下的无机物质就是矿物质,或称灰分。在灰分中,对维持有机体正常生活所必需的无机元素,如钙（Ca）、磷（P）、钠（Na）、钾（K）、氯（Cl）、硫（S）、镁（Mg）,以及需要量极少的铁（Fe）、锰（Mn）、铜（Cu）、锌（Zn）、钴（Co）、碘（I）、氟（F）等,这些都称微量元素。

1. 矿物质的重要性　矿物质是兔体细胞的组成部分,它能维持动物体正常的生理机能,也能参与消化吸收过程,是兔生长、发育所不可缺少的。

2. 介绍几种矿物质的营养功能

（1）钙和磷　钙和磷在动物体内（包括家兔）含量最大,是最重要的矿物质元素,是构成骨骼的主要成分。动物体内99%钙、80%的磷都存在于骨骼和牙齿中,钙和磷不足,骨骼生长发育受阻,易发生佝偻病。哺乳期母兔饲料中钙、磷供应不足,母兔会出现骨软、瘫痪现象。家兔对钙、磷吸收和利用是有比例的,钙磷比应在(2∶1)～(1∶1)的范围。钙多磷少或钙少磷多时钙和磷都不能被充分利用。在供给的矿物质原中脱脂骨粉、贝壳粉、蛋壳粉、鱼粉、骨肉粉中钙和磷含量高、品质优,最易被兔消化、吸收和利用。

（2）钠、钾和氯

1）钠　钠也是家兔体内矿物质中主要元素之一,钠具有重要的生理作用,主要是维持细胞内外渗透压的平衡。

2）钾　钾是细胞的组成成分,存在于兔的各种组织中,特别是肌肉组织、肝脏、血球、脑组织中含量较多。钾能提高兴奋性,可以促进母兔发情和排卵。

3）氯　氯在家兔的各种组织中都有存在,大部分在血液、淋巴中,另一部分以盐酸的形式存在于胃液中。钠和氯主要来源于食盐,日粮中应补充0.5%~1.5%的食盐,过多易中毒。

(五)维生素

维生素是低分子有机化合物。它在食物中含量很少,但在动物代谢过程中起着重要的生理作用。

1. 脂溶性维生素及其功能

(1)维生素A　维生素A对维持家兔皮肤、黏膜和上皮细胞的形态和正常生理功能具有重要的作用。维生素A不足易使角质蛋白合成增强,引起上皮组织角质化。

维生素A有促进幼兔生长的作用,缺乏维生素A,骨骼、牙齿发育受阻,生长缓慢。

维生素A对家兔生殖也有促进作用,缺乏时会出现生殖机能失调。

维生素A多贮存在家兔肝脏中。在妊娠母兔和哺乳期的母兔适量补喂一些胡萝卜,有利于胎儿发育和幼兔生长。

(2)维生素D　维生素D对维持家兔钙和磷正常新陈代谢起着重要作用,能增强钙和磷的吸收、储存,有利于骨骼的形成生长、牙齿的生长等。

妊娠期、哺乳期、幼兔期,要注意此种维生素在日粮中含量,同时要适量的增加光照,可增加家兔自身维生素的合成。

(3)维生素E　维生素E在兔体内正常代谢,能维持正常的生理机能。

维生素E缺乏时,家兔生殖器会产生病理变化。主要原因是不饱和脂肪酸过多氧化,产生有毒的过氧化物,能使家兔的生殖器官的形态和机能发生病变,破坏生殖细胞和胚胎,引起不育症。表现为公兔睾丸生精上皮受到破坏,精子生成受到影响,精子数目减少,活力减弱,甚至畸形,输精管发育不良等。母兔则在缺乏维生素E时仍有性欲,也能排卵受精,但胚胎失去发育能力,之后被吸收,出现空怀率高、流产和死胎等现象。

青绿饲料中维生素E含量丰富,喂青草的兔不会出现维生素E缺乏。目前养兔生产出现了集约化、规模化,用干草粉配合精饲料加工成的全价配合饲料,有时会缺乏维生素E,应注意在全价配合饲料添加足量维生素E。每千克全价配合饲料需添加125毫克可以达到标准。

(4)维生素K　维生素K是对血液凝固有特殊作用的抗出血维生素,是合成凝血酶的重要物质。兔体内能合成维生素K,一般不会缺乏。大量的、长时间的使用抗生素、磺胺类药物的兔群,兔体内维生素 K 的合成会受到影响。有肝病的兔体内维生素 K 的合成也会受影响。

绿色植物中含维生素 K 丰富,草粉品质好,全价配合饲料中适当添加维生素 K,也不会出现维生素 K 缺乏。

2. 水溶性维生素

水溶性维生素包括 B 族维生素和维生素 C。

(1)B 族维生素　B 族维生素由很多维生素组成,如维生素 B_1(硫胺素)、维生素 B_2(核黄素)、维生素 B_3(烟酸)、维生素 B_6、叶酸、维生素 B_{12}(钴胺素)等。

1)维生素 B_1　维生素 B_1 又名硫胺素,在酵母、谷物胚芽、糠麸、豆类中含量丰富,家兔每千克体重日需求量 3～5 毫克。维生素 B_1 缺乏时,造成糖代谢的障碍,使能量供应不足,导致神经机能障碍,出现多种神经炎。维生素 B_1 还有抑制胆碱酯酶水解乙酰胆碱的作用,缺乏维生素 B_1 时,则乙酰胆碱分解加速,使胃肠蠕动和消化液分泌减弱,造成消化不良,家兔厌食,体重下降,生长发育受阻。缺乏维生素 B_1,能破坏母兔正常的生理机能,会影响卵泡发育,已交配受精的受精卵发育成胚胎后在子宫角难以着床,易被吸收,造成空怀,已着床的胚胎易流产或死胎,即使产出仔兔生命力也较弱,产后死亡率高。母兔泌乳量下降;公兔睾丸发育不良,影响精子成熟,甚至出现性欲减退。

2)维生素 B_2　维生素 B_2 又称核黄素,是构成家兔机体各种组织的基本成分,有促进幼兔生长发育的功能。在动物体中,维生素 B_2 与磷酸核苷酸结合,构成很多酶的辅酶,参与动物体内物质代谢的过程,是动物体内生物氧化必需的物质,动物体内任何新组织的形成均需要维生素 B_2 参与;缺乏维生素 B_2 会影响动物体内组织的形成,造成生长停滞。维生素 B_2 是构成黄素酶的辅基,缺乏时,黄素酶类的活性降低,生物氧化能力减弱,会使物质代谢发生障碍。维生素 B_2 缺乏时,常表现腿部僵硬,后肢瘫痪,食欲减退,口腔溃疡,皮肤炎症等。维生素 B_2 对酸极稳定,但易被碱和阳光所破坏。植物性饲料的麦芽、糠麸以及酵母菌中含量丰富。

3)维生素 B_3　维生素 B_3 又称尼克酸、烟酸,是由色氨酸转化而成的。在家兔体内它能与核苷酸结合组成辅酶Ⅰ和辅酶Ⅱ,是组织中极为重要的递氢体,参与组织的生物化学过程。因此,维生素 B_3 不足时,可使兔体内一系列生物化学过程发生紊乱。维生素 B_3 有维持消化道和皮肤的机能处于正常状态的作用,对皮用兔、毛用兔毛绒生长有促进作用。缺乏维生素 B_3 时,可引起癞皮病,表现皮肤红肿发炎、脱屑,继发感染后,皮肤糜烂,使用价值降低。严重时伴有食欲减退、消化不良、腹泻、消化道溃疡。

维生素 B_3 不易被光、热、碱破坏。肉、肝、肾、酵母、谷物、胡萝卜中含量较多。

4)维生素 B_6　维生素 B_6 在动物体内以磷酸化合物的形式存在。它是蛋白质代谢过程中氨基转移酶和氨基氧化酶的辅酶,并参与氨基酸的脱羧作用。维生素 B_6 与肝脏和造血机能有关,有防贫血的作用。维生素 B_6 还有促进生长、保护皮肤的功能。家兔缺乏维生素 B_6 时,蛋白质代谢发生障碍,红细胞数量减少,血红蛋白含量降低,会造成贫血,生长迟滞,皮肤发炎,毛被粗乱等。

维生素 B_6 在热、酸、碱条件下很稳定,但易被光破坏。谷物、糠麸、麦芽、酵母以及动物肝、心、肾中含量均丰富。

叶酸:叶酸在动物体内作为一种辅酶,有促进甲基转移的作用,并能够参与细胞核中核蛋白的合成和造血机能,有促进动物机体生长和性腺发育的功能。缺乏时幼兔生长停滞、贫血、胃肠发炎及黄肝等。叶酸在动物肝、肾中,酵母、豆类、绿色植物中含量都很丰富。

5)维生素 B_{12}　维生素 B_{12} 又名钴胺素,是含钴的维生素,能防止发生恶性贫血。它在核苷、核糖的代谢过程中,起着辅酶作用。在氨基酸的合成和甲基转移过程中起着很重要的作用,在血红蛋白辅基部分的合成过程中,甲基是不可缺少的。因此,维生素 B_{12} 缺少了,能使造血机能遭到破坏,血红蛋白浓度降低,发生贫血,同时细胞内生物氧化过程发生障碍,家兔发生营养不良,生长停滞,免疫力下降。

维生素 B_{12} 是粉红色针状结晶,易溶于水,在酸性环境下极稳定,日光、碱、氧化剂、还原剂均能将其破坏。维生素 B_{12} 在动物性饲料和酵母中含量丰富,在植物性饲料中含量低。

(2)维生素 C　维生素 C 是具有抗坏血病功能的物质,它在动物体中是使某些酶具有活性所必需的物质,对酶具有保护作用,并参与物质代谢过程和细胞呼吸过程。维生素 C 在肠道内可使三价铁还原为二价铁,以利于铁的吸收。维生素 C 能与进入动物体内的重金属毒物相结合,起到解毒作用;维生素 C 还是胶原蛋白和黏多糖合成的必需物质,也是细胞间质的黏合剂。维生素 C 缺乏时,使上述物质合成发生障碍,血管通透性和脆性增加,引起齿龈、皮下肌肉和内脏出血,成为败血病。同时,蛋白质和糖的代谢发生障碍,动物体抗病力降低,易生病。妊娠期的母兔需要大量维生素 C,如果维生素 C 供应不足,胎儿生下后萎靡不振,四肢无力,呼吸困难,吮乳力不强,治疗不及时造成死亡。

维生素 C 有较强的还原性,极不稳定。易被热、碱、日光、氧化剂所破坏,但在酸性环境中比较稳定。维生素 C 广泛存在于果蔬中,如新鲜白菜、油菜、球甘蓝、菠菜、瓜类等。家兔每天每只需 25 毫克左右。

(六)水分

水在家兔营养物质中属于最重要的一种,是构成细胞原生质的主要成分。在家兔体内水分大约占 70%,其中大约有 40% 在体细胞内,20% 在组织内,5% 在血液内循环在骨组织、器官里。当动物失去体内大部分脂肪、肝糖,甚至失去 50% 的蛋白质,还可以勉强活着。但如果失去 10% 的水,就很危险了,死亡率就能到 20%。

家兔一切新陈代谢过程都是在有水的环境中进行的。动物各种消化液含 95% 以上的水分,血浆含水分约 90%,肌肉含水分 72%~78%,骨骼中水分最少,也占 40%。如果水不足或缺乏,新陈代谢就不能正常进行。

夏季,在家兔的体温调节上,水有重要的作用。通过呼吸道蒸发水分,是体温调节的一种方式,每蒸发 1 克水,可散发热量2 261千焦。

母兔在妊娠期和哺乳期对水分的需求量增加,生长期的幼兔需水量也较多,如家兔的乳汁中含水量 70%,每天产奶 250 毫升,其中水分就占 175 克。

家兔患传染性疾病发热,或饲料中毒,会出现食欲减退,或拒食。要给予大量饮水,对其排毒有促进作用,有利于尽快恢复健康。如若兔群不小心出现了食盐中毒,给予大量饮水,可以迅速恢复健康。

二、家兔各种常用饲料

凡是含有对家兔有营养的物质,并为家兔提供热能、有促进身体新陈代谢的功能、对家兔身体无不良影响的天然植物性、动物性和矿物性原料,以及人工合成的产品都可以作为家兔的饲料。家兔是草食性动物,过去饲养家兔是以青草和晒干贮备的青干草为主要饲料,适当补充一些精饲料和多汁饲料。经过几十年的养兔生产发展,目前我国人工养兔基本实现了科学化、规模化、集约化,少数场实现半自动化。因为饲养方法的进步,饲料已不是青草、青干草原草加补充的精饲料了，而是把精饲料、粗饲料初加工后科学配置，再加上维生素、微量元素矿物质以及促进家兔健康生长、提高生产效率的功能性物质，配成营养全面的全价配合饲料。使用全价配合饲料养兔省工、高效，有利于走规模化、专业化的道路。根据目前养兔现状，把家兔饲料做一介绍，以供各地就地取材，节约饲养成本。

（一）精饲料

1. 能量饲料

（1）谷物籽实

1）玉米　全国种植面积大，是家兔最常用的也是最好的能量饲料。玉米粗纤维含量低，仅含 2%；无氮浸出物高达 72%，主要是淀粉，消化率高；脂肪含量高达 4%～5%，与全价配合饲料的要求持平，其中必需脂肪酸——亚油酸含量、粗蛋白质含量低，仅为 7%～9%，且品质差，赖氨酸、蛋氨酸、色氨酸含量低。黄玉米含有丰富的 β-胡萝卜素，是维生素 A 原，在家兔体内可转化成维生素 A，有利于家兔繁殖。维生素 D、维生素 K 含量低，维生素 B$_1$ 含量较丰富，维生素 B$_2$、烟酸缺乏。含钙量低仅 0.02%；含磷 0.25%；铁、铜、锰、锌、硒等微量元素含量较低。

玉米随着贮存期延长品质相应变差，尤其是维生素 A、维生素 E 和色氨酸含量下降，放置 3 年的玉米最好不采购来作家兔饲料；含水量偏高的玉米即使稍有霉变，也不能作饲料使用。

2）小麦　小麦目前是中国人的主食，价格常高于玉米，一般无人用小麦作饲料。但是面粉加工厂的麦麸，筛选下来的次麦加工的全麦粉大部分都用作饲料。

小麦粗纤维含量与玉米相近，粗脂肪低于玉米，但是蛋白质含量为13.9%，是谷物类中蛋白质含量较高的。小麦的能值也较高，仅次于玉米。小麦中钙少磷多，铁、铜、锰、锌、硒的含量较少。维生素 B 族和维生素 E 丰富，而维生素 A 和维生素 D 极少。

3）高粱　其营养成分也与玉米相近，主要成分是淀粉，粗纤维含量低。蛋白质含量略高于玉米，但品质差，缺乏赖氨酸、精氨酸、组氨酸和蛋氨酸。脂肪含量低于玉米，钙含量低，磷含量高于玉米。维生素中除泛酸含量较高，利用率高外，其余维生素含量均不高。高粱中主要抗营养因子是单宁，单宁的含量多少，因品种不同含量也有差异，变动范围为 0.2%～3.6%，因其具有苦涩味,适口性和营养物质消化吸收不是太好。因其用量大易引发大便干燥,加喂高粱的地区,用量控制在5%～10%为宜。

4)大麦　大麦有两种,一种是皮大麦,即普通大麦,另一种是裸大麦。皮大麦籽实外面包一层种子外壳,是一种较好的精饲料。

大麦是蛋白质较好的一种能量饲料,蛋白质含量平均为11%,蛋白质中的赖氨酸、色氨酸、异亮氨酸的含量高于玉米,尤其是赖氨酸。粗脂肪含量2%,低于玉米,其中50%为亚油酸。无氮浸出物含量67%,主要是淀粉。皮大麦粗纤维含量为4.8%、裸大麦为2%。钙含量为0.01%～0.04%,磷含量为0.33%～0.39%。维生素 B_1、烟酸丰富。

影响大麦品质的因素有麦角病和单宁。裸大麦易感染真菌病,造成籽实畸形,该毒素能降低大麦的适口性,甚至引起家兔中毒。具体症状是出现繁殖障碍,生长受阻等。大麦中的单宁虽没有高粱含量高,但也影响适口性。目前大麦播种面积小、产量少,很少作饲料用,用量也不能超过15%。

5)燕麦　燕麦粗蛋白质含量为5.8%,脂肪含量为4.0%,粗纤维含量为10%。所含蛋白质品质高于玉米,家兔日粮中用量可以达到30%。

（2）糠麸类

1)小麦麸和次粉　是小麦加工面粉时的副产品,前者主要是小麦皮、糊粉层、少量胚芽和胚乳组成;后者由糊粉层、胚乳及少量细麸组成。小麦精制过程中可收到23%～25%小麦麸,3%～5%次粉,0.7%～1%胚芽。

由于小麦加工方法、精制程度、出粉率的不同,小麦麸、次粉品质差异较大。两者粗蛋白质含量高,麦麸高达15%,次粉为14.3%,但品质差。粗脂肪与玉米相近,粗纤维麦麸远高于次粉,分别为9.5%和3.5%。小麦麸维生素含量丰富,特别是富含 B 族维生素和维生素 E,但其中烟酸的利用率偏低,仅为3.5%。矿物质含量丰富,尤其是铁、锰、锌含量高。但是钙含量偏低,磷含量相对高,钙磷比例极不平衡,利用时注意钙磷比例。次粉中维生素、矿物质含量都不及小麦麸。麦麸吸水性强极易结块、发霉,使用时出现这种情况就不能用。

小麦麸适口性好,是家兔良好的饲料。但是小麦麸结构疏松,含有适量的粗纤维、硫酸盐,有轻泻作用,家兔饲料添加15%～25%可以预防便秘,同时,也是妊娠后期母兔和哺乳期母兔的好饲料。

次粉用作家兔的饲料,营养价值与玉米相似,也是颗粒饲料的黏合剂,可占日粮的10%。

2）米糠和脱脂米糠　稻谷是我国南方的主要粮食作物,近些年高寒地区黑龙江大量种植,我国的总产量占世界第一位。稻谷脱去壳后的籽实成糙米,糙米再脱一层成为精米,是人们的主食。

$$稻谷 \xrightarrow[\text{谷壳（砻糠）}]{\text{脱壳}} 糙米 \xrightarrow[\text{米糠}]{\text{精制}} 精制米（精米）$$

稻谷因加工程度不同,产生的米的品质和副产品也不同,精制稻米可以得到两种副产品,即稻壳和米糠。稻壳营养价值极低,加工成细粉可作粗饲料,然后加工成颗粒饲料,但添加量也不能太高。由糙米加工成精制米的过程中,产生糙米皮层、胚和少量胚乳,占糙米总量的 8% ～11%,三种副产品构成米糠。米糠是精饲料。

一些小型加工米厂采用的工艺是由稻谷直接出糠,得到的副产品统称糠,这里面包括谷壳20% ～25%、皮层 5% ～6%、胚及胚乳 2% ～3%,出糠率在30% ～35%,这样的糠营养价值低,不如米糠,可以作粗饲料使用。也有的生产厂将稻壳和米糠混合加工出售,制成二八糠或三七糠出售,这也只能作粗饲料使用。

脱脂糠是米糠脱脂后饼粕,用压榨法取油后的产物为米糠饼,用有机溶剂去油后的产物为米糠粕。

米糠的蛋白质和赖氨酸含量高于玉米,脂肪含量高达 16.5%,且不饱和脂肪酸含量高,纤维素含量低,含钙量低,含磷量高,但利用率低。微量元素中铁、锰含量丰富,而铜含量偏低。米糠富含 B 族维生素,维生素 A、维生素 C、维生素 D 含量低。

与米糠相比,脱脂米糠的粗脂肪含量大大减少,特别是以有机溶剂提取的米糠副产品米糠粕中,粗脂肪含量只有 2%,粗纤维、粗蛋白质、微量元素均相应提高,有效能值下降。

米糠是能值最高的糠麸类饲料。新鲜的米糠适口性也好,但油脂含量高,且主要是不饱和脂肪酸,容易发生脂肪酸败,出现发热,最后出现结块或霉变。存放试验表明,新加工稻谷所出的米糠,放置 1 个月即有 60% 的油脂变质,变质的米糠适口性差,严重的可引起家兔腹泻、死亡。使用米糠类原料,一定购买新加工出来的,且一次购买量不能太大,贮放期不要超过 20 天,禁止购买和使用陈米糠。

脱脂米糠粕易于长期保存,适口性良好,可以安全使用,若使用米糠,短期存放时,可按每千克米糠中加入 0.25 克乙氧喹,有防止米糠酸败的作用。米糠或米糠粕在家兔全价配合饲料中使用量应在 10% ~ 15%。

3）小米糠　小米糠又称细谷糠，是小谷子脱壳后制小米时分离出的副产品，营养价值较高，其中含粗蛋白质 11%，粗纤维 8%，总能量 18.46 兆焦/千克，含有丰富的 B 族维生素，尤其是维生素 B_1、维生素 B_2 含量较高；粗脂肪含量也较高，故也容易发生酸败，使用时要特别认真检查。小米糠在家兔全价饲料中占比例可达到 10% ~ 15%。

小米糠含蛋白质 5.2%，粗脂肪 1.2%，粗纤维 29.9%，粗灰分 15.6%，也可以作家兔粗饲料，可占全价配合饲料的 10% 左右。

4）玉米糠　玉米糠是干加工玉米粉的副产品，含有种皮，一部分麸皮，极少量的淀粉。含粗蛋白质 7.5% ~ 10.0%，粗纤维 9.5%，无氮浸出物 61.3% ~ 67.4%，是糠麸类饲料中含量最高的，且多为不饱和脂肪酸。在全价配合饲料中，生长兔添加 5% ~ 10%，妊娠母兔和哺乳母兔可加 10% ~ 15%，空怀母兔加 15% ~ 20%。

2. 蛋白质饲料　凡是用作饲料的原料中粗蛋白质含量在 20% 以上的都称为蛋白饲料。根据来源不同，可分为植物性蛋白饲料和动物性蛋白饲料。

（1）植物性蛋白饲料　包括豆类籽实及加工后的饼粕、油料籽实及加工后的饼粕等。其营养特点是蛋白质含量高、品质好、赖氨酸含量高，不足部分是含硫氨基酸少。

1）大豆、豆饼、豆粕　大豆是油料作物之一。大豆一般不直接用作饲料，而是加工提取油之后用其副产品。大豆加工油因其加工方法不同，副产品也不相同。经压榨法或分榨法取油后的产品为豆饼，而用有机溶剂浸提法取油后的副产品为豆粕。压榨法取油率低，饼内残留油 4% 以上，用作饲料时能量高，不足之处是放置过久易酸败。浸提法多用有机溶剂正己烷来脱油，比压榨法取油多出油 4% 以上，豆粕中残留油少，1% 左右，易于保存，有时养兔户自家种少量大豆不愿意拿去换油换饼，用原粮喂兔，可以炒熟后再使用。因生大豆中含有胰蛋白酶抑制因子、大豆凝集素、胃肠胀气因子、植酸等，会对家兔肠道造成不良影响，出现群发性腹胀、腹泻，甚至造成部分死亡。豆饼、豆粕也有生豆压榨或溶剂提取的，颜色淡黄，生豆味很重，若直接加入全价配合饲料中喂兔，也会引起兔群中出现较多的肠道疾病个体，必须引起养兔生产者的重视。现列表介绍大豆、豆饼、豆粕的营养成分。如表 3 - 1。

种类	二级大豆	二级豆饼	二级豆粕
干物质(%)	87.0	87.0	87.0
粗蛋白质(%)	35.0	40.9	43.0
粗脂肪(%)	17.1	5.3	2.1
无氮浸出物(%)	26.2	30.4	31.6
粗灰分(%)	4.3	5.7	5.5
苏氨酸(%)	1.45	1.41	1.88
胱氨酸(%)	0.55	0.61	0.66
缬氨酸(%)	1.82	1.66	1.95
蛋氨酸(%)	0.49	0.59	0.64
异亮氨酸(%)	1.61	1.53	1.76
亮氨酸(%)	2.69	2.69	3.20
酪氨酸(%)	1.25	1.50	1.53
苯丙氨酸(%)	1.85	1.75	2.18
赖氨酸(%)	2.47	2.38	2.45
精氨酸(%)	2.73	2.47	3.12
组氨酸(%)	0.91	1.08	1.07
色氨酸(%)	0.55	0.63	0.68

大豆中蛋白质含量高达 35%，必需氨基酸含量高，尤其是赖氨酸高达 2% 以上，但是蛋氨酸含量偏低，仅含 0.49%。脂肪含量达 17%，其脂肪中 85% 为不饱和脂肪酸，其亚油酸、亚麻酸含量较高，营养价值高，且含有磷脂，具有乳化作用。

2) 花生饼粕　花生饼粕是指脱壳后的花生仁榨油后的饼和浸提脱油后的粕。花生仁取油后蛋白质含量高于豆饼粕，饼的蛋白质含量达 50%，粕的蛋白质含量达 54%。但是其所含的蛋白质中不溶于水的球蛋白占 65% 左右，白蛋白仅占 7%，故蛋白质品质低于大豆蛋白。氨基酸组成不佳，赖氨酸和蛋氨酸含量均偏低，精氨酸含量很高。粗脂肪含量为 4%～6%，脂肪酸以油酸为主，占脂肪酸的 53%～78%，容易发生酸败。矿物质中的钙、磷含量均高，铁含量也较高。

花生粕除脂肪含量低于花生饼以外,其余的营养物质与花生饼并无实质性差异,生花生中也含有胰蛋白酶抑制因子,含量只有生黄豆含量的1/5,在榨油时就能除去。花生饼粕极易感染黄曲霉,产生霉菌毒素,如果用了发生霉菌的花生饼粕加工而成的全价配合饲料,用得时间长了,霉菌毒素在兔体积累,达到中毒的量,就能引起家兔霉菌毒素中毒。只要花生饼粕的含水量低于12%,就不易出现黄曲霉。

花生饼粕适口性好,油香味,家兔喜食,可占日粮的10% ~20%。

3)葵花籽饼、葵花籽粕 未脱壳葵花籽含壳30% ~32%,含油20% ~32%,脱壳葵花籽含油量达到40% ~50%。葵花籽榨油工艺有压榨法、压榨—浸提法。葵花去壳与不去壳的榨油副产品营养成分如表3-2。

表3-2 葵花籽饼粕与葵花仁饼粕营养成分表

营养成分	葵花籽饼	葵花籽粕	葵花仁饼	葵花仁粕
水分(%)	10	10	10	10
粗蛋白质(%)	28.0	32.0	41.0	46.0
粗脂肪(%)	6.0	2.0	7.0	3.0
粗纤维(%)	24.0	22.0	13.0	11.0
粗灰分(%)	6.0	6.0	7.0	7.0
钙(%)	—	0.56	—	—
磷(%)	—	0.90	—	—

从表3-2看出,葵花仁饼粕粗蛋白质含量较高,但纤维素含量较低,而花生仁饼粕粗蛋白质含量更高,高达41%以上,接近豆饼粕。国内目前用葵花籽榨油工艺,一般都保留一定量的壳,因此在准备使用葵花籽饼时,一定要注意了解壳仁的比例、蛋白质含量等,以便认定营养价值,也有利于计算全价配合饲料的营养价值。

4)芝麻饼 芝麻含油量高,优质芝麻榨油后可以得52%的芝麻饼、47%的芝麻油。芝麻饼粗蛋白质含量达40%以上。据测定,芝麻饼中蛋氨酸含量很低。芝麻饼中钙含量较高,远高于其他饼粕。磷含量也高,并以植酸磷为主,对钙和其他营养成分的利用均有影响。所以在全价配合饲料中用量不能太高,多了容易造成营养不平衡。其营养如表3-3。

表3-3　芝麻饼营养成分

种类	平均值	范围
水分(%)	7.0	6.0～11.0
粗蛋白质(%)	44.0	42.0～46.0
粗纤维(%)	6.0	4.0～6.5
粗脂肪(%)	5.6	5.5～7.5
粗灰分(%)	11.0	10.5～13.0
钙(%)	2.0	1.9～2.25
磷(%)	1.3	1.25～75

　　5)棉籽饼粕　棉籽饼粕是棉籽经脱壳后保留的棉籽仁压榨后的副产品。棉籽饼粕中的粗纤维含量13%以上,因此效能值低于大豆饼粕。棉籽饼粕中含维生素E丰富、亚油酸含量也比较丰富。棉籽仁饼粕中粗蛋白质含量高达34%以上,但赖氨酸含量低,仅1.3%～1.5%。蛋氨酸含量也低,只有0.36%～0.38%,但精氨酸含量高达3.67%～4.14%,是饼、粕类中最高的。矿物质含量近似大豆饼粕。

　　棉籽饼粕中抗营养因子有游离棉酚、环丙烯脂肪酸,单宁和植酸,主要是游离棉酚。游离棉酚进入动物体后,主要通过血液循环进入肝、肾和肌肉等组织、器官。进入动物体后排出比较缓慢,有缓慢积蓄作用,可引起积累性中毒,所以使用棉籽仁饼粕时必须先脱毒。棉籽饼中毒表现为母兔受胎率下降、屡配不孕,已孕的母兔产死胎增多。死胎儿四肢、腹部为青褐色,严重者,母兔死亡。剖检母兔见胃肠有出血症状、肾肿大,皮质有点状出血。目前棉花研究机构培育的低酚品种棉,该产品棉籽饼粕未脱毒的,用量不能超5%,并且也不能长期使用。脱过毒的棉籽饼粕用量可以控制在10%以下,而且日粮中要添加赖氨酸、蛋氨酸。

　　棉籽饼粕脱毒处理方法:①煮沸法。将棉籽饼粉碎,放锅中加水浸没饼粉、煮沸,此后保持在80℃以上6～8小时,80%的游离棉酚能被破坏。②硫酸亚铁脱毒法。将棉籽饼粉碎,按饼粉的0.05%的量加入硫酸亚铁,加入适量水拌匀,硫酸亚铁与棉酚结合后棉酚失去毒性,达到脱毒的目的。③碱化脱毒。在棉饼粉中加入3%石灰水,或加入10%氢氧化钠溶液,或加入2.5%碳酸钠溶液,在水中浸泡一昼夜,再用清水浸淘两次即能脱毒。④发酵脱毒:将棉籽饼粉碎,放入器皿内,用自来水浸透,按每100千克加入益生菌 500 克,然后封盖,让其自然发酵,夏季 5 ~ 7 天,冬季 15 天左右,发酵成功,即可使用。

6)菜籽饼粕　油菜作为一种油料作物,南方地方、中原地区都普遍种植。油菜籽榨油或用溶剂提取油后的副产品,称菜籽饼粕。菜籽饼粕粗蛋白质含量 36%,是一种良好的蛋白质补充料。其效能值较低,适口性也差,但是其蛋氨酸含量高,在饼粕类中列第二位,精氨酸含量在饼粕类中最低。

菜籽饼粕本身无毒,在有一定水分和温度的情况下,经本身芥子酶的作用,形成恶唑烷硫酮(致甲状腺肿素)、异硫氰酸酯(芥子油)、腈及丙烷腈等有毒物质。在哺乳动物体内,阻碍甲状腺激素合成,引起甲状腺肿大,还会引起肝脏出血、凝血力下降。另外,菜籽饼中还含有单宁、芥子碱、皂角苷、芥酸等,影响适口性和蛋白质利用率。因此,菜籽饼粕的利用价值受到限制。经过脱毒处理的菜籽饼粕,才可以放心大胆作为家兔饲料。菜籽饼粕脱毒方法很多,这里介绍两种简单易行的。①煮沸法。将菜籽饼粕粉碎,放在锅内加热煮沸,使芥子酶在 100℃ 下钝化。②土埋法。将菜籽饼粕粉碎,按 1:1 的比例加水拌均匀,放在容器中封闭好,上面用土封好踩实,埋两个月后取出就可以使用了。

不做脱毒处理的菜籽饼粕,在配合饲料中的添加量控制在 5% 以下比较保险。

7)亚麻饼粕　又称胡麻饼粕。能值很低,粗蛋白质含量为 36%。但赖氨酸含量低、蛋氨酸含量也较低,与大豆饼粕接近。亚麻饼粕粗纤维含量较高,适口性差。亚麻饼粕中含有亚麻苷,本身无毒,在 pH 5.0 的酸性环境下,易被本身所含的亚麻酶作用而生成氢氰酸,少量的氢氰酸在体内自行分解,对身体没有影响;过量时即引起中毒,使家兔生长受阻,生产力下降。

8)玉米蛋白粉　用玉米生产淀粉、玉米油时留下的副产品,也就是玉米除去淀粉和胚芽及外皮后剩下的产品。正常情况下玉米蛋白粉的颜色为金黄色,蛋白质含量愈高色泽愈鲜艳。其蛋白质含量有 41% 以上和 60% 以上两种规格。玉米蛋白粉的蛋氨酸含量很高,赖氨酸与色氨酸的含量严重不足,精氨酸的含量也高。由黄玉米制成的玉米蛋白粉胡萝卜素含量很高。水溶性维生素、矿物质含量低。玉米蛋白粉属高蛋白、高能量饲料,可以用作家兔饲料,但要与其饲料原料搭配。

9)豆腐渣　豆腐渣是用大豆加工豆腐时剩下来的副产品,豆腐渣中含有大豆的皮及没被利用的大豆主要物质。鲜豆渣含水量 78% ~ 90%。干物质中粗蛋白质可达28.3%、粗脂肪12%、粗纤维13.9%、无氮浸出物34.1%,既具有蛋白饲料特征,也具有能量饲料的特征。但是应注意:豆腐渣是生黄豆加工豆腐的副产品,豆渣中含有抗胰蛋白酶等有害因子,生喂家兔时会引起家兔腹胀,继而出现腹泻。所以豆渣若用作兔饲料时,量小时,直接炒黄,既除去水分,也使有害因子失去活性;量大时,先晒干便于存放,以免放置时间长酸败,使用时仍需炒黄,或干豆渣上笼蒸后使用。使用时,加工过的干豆渣添加量应在10%～20%。

10)酒糟和醋糟　多为禾本科植物籽实或块根、块茎干粉和加工酒、醋的残渣,糟渣中碳水化合物明显减少,粗蛋白质含量相应提高,比原料籽实能提高2～3倍。纤维素含量也大大提高,富含B族维生素,钙、磷含量不平衡。酒糟含一定的酒精,具酒香味,家兔喜食,食后活动量小,多睡易上膘,比例在20%左右。对繁殖母兔要少用,防止其肥胖繁殖力下降。

(2)动物性蛋白饲料　动物性蛋白饲料蛋白质含量高达55.6%～84.7%,品质好,所含赖氨酸含量超过家兔营养需要量。粗纤维极少,消化率高。钙、磷含量高,且比例适当,维生素B族含量高,尤以维生素B_1、维生素B_2含量最高。

1)鱼粉　多以小杂鱼全鱼和大型鱼加工的副产品为原料,经过熟制,压榨、干燥、粉碎之后的粉状物,这种加工工艺生产的鱼粉,称普通鱼粉;如果将加工鱼粉煮制时的汁液浓缩后添加到普通鱼粉里,经干燥再粉碎,所得到的产品为全鱼粉;以鱼下脚料加工的鱼粉为粗鱼粉。以全鱼粉品质最好,普通鱼粉次之,粗鱼粉品质最差。

鱼粉由于加工原料的差异,加工工艺不同、贮存条件不同,品质有较大的差异。一般来讲鱼粉含水量为4%～5%,平均为10%。粗蛋白质含量为40%～70%,进口鱼粉一般都在60%以上,国产鱼粉约50%。蛋白含量太低可能不是普通鱼粉,更不是全鱼粉,而是次鱼粉。蛋白质含量太高,则可能掺假。鱼粉蛋白质品质好,氨基酸含量高,比例合理,进口鱼粉赖氨酸含量高达5%以上,国产鱼粉赖氨酸含量一般在3%～3.5%。鱼粉的粗灰分含量高,含钙5%～7%,含磷2.5%～3.5%,磷以磷酸钙的形式存在,利用率高,且钙、磷比例合适。鱼粉含盐量也高,一般为3%～5%,高的可达7%以上,所以添加鱼粉的兔饲料,注意少加一些食盐。微量元素中铁、锌、硒含量高,海产鱼碘含量也高。鱼粉中大部分水溶性维生素在加工时遭破坏,仍保留一部分B族维生素,尤以维生素B_{12}含量高。真空干燥的鱼粉维生素A、维生素D含量很丰富。

由于鱼粉有腥味,适口性差,在家兔饲料中添加量一般不超过2%,并且注意拌均匀。

鱼粉因其价格高,零售商掺假比较普遍,掺假的原料有血粉、羽毛粉、皮革粉、尿素、硫酸铵等,认真检测肉眼即可分辨出来。

2)血粉　血粉是用动物血加工的一种副产品。血粉含钙、磷低,微量元素中含铁量高,高达2 800毫克/千克,其他微量元素含量正常。血粉因其蛋白质、赖氨酸含量高,氨基酸搭配不合理,利用率低,需与植物性饲料配合使用。血粉味苦,适口性差,在家兔日粮中使用控制在2% ~4%比较合适。

3)肉骨粉、肉粉　以屠宰厂副产品残骨、皮、肉屑、脂肪、内脏等为主料,经过熬油后再干燥、粉碎、过筛所得到的混合物,含磷量4.4%以上的为肉骨粉,含磷量在4.4%以下的为肉粉。肉骨粉、肉粉蛋白质含量在45% ~55%,品质不如鱼粉,钙、磷含量高且比例比较合理,磷的利用率高。B族维生素含量高,维生素 A、维生素 D 少。

小型屠宰厂副产品加工的肉骨粉、肉粉通常品质差,特别是除菌不严格,其中残留的沙门杆菌,会引起家兔胃肠道疾病。所以要慎用,如果用,先试用后再大批用,占全价饲料比例控制在1% ~2%。

4)羽毛粉　羽毛粉是家禽屠宰厂脱掉的禽羽毛经清洗、高压水解、烘干或晒干再粉碎过筛得到细粉,称羽毛蛋白粉。

羽毛蛋白粉含蛋白质84% 以上,粗脂肪2.5%,粗纤维1.5%,粗灰分2.8%,磷含量0.7%。在皮用兔、毛用兔日粮中添加羽毛蛋白粉,有利于提高皮用兔被毛品质和长毛兔的产毛量,添加比例可达3% ~4%;生长兔饲料中可添加2% ~3%。

5)蚕蛹粉和蚕蛹饼　蚕蛹是缫丝厂蚕茧抽丝后留下的副产品,营养丰富,人也经常食用,因产量大,缫丝厂往往将其干燥、粉碎、过筛制细粉。蚕蛹饼是蚕蛹脱脂时压榨留下来的饼,用时再粉碎,蚕蛹粉蛋白质含量为55.5% ~58.3%。蚕蛹粉含赖氨酸为3%,蛋氨酸1.5%,色氨酸高达1.2%,比进口鱼粉高 1 倍,因此可以说蚕蛹粉是优质蛋白的来源。

蚕蛹饼脂肪含量高,所以能值高。脂肪含量高达20% ~30%。因脂肪中不饱和脂肪酸高,贮存不好会发生酸败、氧化或发霉等。蚕蛹饼是蛋白质含量相应提高,易贮存,但能值降低了。且含磷丰富,含量是钙的 3.5 倍。B 族维生素含量也比较丰富。在家兔日粮中添加量为2% ~3%。

（3）微生物蛋白饲料　又称单细胞蛋白饲料,市场上出现的多为饲料酵母,它是利用工业废水、废渣为原料,接上酵母菌种,经发酵、干燥而形成的蛋白饲料。其营养成分因培养料、菌种的不同而有些差异。一般情况,粗蛋白质含量为47%~60%,氨基酸中赖氨酸含量高,蛋氨酸含量偏低。脂肪含量低。粗纤维和粗灰分含量取决于酵母菌种。酵母粉中B族维生素含量丰富,烟酸、胆碱、泛酸、叶酸等含量均高。矿物质中钙含量低,而磷、钾含量高。

家兔全价配合饲料中若添加酵母粉,可使盲肠中酵母菌逐渐增多,防止肠道疾病,保持肠道健康,提高饲料利用率和生产效率。在家兔日粮中添加量在2%~4%为宜。酵母菌种不同,其营养成分差异如表3-4。

表3-4　酵母菌种营养成分的差异表

菌种	水分（%）	粗蛋白质（%）	粗脂肪（%）	粗纤维（%）	粗灰分（%）
啤酒酵母	9.3	51.4	0.6	2.0	8.4
半菌属酵母	8.3	47.1	1.1	2.0	6.9
石油酵母	4.5	60.0	9.01	—	6.0
纸浆废液酵母	6.0	46.0	2.3	4.6	5.7

（二）粗饲料

1. 花生秧粉　目前养兔生产已经走向科学化、规模化,养兔场全部喂全价配合饲料,并加工成颗粒饲料。中原地区从气候到土壤均适合种植花生,现已成盛产花生的地区。每年秋季在收获花生的季节,都会收获大量的花生秧。花生秧的营养价值接近豆科植物的青干草,为养兔提高了良好的粗饲料。

据测定,干花生秧干物质占90%以上,其中粗蛋白质13.4%~17.4%,粗脂肪3%,粗纤维23.9%,无氮浸出物48.1%左右,粗灰分6.7%~7.3%,钙0.89%~0.96%,磷0.09%~0.10%,还含有铁、铜、锰、锌、硒、钴等微量元素。花生收获季应注意对花生秧的晾晒,防止发霉,一旦发霉变质就不能用作兔饲料用,以免引起家兔霉菌毒素中毒。

品质好的花生秧颜色应是绿或黄绿,叶全,这样花生秧营养损失少。花生秧粉在全价配合饲料中可占40%~50%。

2. 甘薯秧　甘薯又称白薯、红薯,甘薯秧没晒时可用作家兔青饲料,晒干粉碎可用作家兔粗饲料。晾晒良好的甘薯秧营养丰富,干物质占90%以上,其中粗蛋白质6.7%～8.1%,粗脂肪4.1%～4.5%,粗纤维24.7%～27.2%,无氮浸出物48%～52.9%,粗灰分7.9%～8.7%,钙1.59%～1.75%,磷0.16%～0.18%,还含有胡萝卜素3.5～23.2毫克/千克。只要晒制过程中勤翻动,不堆积发热、发霉,品质都会是良好。良好的甘薯秧打成粉是家兔良好的粗饲料。可在家兔全价配合饲料中添加量占30%～40%。

3. 苜蓿草粉 苜蓿有紫苜蓿和野苜蓿。紫苜蓿分布最广,是最好的栽培牧草之一,产量高、品质好、适应性强,一年播种可以多年利用。据资料介绍,苜蓿寿命长达20～30年,第2～4年生长旺盛青草产量高,一般第5年草产量下降后就不再保留利用了。一般耕地施肥浇水正常,年产青草5 000千克,能晒干草1 300～1 400千克。现蕾期割晒,产量高、营养最丰富。此时的干草干物质91%,粗蛋白质含量20.32%,粗脂肪1.54%,粗纤维25%,无氮浸出物35%,粗灰分9.14%,钙1.71%,磷0.17%。盛花期割晒,干草粗蛋白质含量只有11.49%,其他成分均偏低。

苜蓿草不管是用来青饲还是晒制干草,都是家兔的好饲料。含有优质蛋白质,丰富的维生素和钙、磷等矿物质。

4. 天然牧草 天然牧草主要包括田间杂草,沟旁路旁杂草,草原、山地等自然生长的野杂草,种类繁多,在生长期刈割都是家兔良好的饲料,可以青饲,也可以晒干加工成草粉贮存起来,添加在全价配合饲料中。天然牧草包括禾本科杂草、豆科野草、菊科野草、莎草、艾蒿等杂草。

豆科野草蛋白质含量高,禾本科野草纤维素含量高,菊科植物、艾蒿有异味,以青草喂家兔,家兔不喜欢采食,在开花前刈割、晒干、制成草粉添加在全价配合饲料中,添加量5%～10%,不仅不影响家兔采食,同时还有防病健身作用,可使兔群少生病。

5. 树叶 树叶很多,能被利用,产量大的有刺槐叶、杨树叶、松针。刺槐叶营养丰富,据测定,其干物质中蛋白质含量达18.8%,粗纤维素14.6%,消化能10兆焦/千克,钙2.21%,磷0.21%,赖氨酸含量偏高,蛋氨酸含量偏低。这种树生命力很强,是农民养兔的好饲料,既可以青饲,也可以将采来的青树叶晒干打成粉保存,添加在全价配合饲料中。

杨树分布广,数量大,作为用材林栽培量较大,立秋后的树叶可以采收、晒干、粉碎,用作家兔的粗饲料。

松针是松树的针叶,我国从北到南有山的地区都有松树存在。松树叶含粗纤维比阔叶树叶高,且有特殊的气味,青饲家兔不爱吃,采收、晒干、粉碎添加在全价配合饲料中,比例不超过10%,不仅不影响适口性,而且有提高家兔兔疫力的作用。松针粉营养成分高,不同种的松针粉粗蛋白质等含量有所不同,一般粗蛋白质7.8%～8.96%,粗脂肪7.12%～11.1%,粗纤维26.8%～27.1%,粗灰分3%～3.5%,钙0.39%～0.54%,磷0.05%～0.08%,胡萝卜素121.8～291.8毫克/千克,维生素C 52.2～291.8毫克/千克,硒2.8～3.6毫克/千克。

松针粉营养物质比较全面,主要有粗蛋白质、粗纤维、大量的活性物质、维生素C、B族维生素、胡萝卜素、叶绿素等。据测定,每千克松针粉中,含维生素C 550～600毫克,胡萝卜素120～300毫克,叶绿素1 350～2 220毫克,并含有19种以上氨基酸和十多种矿物质元素,其中硒的含量达2.8毫克,是家兔全价配合饲料良好的添加剂。

6. 秸秆粉 秸秆是庄稼收获以后,除去籽粒的剩余部分,营养价值是最低的,主要有玉米秆、小麦秆、黄豆秆等。例如,麦秸粉可消化能仅有1.02兆焦/千克,粗蛋白质含量4.11%,粗纤维35.3%,钙0.88%,磷0.52%,赖氨酸0.08%,蛋氨酸＋胱氨酸0.02%;玉米秆可消化能5.26兆焦/千克,粗蛋白质6%,粗纤维24.1%,钙0.89%、磷0.45%,赖氨酸0.09%,蛋氨酸＋胱氨酸0.03%;稻草粉,可消化能3.39兆焦/千克,粗蛋白质4.8%,粗纤维27.8%,钙0.28%,胱氨酸＋蛋氨酸0.03%。

以上数据可以看出,秸秆类饲料营养水平低,粗纤维含量高,消化率低,适口性差。但可以用化学方法和生物技术对秸秆进行处理,使部分纤维素得到分解,提高其适口性、消化率和营养水平。处理过的秸秆加工成草粉,与精饲料、维生素、矿物质等配制成全价配合饲料。秸秆处理方法如下:

(1)化学处理方法

1)氢氧化钠处理 该种化学试剂可溶解很多难以消化的物质,提高秸秆中有机物质消化率。最简单的方法是,将2%的氢氧化钠溶液均匀地喷洒在秸秆上,堆积熟化24小时后,摊开晾晒干,经粉碎后保存,可以大大提高秸秆的消化率。

2)石灰溶解钙处理 与氢氧化钠处理方法相同,而且可以增加饲料中的钙,方法简单、成本低廉。具体方法是取1千克石灰,1～1.5千克食盐,加水200升,混合均匀,放入100千克切碎的秸秆,浸泡5～10分或更长时间,捞出后使浸泡的秸秆熟化24～36小时,晒干加工成草粉贮存使用。

3)氨化处理 用碳酸氢铵或尿素处理秸秆,可以软化纤维素,提高粗纤维的消化率,增加饲料的含氮量,提高营养价值。具体做法是,将5~6千克尿素或6千克碳酸氢铵溶于60升水中,均匀地洒在100千克秸秆上,然后压实,用塑料膜覆盖、密封。氨化5~7天,摊开晾晒后,即可使用。

(2)微生物处理 利用微生物分泌的纤维素酶分解秸秆中的纤维素,可提高秸秆的消化率。比较成功的有以下几种方法:

1)益生菌处理 益生菌即对人和动物体有益的菌群,包括酵母菌、乳酸菌、芽孢杆菌、双歧杆菌等。可以用来处理秸秆,也可以稀释后让家兔饮服,有降低消化道疾病、提高家兔抗病力、促进家兔生长、提高家兔生产力的作用。处理秸秆时工艺如下:①粉碎秸秆。把秸秆铡成段或用粉碎机打成粗粉。②配制菌液。将益生菌活菌干粉1 000克、红糖2 000克、清洁饮用水160升,在常温下混合后放置4~5小时再用。③用菌液拌料。将配置好的菌液喷洒在500千克的粗秸秆粉中,使秸秆粉与菌液混合均匀。④厌氧发酵。将混合均匀的秸秆粉一层层地装入发酵池或其他容器中,一边装一边压实,一直堆到秸秆高出池口20~30厘米时为止,上面用塑料膜覆盖,膜上再封上20厘米的稀土,压实,防止透气。少量发酵也可以用缸、塑料袋等,但必须封闭,创造无氧环境。⑤开池饲喂。封池后,夏季发酵7~10天,冬季发酵20~30天,即可开池。开池时,要从一段开始,由上到下一层一层地取用。每次取完后要马上封盖,防止阳光直射、污物混入出现杂菌污染。优质的发酵料有苹果香味,味道酸甜,加入精饲料压成颗粒饲料,喂家兔能保持兔群肠道健康。开始饲喂时,家兔可能不习惯,经过驯食后即正常采食。

2)秸秆微贮 其操作过程与益生菌发酵大同小异,只是菌种比较单一,菌种是用木质纤维素分解菌和有机酸发酵菌,经科学培养、制备的高效复合杆菌来处理秸秆,使之经过一个发酵过程,变成家兔喜食的秸秆。微贮工艺如下:①原料处理。将麦秸、稻草、玉米秆等粗纤维含量高的秸秆粉碎为粗粉状。②菌种复活。市售的秸秆发酵菌种,每袋3~5克,经过菌种复活可发酵秸秆1吨。复活方法是:在粉碎秸秆以前,将菌种倒入200毫升温水中充分搅动,然后在常温下放置1~2小时,使菌种复活后即可使用。注意当天配好的当天最好用完。③菌液配置。处理1吨秸秆,按活菌干粉3克,食盐9~12千克,水1 200~1 400升的比例配菌液,充分搅拌。④秸秆粉入池。分层铺放秸秆粉,每层20~30厘米厚,边铺边喷洒菌液,使其含水量达到60%~70%,喷洒后压实,然后再铺第二层,直到超过池口30厘米即可停止装料。⑤封口。将最上面一层秸秆压实后,均匀地撒上一层食盐,以250克/米² 为宜,可防止最上层的草粉霉变,最后用塑料膜覆盖,其上再覆土30厘米,密封,进行厌氧发酵。⑥开池使用。封池21~28天发酵成功后,即可开池使用。发酵好的秸秆具有醇厚的果香酸甜味,手感疏松、柔软、湿润。取用方法与益生菌发酵处理的秸秆相同。

(三)饲料添加剂

饲料添加剂指为某种特殊目的,在家兔饲料中另外添加的物质。

1. 维生素类添加剂 关于维生素的生理功能,在介绍家兔营养需要时已对每种都做了比较详细的介绍,这里不再赘述。目前养兔生产已走上科学化、规范化、规模化的道路。不再是青草或青干草加精饲料分开喂的方法。而是把青干草、干树叶、干花生秧、甘薯秧等加工成草粉,与精饲料一起,按家兔的需要科学配置成全价配合饲料。

2. 矿物质类添加物 矿物质作为家兔的全价配合饲料添加物,一般有常量元素和微量元素。

(1)常量元素 如钙、磷、镁、钾、钠、硫、铜等。常量元素是组成骨骼、牙齿原料,用量相对较大,可利用的有磷酸氢钙、磷酸钙、碳酸钙等,还有骨粉、蛋壳粉、贝壳粉等。

(2)微量元素 主要有锌、钴、铁、锰、硒、碘等。常用的化工产品或加工产品有硫酸铜、氧化铜、碳酸铜、氢氧化铜,硫酸锌、氧化锌、碳酸锌,氯化钴、氧化钴,亚硒酸钠,碘化钾、碘化钠、碘酸钠,硫酸亚铁、氧化铁、氯化铁,磷酸锰、碳酸锰、氧化锰。

家兔饲料中添加的微量元素都是复合的,基本量为(配方):硫酸亚铁5克、氯化钴10克、硫酸镁15克、硫酸铜15克、硫酸镁20克、硫酸锌20克、硫酸铝10克、硼1克、干酵母100克,分别研碎后再混合,再加碘化钾1克,另加骨粉10千克,充分混合后分装成小袋,每袋500克或1 000克,全价配合饲料按1%加入。

3. 氨基酸类添加剂 氨基酸是组成蛋白质的基本单位,分为必需氨基酸和非必需氨基酸。动物体内不能合成的为必需氨基酸,所以在配合饲料中不足的部分必须添加、补足。

(1)赖氨酸 生长期的家兔对缺乏赖氨酸的反应极为敏感,饲料中长期缺乏,会引起家兔生长停滞。精饲料谷物比例大,蛋白饲料用量小,赖氨酸极缺乏。按照家兔的生长需要,全价配合饲料中赖氨酸的量应达到0.6% ~

0.8%,每次更换配方,都要测定其中赖氨酸的含量,不足部分要补足。

(2)蛋氨酸 蛋氨酸是一种含硫氨基酸,缺乏时往往会引起家兔生长缓慢、体重下降、肌肉萎缩、被毛粗乱且生长不好等。家兔全价配合饲料中,蛋氨酸加胱氨酸的量应达到 0.6% ~0.7%,达不到时应补充。

(3)色氨酸 色氨酸是维持家兔正常生命活动和生产性能的必需氨基酸之一。缺乏时会引起家兔生长停滞,体重下降,公兔睾丸萎缩,母兔繁殖力下降。家兔日粮中色氨酸含量应达到 0.18% ~0.22%,不足时应补足。

4. 天然矿物原料

(1)稀土元素 我国稀土资源丰富,贮存量居世界首位。稀土对畜禽生长发育、繁殖及生产性能都有明显促进作用,对人畜安全无害。此外,稀土价格低廉,使用方便,是一种很有应用前景的添加剂。据报道,生长期的獭兔每千克配合日粮中添 250 毫克硝酸稀土,日增重比对照组提高 21.44%,饲料转化率比对照组提高 16.64%。试验兔被毛柔顺,有光泽。每千克饲料加 200毫克稀土,对热应激公兔睾丸机能恢复有较好的作用。

(2)沸石 沸石含有钙、锰、钠、钾、铝、铁、铜、铬等 20 多种家兔生长发育所必需的矿物质元素。沸石可以促进家兔肠道对养分的吸收,提高饲料利用率;还能吸附肠道内的某些病原菌,降低幼兔腹泻率,提高成活率。建议家兔全价配合饲料中添加量为 3% ~5%,这样能起到良好的效果。

(3)麦饭石 麦饭石含有钠、钾、钙、磷、镁、铁、锌、铜、锰、硒、铬、钼、镍、矾等多种动物必需的元素,含量因产地不同而有差异。

麦饭石可使食物在消化道充分吸收,故可以提高饲料利用率,还可提高动物免疫力。家兔全价配合饲料中添加 4% 麦饭石,日增重提高 44.23%,料重比减低 11.63%。

(4)海泡石 海泡石可以在饲料中形成胶体,使饲料在肠道的行进速度减慢,提高饲料中各种营养的消化、吸收率;也可以作黏合剂和抗结块剂,提高粒料质量,防止营养物质聚集成团;在兔舍用作垫土,具有防臭、吸水作用,降低兔舍氨气、硫化氢、二氧化碳含量和湿度,达到改善兔舍环境的目的。家兔配合饲料中添加 2% ~4% 的海泡石粉,对促进生长、提高饲料报酬有明显效果。

(5)蛭石 蛭石含钙、镁、钠、钾、铝、铁、铜、铬等多种动物所需要的矿物质元素。具有较强的阳离子交换性,能携带某些营养物质,如液油脂,有抑制霉菌生长的作用,是防霉剂很好的载体。

5. 非常规饲料原料

（1）麦芽根 麦芽根为淡黄色，有麦芽味的芬芳，也有苦味。营养成分为：水分4%～7%、粗蛋白质24%～28%、粗脂肪0.5%～1.5%、粗纤维14%～18%、粗灰分6%～7%，还含有丰富的B族维生素和未知生长因子。因其含有大麦芽碱，有苦味，故在全价配合饲料中可添加20%。

（2）啤酒糟 啤酒糟是用大麦芽混合大米、玉米、淀粉等制造啤酒过程中所滤除的残渣。含有大量水分的称鲜啤酒糟，干燥后的为干啤酒糟。鲜啤酒糟含水80%、粗蛋白质6.5%、粗脂肪1.7%、粗纤维3.7%、粗灰分1%、钙0.07%、磷0.12%；干啤酒糟含水分6.5%～12%，粗蛋白质27%、粗脂肪8%、粗纤维14%～18%、粗灰分2.5%～4.5%、钙0.15%～0.35%、磷0.35%～0.55%。以上数据说明啤酒糟粗蛋白质含量高，并富含B族维生素、维生素E和未知生长因子。鲜啤酒糟含水量大、易坏，不易存放，要及时晒干，发霉变质的啤酒糟严禁喂兔。生产实践证明：生长兔、泌乳母兔配合饲料中可加15%，空怀母兔、妊娠前期母兔配合饲料中可以加30%。

（3）酒糟 谷物或薯干粉经生物发酵、蒸馏萃取酒后而获得的副产品，再进行干燥为干酒糟。其营养成分因原料、加工方法不同而有差异，几种主要酒糟的营养价值见表3－5。

表3－5 几种主要酒糟的营养成分

原料不同的酒糟	干物质（%）	粗蛋白质（%）	粗脂肪（%）	粗纤维（%）	无氮浸出物（%）	粗灰分（%）
高粱白酒糟	90	17.23	7.86	17.43	44.01	11.45
大麦白酒糟	90	20.51	10.50	19.59	40.81	8.8
玉米白酒糟	90	19.25	8.94	17.44	46.36	8.0
米酒糟	93.1	28.37	27.13	12.56	21.41	3.63
燕麦酒糟	90	19.86	4.22	12.89	45.58	7.39
大曲酒糟	90	17.76	7.35	27.61	34.04	13.28
甘薯酒糟	90	14.66	4.37	15.16	39.64	22.87
黄酒糟	90	37.73	7.94	4.78	38.18	1.38

原料不同的酒糟	干物质（%）	粗蛋白质（%）	粗脂肪（%）	粗纤维（%）	无氮浸出物（%）	粗灰分（%）
五粮液酒糟	90	13.40	3.84	27.29	33.97	21.51
郎酒糟	90	18.13	5.04	15.12	46.59	13.66
葡萄酒糟	90	8.20	—	7.24	27.72	2.48

凡以各种粮食为原料的酒糟,含有丰富的粗蛋白质、粗脂肪、粗纤维,这是由于酿酒过程中加入了20%～25%的稻壳,以利于蒸汽通透,提高出酒率。而以薯干为原料的酒糟,其粗纤维、粗灰分含量均高,且所含粗蛋白质消化率低,使用时要与其他原料科学配合。

酒糟中营养物质含量稳定,但不全面,使用者称之为"火性饲料",容易引起便秘,被称为"火性饲料",饲料中添加量不宜过多,一般繁殖种兔饲料中添加量控制在15%,育成的商品兔饲料中添加20%。

(4)醋糟 醋糟是制醋过程中的副产品。制醋原料主要有高粱、麦麸及少量碎米。鲜醋糟含水量65%～75%。风干的醋糟含水量为10%、粗蛋白质9.6%～20.4%、粗纤维15%～28%,并富含微量元素铁、锌、硒、锰,但是由于制醋所用原料不同,其营养成分也有差异,醋糟的营养成分如表3-6。

表3-6 醋糟的营养成分

原料种类	干物质（%）	总能量（%）	粗蛋白质（%）	粗纤维（%）	钙（%）	磷（%）
高粱（鲜）	35.2	7	8.5	8.0	0.73	0.28
高粱（干）	100	20.72	24.1	8.5	2.07	0.79
(2:8)细粉渣与麦麸（鲜）	30.5	6.24	6.9	6.9	0.13	0.08
(2:8)细粉渣与麦麸（干）	100	20.52	22.2	22.6	0.43	0.26
大麦造酒后又造醋（鲜）	62.9	10.26	12.9	17.6	0.10	0.07
大麦造酒后又造醋（干）	100	16.29	20.5	17.9	0.15	0.11
(1:1)麦麸与米糠（鲜）	27.0	—	3.4	9.1	—	—
(1:1)麦麸与米糠（干）	100	—	12.6	33.7	—	—

将醋糟少量添加于饲料,有助于消化、预防腹泻。但大量使用时,最好再加入一些碱性物质,如碳酸氢钠等,可中和醋糟中残留的醋酸,预防长期添加

醋糟,家兔出现酸中毒。一般妊娠母兔全价配合饲料中添加量不超过10%,空怀期母兔添加量控制在15%~20%,生长兔添加量不超过20%。

(5)甜菜渣　将甜菜去叶剩下块茎洗净、榨汁熬糖后剩下的渣,晒干形成的产品,称甜菜渣。干甜菜渣中含干物质91%,粗蛋白质8.8%、粗脂肪0.5%、粗纤维18%、无氮浸出物58.9%、粗灰分4.8%、钙0.68%、磷0.09%。甜菜渣有甜味,适口性很强,家兔喜食,且易被消化。在家兔配合饲料中可添加16%~25%,可代替部分玉米。生长兔可多加一些,成年兔可少加一些。

(6)甘蔗渣　去叶、梢的甘蔗,冲洗,榨去蔗汁熬糖,剩余的副产品称蔗渣。蔗渣有干的有湿的,作商品出售的为干品。干的蔗渣一般含干物质91%,粗蛋白质1.5%、粗纤维43%、粗脂肪0.7%、无氮浸出物42%、粗灰分2.9%、钙0.82%、磷0.27%。用甘蔗渣可以代替干草,蔗渣有甜味,家兔喜食,配合饲料中添加量可达20%左右。

(7)蘑菇渣　晒干的蘑菇渣称蘑菇菌糠。蘑菇渣含干物质91.93%,粗蛋白质9.8%、粗脂肪1.07%、粗纤维22.06%、无氮浸出物54.04%、粗灰分4.9%、钙0.1%、磷0.14%。蘑菇渣可代替部分麦麸、玉米。蘑菇渣疏松多孔,质地细,一般为黄褐色,有菌香味,配合饲料中添加量可达到10%~20%。

(8)玉米芯　玉米种植面积很大,玉米芯是玉米棒脱粒后的副产品。玉米芯含干物质97%,粗蛋白质2.3%~2.4%、粗脂肪0.4%、粗纤维36.6%~37.7%。玉米芯中粗纤维易消化,消化后转化为糖分,所以在饲料中添加量控制在20%以下。

(9)葵花盘粉　葵花成熟后去籽粒剩下的盘,打成粉也可以用作家兔的粗饲料。葵花盘粉含干物质85%以上,粗蛋白质5.2%~6.1%、粗脂肪2.2%~2.6%、粗纤维17.4%~20.1%、无氮浸出物39.6%~46.5%、粗灰分21.1%~24.7%、钙1.44%~1.68%、磷0.13%~0.15%。葵花盘粉质地松软、适口性好。在晒干过程中容易发霉变质。配合饲料中添加比例应在15%~20%。

(10)糖蜜　糖蜜是制糖的副产品,可以分甘蔗糖蜜和甜菜糖蜜。糖蜜含蛋白质4%~10%,多属非蛋白氮;含糖类物质46%~48%,所含的糖均为蔗糖;含矿物质为钠、钾、镁、氯等;还有丰富的B族维生素和3%~4%的可溶性胶体。可以提高饲料的适口性,但有轻泻作用。糖蜜是热量饲料,特别是对生长兔,有促进生长的作用。糖蜜在日粮中的添加量应在3%~5%。

（四）饲料有害物质及接触方法

1. **胰蛋白酶抑制因子**　胰蛋白酶抑制因子在生大豆中含量较高，家兔食用后易出现胀肚、腹泻。胰蛋白酶抑制因子不耐热，可以将生黄豆、生豆粕、生豆饼等加热，使其变性而失活。焙炒、蒸、红外线加热、蒸汽加热等均可。蒸、炒时温度应在 100～110℃，时间在 30～40 分，将黄豆及生豆粕炒的颜色深黄，出现香味即可。

2. **棉酚**　棉酚主要存在于棉籽饼中，可分为游离棉酚和结合棉酚两种。游离棉酚随棉籽饼加入家兔饲料以后，被家兔吸收，对其细胞、血管神经、繁殖均有毒害作用，还会降低饲料中赖氨酸的利用率。

影响棉籽饼中游离棉酚含量高低的主要因素一是棉花品种，二是棉仁榨油工艺。不管是含量多少都存在有棉酚，必须脱毒后方能大量或长期的在饲料中添加。

棉籽饼脱毒方法有多种，如膨化脱毒，将棉饼膨化处理后其中棉酚脱毒率达 95% 以上，但添加率不能超过 10%。

3. **硫葡萄糖苷（GS）降解产物、芥子碱**　硫葡萄糖苷、芥子碱主要存在于菜籽饼中，硫葡萄糖苷本身无毒，但湿度、温度适宜的条件下，经酶的催化，降解产生毒性物质。这些物质可引起家兔腹泻、泌尿系统炎症，抑制碘的转化，干扰甲状腺激素的生成，引起甲状腺肿大，使动物机体代谢紊乱。且具有辛辣味，影响适口性，降低采食量，使家兔生产性能下降。

家兔大量食用未脱毒的菜籽饼，会发生中毒现象，一般在食后 20～24 小时发病，病兔表现精神委顿、不食、流涎、腹泻、腹痛，粪中带少许血，尿频、排尿有痛感，排出的尿液很快凝固。芥子碱有苦味，也影响适口性。

菜籽饼的脱毒方法很多，有氨水处理法、碱处理法、坑埋法、添加专用脱毒剂脱毒法等。

（1）氨水处理法　50 千克菜籽饼，加 7% 的氨水 11 千克，闷盖 3～5 小时后再放蒸笼中蒸 40～50 分，取出晒干即可按比例配入饲料中。

（2）碱处理法　50 千克菜籽饼中，加含纯碱 15% 的溶液 12 千克，充分搅拌，闷 3～5 小时，再入笼蒸 40～50 分，取出后晒干即可使用。

4. **黄曲霉毒素解毒**　花生饼等有些含有蛋白质较多的饲料，由于存放不当，极易感染黄曲霉，黄曲霉产生霉菌毒素，其种类有黄曲霉毒素 B_1、黄曲霉毒素 B_2、黄曲霉毒素 C_1、黄曲霉毒素 C_2、黄曲霉毒素 M_1、黄曲霉毒素

M_2 等,其中以黄曲霉毒素 B_1 毒性最强,可引起家兔中毒。该毒素主要侵害人畜肝脏,使家兔表现出精神不振、食欲减退、流涎、口唇黏膜发绀、呼吸急促。

对黄曲霉毒素脱毒目前还没有效果明显的方法,关键在预防。主要预防措施是降低花生饼中水分含量,不得超过 12% ;在饲料中添加防霉剂,如 0.1% 的丙酸钠溶液、1% 的丙酸钙溶液;在饲料中添加维生素 E、维生素 A、维生素 D,减轻霉菌毒素中毒。

5. 单宁　高粱、大麦、菜籽饼等均含有单宁,单宁对饲料的适口性有影响,对蛋白质、氨基酸的消化率、利用率有明显的影响,因此这些原料应限比例使用。含单宁多的饲料原料,可通过细磨、膨化等加工方法改善其饲喂效果。也可以向这类饲料中添加特异性酶制剂改善成分利用率。

6. 皂苷　具有苦味,存在于苜蓿等豆科牧草和菜籽饼中。皂苷主要对家兔食量、增重有影响,也因与饲料中蛋白质结合而影响其消化利用。

7. 草酸与草酸盐　菠菜、甜菜叶、苋菜等有些青饲料中含有草酸,家兔食用后,阻碍肠道对钙的吸收和利用,导致家兔出现肌肉痉挛症状,因此平时不用菠菜、甜菜叶、苋菜喂兔。

(五)添加剂与预混料

1. 添加剂　添加剂是指为了满足家兔特殊需要而加入饲料中的少量或微量功能性、营养性或非营养性物质。添加剂多种多样,常用的有维生素添加剂、微量元素添加剂、促进正常生长发育或加速生长的添加剂等。有些物质单用效果好,同时使用有拮抗作用且价位高,所以近些年又出现了预混料这一转型产品。

2. 预混料　配制家兔全价配合饲料时,将精饲料、粗饲料、预混料混合均匀压成颗粒就完成了,免除了每次加工饲料时称量各种添加物质的麻烦。这是适应规模化、科学化、规范化养兔的一种新型产品。

(六)生物制品在家兔饲料中的应用

目前生物制品中益生菌、低聚糖、复合酶在家兔养殖中已经作为添加剂被广泛利用。

1. 益生菌　常用益生菌有黑曲霉、长双歧杆菌等。益生菌与抗生素的作用相似,但作用机制相反。使用益生菌时,不会出现抗药性、毒性,但其起效果的速度比较慢。

益生菌的作用机制是：①对病原菌有拮抗作用、对有益菌有促进作用。②为动物提供营养素。③刺激动物体产生免疫。④净化肠道内环境。⑤益生菌对病原菌有杀灭作用。

2. 低聚糖　低聚糖又称寡糖，由于它有利于双歧杆菌增殖，常被称为双歧因子。寡糖可以防止动物腹泻与便秘，增强动物免疫力、提高动物抗病力；减少粪便中氨气等腐败物质产生，防止环境污染；提高动物对营养物质的吸收率和饲料的利用率。

3. 复合酶　从动物、植物、微生物体内（微生物为细胞）提取出的具有专一性或特异性的酶，称为酶制剂。目前用于家兔饲料中酶制剂有蛋白酶、淀粉酶、纤维素酶和脂肪酶等，把这些消化酶复配到一起，称为复合酶。在幼兔饲料中添加复合酶可以提高幼兔消化力，提高日增重。复合酶是根据各种酶的活性科学配置的，使用时按产品说明书的规定量添加，或提高20%的添加量。

三、日粮标准及参考饲料配方

（一）饲料配方设计

饲料配方即科学养兔用的下料单，是根据家兔不同应用方向、同一品种或品系不同生理阶段对营养的不同需要以及不同地区原料的不同而确定的原料科学配比，并做到使家兔健康、营养均衡，饲料价格低廉，饲养人获得最大的经济效益。

实际生产中，同是生长期的兔，从出生至3月龄幼兔有的能长2.5~2.75千克，有的能长1.8~2.0千克，有的只长1.5千克左右。所以给不同生长速度的幼兔设计配方时也得有差异，生长速度慢的幼兔吃生长速度快的兔料会造成浪费。

（二）参考饲料配方

1. 肉用兔饲养标准与参考饲料配方

（1）饲养标准　消化能10.46~11.3兆焦/千克、粗蛋白质15%~17%、粗脂肪3%~4%、粗纤维12%~14%、钙0.6%~1.1%、磷0.5%~0.8%、赖

氨酸 0.8% ~ 1.0%、蛋氨酸 + 胱氨酸 0.7% ~ 0.8%、食盐 0.5% ~ 0.6%。

（2）饲料配方　见表 3 - 7 至表 3 - 9。

表 3 - 7　河南省科学院生物研究所配方

原料品种	配比（%）	营养水平		备注
玉米	15	消化能（兆焦/千克）	10.84	冬季玉米可用到18%
麦麸	15	粗蛋白质（%）	15.9	
豆粕	14	粗脂肪（%）	3.45	
花生秧粉	56.5	粗纤维（%）	16.01	
生长兔预混料	2	钙（%）	0.98	
食盐	0.5	磷（%）	0.51	
赖氨酸（克/100 千克）	250	赖氨酸（%）	0.8	
蛋氨酸（克/100 千克）	250 ~ 300	蛋氨酸 + 胱氨酸（%）	0.7	

表 3 - 8　意大利仔兔诱食饲料配方

饲料原料	配合比例（%）	饲料原料	配合比例（%）
苜蓿草粉	30	蔗糖蜜	2
大麦	8	石灰石	0.55
小麦麸	25	磷酸氢钙	0.42
豆饼	6	食盐	0.45
向日葵饼	8	蛋氨酸	0.08
甜菜渣	15	赖氨酸	0.10
动物脂肪	2	预混料	0.30
脱脂乳	2	抗球虫药	适量

营养水平：消化能 10.53 兆焦/千克、粗蛋白质 15.3%、粗脂肪 3.7%、粗纤维 17%。

表 3-9 中国农业科学院兰州畜牧研究所配方

饲料原料	生长兔			妊娠母兔	哺乳母兔	种公兔
	配方1(%)	配方2(%)	配方3(%)			
苜蓿草粉(%)	36	35.3	35	35	29.5	40
玉米(%)	22	21	21.5	21.5	29	12
麸皮(%)	11.2	6.7	7	7	4	15
大麦(%)	14	—	—	—	—	—
燕麦(%)	—	20	22.1	22.1	14.7	14
豆饼(%)	11.5	12	9.8	9.8	14.8	15
鱼粉(%)	0.3	1	0.6	0.6	4	3
食盐(%)	0.2	0.2	0.2	0.2	0.2	0.2
石粉(%)	2.8	1.8	1.8	1.8	1.8	0.8
骨粉(%)	2	2	2	2	2	—
营养水平 消化能(兆焦/千克)	10.46	10.46	10.46	10.46	10.4	10.29
粗纤维(%)	15	16	15	15	—	18
粗脂肪(%)	15	16	16	16	12	—
添加剂 蛋氨酸(%)	0.14	0.11	0.14	0.12	—	—
复合多维(%)	0.01	0.01	0.01	0.01	0.01	0.01
硫酸铜(毫克/千克)	50	50	50	50	50	50

2. 獭兔的饲养标准和参考饲料配方

（1）饲养标准　獭兔的饲养标准应比肉用兔高，因獭兔的价值在皮，即毛被和皮板。在保证生长速度的前提下，也要保证毛被好，毛被好的表现是毛绒丰厚、毛面平齐，这都需要饲料中蛋白质含量能满足生长兔的需要为原则，獭兔的饲养标准如下：

每千克全价配合饲料中：消化能 11.3～11.72 兆焦、粗蛋白质16%～18%（前期必须达到18%）、粗脂肪 3%～5%、粗纤维 12%～14%、钙 0.7%～1.1%、磷 0.5%～0.7%。

（2）饲料配方 见表3-10至表3-15。

表3-10 河南省科学院生物研究所专家配方

饲料原料	配合比例(%)	营养水平	
		营养成分	数量
玉米	22	消化能(兆焦/千克)	11.25
麦麸	18	粗蛋白质(%)	17.2
豆粕	18	粗脂肪(%)	3.54
花生秧粉	40	粗纤维(%)	12.8
预混料	2	—	—

注：另外每100千克饲料再添加食盐0.5千克、甜菜碱120克。甜菜可节约饲料蛋白质的用量。

表3-11 美国獭兔全价配合饲料

兔的生长阶段	饲料原料	占日粮比例(%)
0.5~4.0千克体重生长期	苜蓿干草	50
	玉米粒	23.5
	大麦粒	11
	小麦麸	5
	豆饼	10
	食盐	0.5
平均4.5千克体重维持期的公兔、母兔	三叶干草	70
	燕麦粒	29.5
	食盐	0.5
平均4.5千克体重妊娠期的母兔	苜蓿干草	50
	燕麦粒	45.5
	豆饼	4
	食盐	0.5

兔的生长阶段	饲料原料	占日粮比例（%）
平均4.5千克体重的泌乳母兔	苜蓿干草	40
	小麦粒	25
	高粱	22.5
	豆饼	12
	食盐	0.5

表3-12　俄罗斯獭兔饲料配方

饲料原料	占日粮比（%）	原料种类	占日粮比（%）
草粉	30	燕麦	10
玉米	15	小麦麸	11
小麦	21	向日葵饼	10
磷酸盐	0.5	沸石	2
食盐	0.5	—	—
营养水平	代谢能（兆焦/千克）　9.6	粗脂肪（%）	3.1
	粗蛋白质（%）　16.2	钙（%）	0.68
	粗纤维（%）　12	磷（%）	0.56

注：饲喂效果90～150日龄，日增重20.1克，料肉比7.1:1，优质皮比例显著提高。

表3-13　荣成玉公司獭兔饲料配方（%）

饲料原料	生长期	成年期	妊娠期	哺乳期
玉米	31.5	24	30	36
豆饼	13	10	12	19
麸皮	4	10	10	2
苜蓿草粉	43	50	41	35
鱼粉	3	2	2	3
酵母粉	2	2	2	2
骨粉	2	0.5	1.5	1.5
食盐	0.5	0.5	0.5	0.5
微量元素及复合多维	1	1	1	1

注：每100千克配合饲料另外再加蛋氨酸150克、赖氨酸50克。

表 3-14　四川草原研究所獭兔饲料配方

饲料原料	仔兔	幼兔	育成兔
玉米(%)	32.5	16	20
麸皮(%)	30.5	18	18
次粉(%)	—	20	—
豆饼(%)	15	20	18
鱼粉(%)	—	2	—
花生饼(%)	6	—	—
菜枯(%)	2	—	—
青草粉(%)	10	20	28
骨粉(%)	2	1	3
钙粉(%)	—	1.5	
食盐(%)	1	0.5	1
添加剂(%)	1	1	1
复合多维(%)	—	—	1

表 3-15　中国农技协兔业中心原种场獭兔饲料配方(%)

饲料原料	种兔	幼兔
稻壳粉	18	16
花生秧粉	15	13
玉米	18	20
麦麸	25	25
豆粕	18	20
酵母	2	2
蛋氨酸	0.2	0.2
赖氨酸	0.2	0.3
骨粉	2	2
复合多维	0.1	0.1
食盐	0.5	0.5

饲料原料		种兔	幼兔
营养水平	消化能(兆焦/千克)	10.46	11.4
	粗蛋白质	17.74	18.6
	粗纤维	14.4	13.2
	粗脂肪	2.85	2.98
	钙	1.08	1.09
	磷	0.95	0.93
	赖氨酸	0.73	0.78
	蛋氨酸 + 胱氨酸	0.64	0.64

3. 长毛兔参考饲料配方

(1)饲养标准　长毛兔的饲养标准(表3-16)是家兔中最高的,因为它们除了自身新陈代谢消耗能量以外,还得有大量的营养物质用于长毛。

表3-16　长毛兔饲料营养建议标准

营养成分	生长期兔	生产兔	妊娠母兔	哺乳母兔
消化能(兆焦/千克)	12.53	11.73	11.72	12.54
粗蛋白质(%)	18	17.2	17	20
粗脂肪(%)	3~5	3~5	3~5	3~5
粗纤维(%)	9	10~12	12	12
钙(%)	1.0~1.2	0.6~0.8	1.0~1.2	1.0~1.2
磷(%)	0.6~0.8	0.5~0.6	0.6~0.6	0.8~1.0
蛋氨酸 + 胱氨酸(%)	0.8	0.8	0.75	0.8
赖氨酸(%)	0.9	0.7	0.9	1.0
食盐(%)	0.5	0.5	0.5~0.6	0.5
维生素 A(国际单位)	6 000~8 000	6 000	6 000~8 000	8 000~10 000
维生素 D(国际单位)	1 000	1 000	1 000	1 000
维生素 E(毫克)	20	20	20	40

（2）饲料配方　见表 3 - 17。

表 3 - 17　河南省科学院生物研究所建议配方

饲料原料	3月龄前生长兔	生产兔
玉米（%）	22	20
麦麸（%）	18	18
豆粕（%）	10	10
花生粕（%）	4	6
菜籽粕（%）	2	4
鱼粉（%）	2	2
花生秧粉（%）	39	37
小兔预混料（%）	2	2（成兔预混料）
蛋氨酸（%）	0.3	0.3
赖氨酸（%）	0.3	0.3
甜菜碱（%）	0.1	0.1
氯化胆碱（%）	0.1	0.1

第四章　家兔分阶段饲养管理

一、家兔不同时期的划分及各时期的生理特征

（一）家兔生理时期划分

家兔的生理时期可以分为仔兔期、幼兔期、青年兔期、壮年兔期和老龄兔期五个时期。仔兔期即从小兔出生到 1 个月前后断奶；幼兔期即从仔兔断奶至 3 月龄；3 月龄至种兔初配这三个月左右的兔称青年兔，也称育成兔。育成兔被分为两个应用方向，一是种兔；剩下的大群是商品兔与非出售兔，称为育肥兔。壮年兔多为繁殖种兔，年龄 1～3 岁的兔，长毛兔这时产毛量最高。3 岁以后的兔整个生产能力下降，继续饲养，生产成本就要提高，此时要分期分批进行淘汰。

（二）不同生理时期的生理特性

1. **仔兔的生理特性**　仔兔指 1 月龄前的兔，仔兔刚出生全身无毛，对自身的体温调节能力不健全，夏季易中暑，冬季易冻伤，一般 10 天以后仔兔体温调节系统便逐渐完善。所以，仔兔期夏季应注意通风降温防中暑，冬季应做好保暖防伤风感冒。仔兔夏季环境温度不能超过 30℃，冬季仔兔窝内温度不能高于 32℃，环境温度也需 15℃ 以上。

仔兔出生后各器官发育尚不完全，除了睡觉就是吃奶。产后 8 天耳孔才张开，11～12 天眼睛也开始睁开。

仔兔生长发育很快，出生后及时吃上初乳，7 天体重能增加 1 倍，10 天体重能增加 2 倍，30 天体重能增加 10 倍以上，30～90 日龄体重仍保持快速增长的状态。

仔兔期也往往会出现一些问题：①仔兔冻死。②仔兔饿死。③仔兔患黄尿病等致死。④被母兔蚕食。

2. **幼兔的生理特性**　幼兔指 1～3 月龄兔。幼兔期是快速生长期，生长快，要求的营养水平高，但是这一时期的兔生理上还有几个发育不完善的地方。①免疫系统发育不完善，自身抗病力较弱。②肠黏膜上皮细胞层发育不完善，肠黏膜内壁由益生菌形成的保护层没有完全形成，易发生发肠道疾病。③各种消化酶分泌量小，消化能力弱。易出现胀肚、腹泻等症状，控制不好出现死亡，成为兔子的第二死亡高峰期。

3. 青年兔的生理特性　青年兔指 3 ~ 6 月龄的兔。进入青年兔时期的兔虽然已经达到了性成熟,但是身体各组织、器官还没有完全成熟,还需要继续培育,让其发育更为完善才能承担繁殖任务。生产实践证明,小体型品种兔青年兔 4 ~ 5 个月可初配进入繁殖期;中体型品种兔 6 个月可以初配,进入繁殖期;大体型的品种兔 7 ~ 8 月龄初配进入繁殖期,生产都能正常进行。所以,青年兔作种兔培育的又称为育成兔。不作种兔使用的兔,作商品兔使用。尽快地育肥,快速生长后只要达到商品兔的要求就马上处理,缩短饲养期,节约饲养成本,此时的兔又称为育肥兔。肉用兔良好的兔群 75 日龄时幼兔体重就达2.5 千克,可以作商品出售,这样饲养成本是最低的。

4. 壮年兔生理特征　壮年兔指 1 ~ 3 周岁的兔,身体正处在旺盛时期。这一时期的兔繁殖力强,它们后代生长速度、毛被品质都反映出来了,从它们的后代中选择生长速度快、毛被品质好、体型大的个体留作种兔,它们的后代生产性能如与其亲代一样优秀,就达到了选留种兔的目的。但是一般不要从头胎仔兔中选留种兔,因为那时种母兔的身体还没有完全发育成熟,不能完全反映生产性能,最好选择 2 胎以后所生幼兔中选留种兔。

5. 老龄兔生理特征　老龄兔指 3 岁以上的兔。此时种兔生殖机能逐渐减退,年育成商品兔数目明显减少,所以,应分期分批淘汰,个别繁殖力仍较强的个体可以再利用 1 年。

二、家兔不同生理时期的饲养

(一)仔兔的饲养

仔兔产出后 6 ~ 10 小时必须让其吃上初乳,仔兔生下来虽不睁眼,但生下来就会吃奶。母兔产仔后前 3 天分泌的乳汁称初乳,初乳营养丰富。

母性强的产仔母兔一边产仔,一边给产下的仔兔哺乳,2 小时内仔兔都能吃上初乳。但是少数母兔,尤其是初产母兔产仔后不知道喂仔兔,这时饲养人员在母兔产仔后 5 ~ 6 小时要检查仔兔吃奶情况,保证每窝仔兔都及时吃上初乳。以后每天都要检查,发现仔兔吃不上奶,或吃不饱的,要及时想办法解决。母兔正常喂奶,仔兔吃奶正常的个体,安静不动,腹部圆滚,皮色红润,长毛后被毛显得光亮。吃不饱或没吃上初乳的仔兔,不安静、离开仔兔群去寻找母乳,一有响动就抬起头吱吱吱叫,兔腹部是瘪的,皮肤皱巴,皮色发暗,皮肤无光泽,抓在手中时,挣扎无力。对于哺乳不正常的仔兔应采取各种措施让其吃上初乳、吃足奶,有利仔兔健康。

1. 母兔泌乳量正常拒绝给仔兔喂奶　应强制喂奶。饲养员左手抓着母兔两耳和颈背部的皮,右手抓着臀部皮提起,将其放入产仔箱,手不要放开,让其下面的仔兔争着吃奶,10 分左右放出母兔。每天强制喂奶 2 次,7:00 ~ 8:00,17:00 ~ 18:00,几天以后形成习惯,母兔就自然喂奶了。

2. 产仔少的母兔应并窝饲养　母兔一般是 8 个乳头,如果初产母兔窝产仔少,两窝合起来 7 ~ 8 只,可并窝饲养。并窝时的办法是:两窝产仔时间相差不能超过 5 天,一般应在 2 ~ 3 天为好。并窝时把窝产仔少的窝内仔兔放入仔兔多的窝内,并把母兔抓出去隔离,不让其马上回窝。待到晚上两窝仔兔混在一起,身上的气味没有差异时,再让母兔回窝。另外,为了确保不让母兔闻出放入它窝内的另一窝仔兔的味道,放回窝以前,给母兔鼻子上用切开的大蒜抹一抹,让蒜味占优势,闻不出另一窝仔兔身上的味。

用代养的方法,操作过程也和并窝一样。并窝后另一个母兔可以调理身体,尽快恢复体质参与配种。

3. 母兔产奶量应人工催奶

(1)补充营养　200 毫升温豆浆、50 克麦芽榨汁、10 克红糖混合后让母兔饮用,1 天 1 次,连饮 5 ~ 7 天。

(2)鲜蚯蚓下奶　3 ~ 5 条鲜蚯蚓,用开水烫死并泡发白后,切成段、研成末,加红糖适量让母兔引用,每天 2 次,催奶效果明显。

4. 预防母兔乳腺炎　仔兔吃了患乳腺炎母兔的奶,病原进入仔兔消化道,仔兔易患黄尿病。母兔乳腺炎必须常年防治,不能松懈。

(1)防疫注射　母兔初配前 7 ~ 10 天注射 1 次葡萄球菌疫苗,每只 2 毫升,以后每 4 个月注射 1 次,1 年注射 3 次,可大大降低母兔乳腺炎的发病率。

(2)产仔后给母兔服消炎药　母兔产仔当天给其喂服复方磺胺甲噁唑片或诺拂沙星 1 粒,每天 1 次,连服 3 天。

(3)给仔兔滴喂药预防　盐酸环丙沙星注射液,从出生的第二天起,每只仔兔每天滴喂 1 次,每次 0.3 ~ 0.5 毫升,连滴 4 天,可防止发生黄尿病。

5. 及时给仔兔补料　母兔泌乳高峰期是产后 20 天,20 天后泌乳量逐渐减少;仔兔生长很快,20 日龄后体重增加很多,单靠母乳已经满足不了它们的需要,所以,20 日龄开始给仔兔补充饲料,有两方面的好处:①给仔兔补充营养,满足其生长需要。②是锻炼仔兔消化功能,使仔兔断奶时适应植物性饲料。仔兔补充饲料时,饲料中就应加抗球虫等预防肠道疾病的药物,断奶后不会出现肠道疾病。

（二）幼兔的饲养

幼兔期是高速生长期,此时兔食欲旺盛、贪吃;但是幼兔期的兔又表现在消化力弱,最易发生消化道疾病。生产实践证明,幼兔期是最难饲养的阶段,成活率只有40%左右,影响养兔的经济效益。

幼兔期饲料要既能满足其营养需要,又能弥补消化力弱、肠道疾病频发的缺陷。饲料应该具有以下几个方面的特点:

1. 营养水平高　饲料营养水平应能满足其快速生长的需要,能使其快速生长的潜力发挥出来。饲料的营养标准应为:消化能10.5～11.2兆焦/千克、粗蛋白质17%～18%、粗脂肪4%～5%、粗纤维12.5%～14.5%、钙1%、磷0.6%～0.7%。经验证明,纤维素含量若低于9%,幼兔群胀肚、腹泻频繁发生。

2. 饲料中添加复合酶　复合酶即多种消化酶的总称,例如淀粉酶、蛋白酶、脂肪酶、纤维素酶等。因幼兔期间兔消化酶类分泌量不足,造成消化力弱,所以加消化酶容易在肠道内把大分子营养物质尽快分解为小分子营养物质,便于幼兔消化吸收,弥补消化力差的缺陷。

（三）青年兔的饲养

1. 作后备种兔培育　青年兔已经达到了性成熟,但它们的身体还没有达到成熟,以中型体重的种兔群来讲,种母兔个体1岁以上的普遍在4.0千克,而青年兔3月龄时一般在2.25～2.5千克,待它们的体重达到成年种兔体重的80%以上时,就能投入生产。否则,母兔所产仔兔初生重小,不容易育成。另外,青年兔期母兔配种过早往往产死胎多,产后母兔易出现缺奶和乳汁不足。

青年兔也称育成兔,即后备种兔投入生产前的阶段。此期兔的饲养水平与种兔相同,投饲量可根据每个个体情况来定,总的来说要保持后备种兔体况好、健康,投入生产后繁殖力强,后代健康。

饲料营养标准:消化能10.6兆焦/千克、粗蛋白质含量17%～18%（以獭兔为例）、粗脂肪3%～5%、粗纤维12%～14%、钙1.0%～1.2%、磷0.7%～0.9%。另外,与繁殖有关的维生素要加足,应添加维生素A 3 000国际单位/

千克、维生素 D 600 ~ 800 国际单位/千克、维生素 B 160 毫克/千克、维生素 E 60 ~ 80 毫克/千克。

2. **商品兔的饲养**　肉用品种的商品兔，目前经过选育早期生长快的特性特别突出，幼兔75 ~ 90 日龄体重能达到 2.5 ~ 2.75 千克，就已经可以出售了。

獭兔 105 日龄出栏，体重要达 2.75 千克以上，剥出的皮张面积达到 1 级皮以上，而且毛被品质也得好。

饲料营养标准：消化能 11.0 ~ 11.5 兆焦/千克、粗蛋白质 17% ~ 18%、粗脂肪 3% ~ 5%、粗纤维 12% ~ 14%、钙 1.0%、磷 0.6% ~ 0.8%。另外，饲料中另加蛋氨酸 0.2% ~ 0.3% 或甜菜碱 120 克/100 千克或氯化胆碱 100 克/100 千克。

（四）成年种兔的饲养

成年兔不需要再长身体，如果种兔饲料消化能高、蛋白质含量低，它们会发胖，繁殖性能降低。

种兔不管是种公兔还是种母兔进入繁殖期后，饲料标准都必须是中等水平的消化能、高蛋白、丰富的全面的矿物质和维生素。就种公兔来讲，在自然交配的生产方式下，每只公兔要承担 8 只左右的母兔，每只母兔交配和复配，每月就要有 16 ~ 20 只。正常情况下，种公兔每次射精 1 毫升左右，精子密度 1 亿个/毫升，精液和精子除了水分以外，绝大部分的物质是蛋白质，并且是高品质。生产实践证明，种兔日粮中必须富含高品质蛋白质。如果饲料中加 2% 动物性饲料，即进口鱼粉、蚕蛹粉、肉骨粉、血粉等，公兔性欲就旺盛，精液品质好，所配母兔妊娠率高、胎产仔数多。母兔所产仔兔初生重大、仔兔健壮；母兔泌乳量大、乳汁浓，仔兔生长快。另外，饲料中要加维生素 A 6 000 ~ 7 000 国际单位/千克、维生素 D 700 ~ 900 国际单位/千克、维生素 B_1 50 毫克/千克、维生素 E 80 毫克/千克。种兔饲料中要加入 2% 骨粉、蛋壳粉、贝壳粉等优质矿物原料。

三、家兔不同生理时期的管理

（一）仔兔的管理

1. **尽早吃上初乳**　母兔产后 3 天的乳汁称初乳，因其营养丰富且对仔兔有多种生理功能，及早吃上初乳对仔兔健康有好处。饲养员在母兔产仔后5～6小时须进行检查，看仔兔是否吃上初乳。凡吃上初乳的仔兔安睡不动，腹部圆滚，皮色红润，皮肤发亮；没吃上初乳的仔兔很不安静，乱爬，腹部瘪、皮肤皱缩、灰白、无光泽，一被惊动，头往上抬，吱吱嘶叫。这时饲养员要用强制让母兔喂奶的方法让仔兔吃上初乳，并且连续几天强制让母兔喂奶，使其形成定时喂奶的习惯。

2. 母兔产后无奶、有病等，其仔兔应让其他母兔代养　代养母兔的产仔时间应与被代养母兔产仔时间相差3天左右，仔兔个头大小不能相差悬殊。代养时只将母兔赶出窝外，把被代养的仔兔放入代养母兔所产仔兔窝里，与该窝仔兔混在一起，混放几个小时后当两个窝内的仔兔气味无大的差异后，可以把代养母兔放回。放回母兔时，为了防止其闻出被代养仔兔的气味，可以把大蒜切成两半，新切茬在母兔鼻上抹一抹，其鼻上蒜味很浓，也就闻不到仔兔身上的气味差异了。

3. 防止仔兔受冻而死　冬季繁殖由于没有保温条件，或保温工作做得不到位，仔兔会被冻死，仔兔刚从母兔体内生出，窝内温度需30～32℃，如果兔舍温度能控制在15～20℃，仔兔窝絮得好，母兔护仔性好，仔兔窝能保持30～32℃，仔兔不会受冻而出现抗病力下降。如果冬季室外温度夜里在－5℃以下，兔舍温度在5℃以下，仔兔就很容易出现胀肚腹泻的症状，成活率降低。

解决的办法有以下几种：

（1）做好兔舍保温、供暖工作　使兔舍温度夜晚能保持在10℃以上，白天能保持15℃以上，这样仔兔冬天也不会受损害。

（2）设专一的仔兔培育室　仔兔培育室保温条件好、供暖设备好，室内夜间有人值班，温度保持15℃以上，白天温度能保持在20℃以上。

（3）地窝培育仔兔　把一层的兔笼连着地窝，地窝深30厘米以上，产仔前的母兔放入一层笼内待产，仔兔满月后分出。兔舍冬季有保温条件，产仔成功率高。

4. 夏季重视防暑　仔兔生命力很弱，不仅冷应激能引发仔兔肠道疾病，天热兔舍温度超30℃，仔兔也会出现腹胀、腹泻而死亡。所以，规模生产的养兔场，兔舍都有通风、降温设备，凡是高温天气必须采取降温措施。

5. 防止有害动物残害仔兔　仔兔没有任何抗敌害的力量，防鼠、防敌害必须从整个场子着手。凡是兔场与外界的通道，如下水道、排风扇口、窗户都要用细孔的铁丝网封着，门槛与门之间的缝也必须防范。兔舍与兔场相通的通道也必须认真处理,不让老鼠有任何机会进入兔舍或兔笼。一旦老鼠进入产仔兔舍,它会咬死仔兔,造成损失。

6. 适时断奶 仔兔20日龄前后可以补充人工饲料,3周龄时胃内出现游离盐酸,pH达到2~3,对蛋白质有较弱的消化能力;4周龄时仔兔胃内pH达到1.5~2,消化力进一步提高。所以,凡频密繁殖的生产者,一般都让仔兔在28日龄断奶,只要饲养管理认真,仔兔生长发育不会受影响。但是,正常繁殖情况下断奶时间一般在30日龄以后,编者主张35日龄断奶,尽快投入下一批生产。

断奶时先把母兔与仔兔隔离开,仔兔原窝不动。仔兔断奶又分窝,由于饲料、环境、管理都发生了变化,会产生应激,轻则引起生长缓慢,重则发生疾病。采取断奶不离群的方法,即原笼、原窝仔兔还在一起饲养,喂断奶前吃的补饲料,只停止哺乳,仔兔不会发生应激反应。再过10~15天,可以把同窝的母兔放在一个笼,同窝的公兔放在一个笼,适应一段时间再实行单笼饲养。

(二)幼兔的管理

1. 按程序做好预防注射工作

(1)开始补饲时就进行1次防疫注射 仔兔期的20日龄前后应开始给其补饲,那么在20~30日龄要给仔兔注射1次波氏杆菌病+大肠杆菌病二联苗,每只仔兔1毫升。

(2)断奶前后注射魏氏梭菌疫苗 仔兔30日龄后及时注射魏氏梭菌疫苗,也就是说30~35日龄的兔不管断奶与否,都要及时注射一次魏氏梭菌疫苗,预防魏氏梭菌感染引发肠炎。

(3)40~45日龄幼兔注射兔瘟+兔巴氏杆菌病二联苗 小兔35日龄以前不能注射兔瘟疫苗。40~45日龄注射瘟巴二联苗,每只2毫升。如果是商品兔群,90日龄前后就出售了,出售前打这一次就可以了;如果是留用的幼种兔,到60日龄时再加强注射,以后随种兔的防疫程序进行。

2. 给幼兔创造适宜的生活环境 幼兔体质弱,环境温度和湿度不适都会影响其健康。幼兔最适宜的环境温度为15~25℃,兔舍温度过低或过高,幼兔都会因冷、热产生应激。这种应激首先在其肠道产生反应,如出现胀肚腹泻,有的便中带黏液,有的便中带血等,如不能及时控制,就会有一部分死亡。所以冬季兔舍应重保温,最冷季节早晨起来也要在7~8℃,10:00以后兔舍温度要在10℃以上,15℃以上最好。夏季要做好通风或降温工作,兔舍温度最热不能超过 30℃。到夏季中原地区很多养兔生产者在兔舍上空架遮阳网，罩住兔舍，使兔舍处在阴凉处，另外，兔舍装大型风机、循环水帘等，都可以解决夏季兔舍降温的问题。

3. 保持幼兔舍清洁、干燥　为避免幼兔患传染性肠炎、寄生虫、皮肤病等，应保持兔舍清洁卫生。室外有风天气及时打开门窗通风，让风吹走兔舍内氨气味和飘浮在空气中的病原菌等。没风天气要开排风扇强制舍内空气流动，排出舍内污秽气体。

4. 兔笼应勤打扫和消毒　兔子有食粪性，兔笼底板除每天都要清扫以外，每周必须彻底消毒 1 次。消毒的方法是将其放在室外水泥池内用 0.1% 高锰酸钾溶液浸泡 1 ~ 2 小时。兔舍后壁、两侧墙壁用喷雾方法消毒，保持兔笼卫生。蜕毛时期应及时清理兔笼内幼兔蜕下的毛，以免它们形成食毛性，引发毛球病等。兔舍内空气也要定期消毒，可用低毒性的消毒剂带兔消毒。

5. 根据幼兔应用方向不同合理分群或分笼　肉用商品兔育肥期根据同性别、相近体重、强弱差不多等因素，4 ~ 5 只一群或一笼。这样一是限制其活动减少活动量，二是节约圈舍。为了获得优质兔皮或优质毛，獭兔和毛用兔在断奶后先原窝适应性饲养 10 ~ 15 天后，按同公或同母，体重相近、强弱相近，3 ~ 4 只一笼再饲养 20 天左右，待到 2.5 月龄以后，将要达到性成熟时，为了防止同性兔之间咬斗、食毛等损害毛皮的行为的发生，必须进行单笼饲养，即 1 笼 1 只，彻底进行隔离。

（三）青年兔的管理

青年兔即 3 月龄以上的兔，其性腺发育基本成熟，作为种兔培育已列入后备种兔群。青年兔生长速度逐渐减慢，饲养所用饲料营养水平不宜过高，投喂量也不宜过大，否则容易使其肥胖，种用性能就会降低。饲喂时每天投饲量在150 ~ 175 克，主要是维持体重不使其肥胖，特别是体内不能有过多的脂肪。投饲方法是全价配合饲料根据其体重确定每天的饲料量，每天投喂 1 次，即在每天的 17∶00 ~ 18∶00 把一天的料量全部投给，吃一个晚上，到第二天上午饲养员检查笼时，把没吃完的料倒出，一整天都不再饲喂全价配合饲料。水为自动饮水器，全天自由饮水。

1. 控制膘情　对留作后备种兔的青年兔在管理上应做好以下几个方面的工作：

（1）品质鉴定　对四月龄左右的公兔、母兔都要进行 1 次综合鉴定，根据外部形态、生长发育情况,健康状况等做一次鉴定和选择,把生长发育良好、健康、符合种用要求的后备兔编入种兔群,达不到种用要求的,投入商品兔群育肥。

(2)单笼饲养　作后备种兔用的青年兔必须做到1兔1笼,因为这时公兔已经达到了性成熟,已经有求偶欲望,但尚未达到体成熟的月龄,如果这时不隔离饲养,可能会出现泛配现象。

2. 加强培育,控制初配期　编入种兔群的后备种兔,要加强培育,从6月龄开始训练公兔配种,每周交配1次,以提高其性欲和配种的能力,但绝不能承担配种任务。担任配种任务过早,不仅影响其健康和配重力,而且影响种群繁殖率。一般中体型种公兔承担配种任务时间应在7～8月龄,大体型种公兔承担配种任务时间在9～10月龄,小体型种公兔承担配种任务时间应在6月龄以上。

3. 加强运动　种公兔多加强运动,体质好,身体健康,参与配种后精液品质好,精子活力强。所以,有条件的养兔场,都要给种公兔建活动场地,活动场应背风向阳,不仅便于活动,而且便于晒太阳。夏季还要有遮阳棚。每天把种公兔放入运动场活动2小时左右,一是晒太阳,促进钙的吸收,促进骨骼生长发育;二是促进种公兔性腺发育,增强繁殖力。

4. 配种前公兔和母兔都要进行免疫注射　后备种兔初配前都要进行免疫注射。公兔初配前10～15日注射1次瘟巴二联苗,每只2毫升,配种前7日注射1次魏氏梭菌疫苗,每只2毫升。母兔初配前10～15日注射1次瘟巴二联苗,每只2毫升,初配前7日注射1次葡萄球菌疫苗,每只2毫升。

(四)肉兔的育肥方法

肉兔育肥分幼兔育肥和成年兔育肥两种:

1. 幼兔育肥　幼兔育肥从仔兔断奶就开始了,育肥开始时可采用群养法,使幼兔有充分的运动机会,促进骨骼、肌肉生长。10～20日后即采用限制饲养的密集饲养法,时间30～40日,体重达2.5～3.0千克时即可宰杀或销售。

(1)饲料营养　全价配合饲料育肥商品兔,育肥效果比较单一,原料效果好;配合饲料时碳水化合物含量应较高,消化能达到12.5兆焦/千克以上,育肥效果才明显。

(2)饲喂方法　实行自由采食方式育肥效果好。采取自由采食的方式必须做好两个环节的事情:一是预混料用河南省科学院生物研究所推荐的小兔预混料,能防胀肚和腹泻;二是颗粒饲料机应是干进干出的。饮水实行自动饮水方式,随时都可以喝到水,干渴情况下小兔不吃食。

(3)环境温度　兔舍温度应控制在 15~25℃,温度过低或过高都影响生长。光线暗的环境比光线强的环境育肥效果好。

2. 成年兔育肥　成年兔育肥是指淘汰的种兔或后备种兔,在宰杀前有一段较短育肥时间,以增加其重量,提高胴体品质。育肥在 30~40 日,育肥效果好的在育肥期内体重能增加 1.0~1.5 千克。

(1)育肥饲料　育肥兔全价配合饲料消化能应相对提高一些,即达到 12 兆焦/千克以上,粗蛋白质 16%~17%,粗脂肪 3% 左右,粗纤维 14% 左右,育肥用的饲料原料应是玉米、大麦、麦麸、红薯片等,并在饲料中加足骨粉、木炭粉、食盐等。

(2)去势育肥　青年公兔、成年公兔育肥前都要先去势,实践证明,去势育肥可使育肥效果提高 10%~15%,饲料利用率提高 15%~20%,并且还能改善肉的品质,提高出肉率。

(3)限制运动　育肥兔限制运动,能使其消耗的能量减少,便于能量贮存,脂肪积蓄。育肥期饲养密度应高,保持环境干净、卫生、安静,光线相对昏暗,这种环境有利育肥。

(4)育肥期内应精心管理　育肥期家兔缺乏运动,光线又暗,抗病力容易降低,易生病。所以兔舍应勤打扫,做好清洁卫生工作,勤通风换气保持兔舍空气清新。因为少活动、舍内昏暗、情绪低沉,食欲较差,要在饲料中添加陈皮,以 1.5% 加入饲料有助于家兔消化。有的在饲料中加入 1% 辣椒,刺激其吃食等。只要育肥期食量好,育肥效果就会好。

(5)饮水充足　育肥兔休息好、吃好、饮水好,长势才好。饮水不好食欲减退。在育肥过程中要经常检查自动饮水器的水是否通畅,不要影响兔饮水。另外,还要保持饮水清洁,否则易患肠道疾病。

(五)种兔的管理

1. 种公兔的管理

(1)3~6 月龄的种公兔　这一阶段的种公兔虽然已经性成熟,但还没有达到体成熟,4 月龄后虽然可以锻炼其配种能力,但不能让其承担繁殖任务。所以为防止其早配、滥配,对后备公兔应单笼饲养,笼要关好,防止跑出后与母兔滥配。

（2）公兔的初配月龄要根据品种（或品系）体型大小来定　后备公兔正式承担繁殖任务进行初配的时期是：小体型品种兔应为6月龄；中体型兔应在7～8月龄；大体型兔应在9～10月龄。以其体重达到本种群成年兔体重的80%为原则。例如中体型兔成年兔体重4.0～4.5千克，种公兔初配时体重应以3.2～3.6千克为宜。

（3）交配时承担母兔的数量　在自然交配情况下，1只健康公兔可承担8只左右的繁殖母兔；如果是采用人工授精技术，1只成年公兔能承担80～100只繁殖母兔的配种任务。不过在生产过程中应适当多留几只种公兔。

（4）如何安排种公兔配种　自然交配的情况下，每天最多安排种公兔配种2次，连续配种2天让种公兔休息1天。如果这只公兔有一段时间没给母兔配种了，与母兔配种的前1～2次不能进行正式配种，将原来贮存时间较长的精子排出，再排的精子活力才比较强。

（5）加强运动，控制膘情　种公兔的体况要保持中等，肌肉丰富、脂肪少，有一定活力。如果过于肥胖，行动笨拙，交配时不愿意爬跨，过瘦了也无力，配种力也下降。应该让种公兔保持八成膘。八成膘怎么鉴定？左手抓住种公兔两耳与颈背部的皮，就比较牢固了，将其放在地上或小桌上，右手从颈背部轻按脊部慢慢向其后部滑动并探摸，如果右手掌能隐约感触到公兔脊椎骨，这只兔的膘情即八成膘，如脊背圆滚、摸不到脊椎骨，这只公兔就有些过肥；如果脊背向上弓起，脊椎骨手感明显，这只公兔就有些瘦。

种公兔饲料消化能控制在10.4兆焦左右，粗蛋白质不低于18%左右，每日投饲量175克左右，笼子面积0.42平方米，一般不会出现过肥现象。

（6）夏季要特别注意防暑降温　家兔对环境温度适应范围为5～30℃，最适宜的繁殖温度应为15～25℃。冬季种公兔在0～5℃还能配种，所配母兔也能妊娠，但夏季气温超过32℃连续10～15天，就会出现夏季不育。夏季不育后公兔性欲下降，即使与母兔交配受孕率极低，或受孕母兔胎产仔少。出现夏季不育的公兔40多天以后才能恢复。

中原地区自6月中旬以后，凡是干燥、晴朗的天气，白天最高温度均在30～35℃，伏天最高温度达38～40℃。过去人们建兔舍由于经济条件所限，只做到夏季遮阳挡雨，不重视隔热，所以经常在夏季公兔出现夏季不育。每到8月中旬，天气转凉，该配种繁殖的时候，母兔不发情，公兔没性欲，一拖就过了9月，严重影响生产。

建兔舍时，兔舍顶棚多使用轻钢板，两层薄钢板中间夹一层 10 厘米厚的硬塑料板，不仅遮风挡雨，且有很好的隔热作用，夏季隔热、冬季隔冷。夏季在兔舍上空架上两层遮隔网，兔舍处在网阴下，可以降低兔舍温度，即使比较热的天气，只要启动降湿、通风应急措施，兔舍温度都不会超过 30℃。

另外，如果公兔和母兔放在同一兔舍，应把种公兔放在立体笼的下层，下层比上层温度低一些、光线暗一些，适合种公兔生活。实验证明，在冬季给种兔补光时，种母兔每天需要 14～16 小时的光照；种公兔每天需要 12 小时的光照。种公兔与种母兔在一个兔舍饲养时，把种公兔放在立体笼的下层，种母兔放在第二、第三层比较明亮一些，两种兔都能照顾。

2. 种母兔的管理

（1）空怀母兔的管理

1）母兔舍的环境控制　母兔繁殖好坏除了饲料营养水平体况以外，其生存环境也很重要。成年兔能适应的环境温度 5～30℃，最适宜的繁殖温度为 15～25℃。

2）对较长时间不发情的母兔进行催情处理　异性刺激法：把不发情的母兔放在种公兔隔壁笼内，每天放 1～2 次，每次 1 小时左右；或把母兔放入公兔笼内，让公兔追逐、挑逗、爬跨母兔 30 分左右，连着几天可促进发情。

注射药物：每兔肌内注射 150～200 国际单位孕马血清促性腺激素。促进母兔卵泡生长和雌性激素分泌，从而引起发情。

在孕马血清促性腺激素注射后的第三天注射人绒毛膜促性腺激素每兔 150～200 国际单位，即可与公兔交配。人绒毛膜促性腺激素能促进母兔排卵和黄体形成，大剂量可延长黄体存在时间；也能短时间刺激卵巢分泌雌性激素，引起发情。但在卵泡未成熟时，不能起到上述两种作用。

按摩催情：不孕母兔较少时可以使用这种方法。即饲养员一手提起母兔的两后肢，使其前肢着地，另一手的拇指轻轻按着母兔外阴部，每次按摩 10 分左右，一天至少 2 次，连续按摩几天，直到手摸母兔背部时，其尾巴偏向一侧，说明催情成功，立即把母兔放入公兔笼内让其自由交配。

碘酊催情：用 2% 的人用碘酊涂抹于不发情母兔的外阴部，可以刺激母兔发情。在生产中有效率达 70% 以上，受配母兔受胎率达 80% 以上。

人工延长兔舍光照时间：在光照时间短的季节里，有些养兔生产者不知道补充光照时间，或者补充光照时间不规律，造成母兔不发情或发情不规律。只要在每年的秋分以后，让种兔舍的光照时间达到 14～16 小时，种母兔就不会不发情。光照时间不足时,可以人工补光,每平方米的兔舍地面需 3~4 瓦的灯泡方有良好的效果,灯泡离地面 2 米左右即可。

(2)怀孕母兔的管理　母兔自最后一次交配至产仔,这一段时间称妊娠期。兔的妊娠期为 30~31 天,但由于品系不同、胎次不同、胎产仔数的不同等,产仔期提前或延长 1~3 天都算比较正常的。

根据经验,母兔妊娠期投饲量应是:前 20 天投饲量与空怀相同或略有增加;妊娠后期让其自由采食,饲料量不加限制。母兔产仔前 2~3 天有些母兔食欲不振,食量减少或拒食,这是妊娠毒血症的前期反应,马上给其饮 10% 的葡萄糖溶液 150~200 毫升,再加维生素 C 100 毫克,氯化胆碱 150 毫克。1 天 1 次,连续 5 天以上,症状缓解为止。

妊娠后对母兔饲料供给充足,保护得好,母兔健康,仔兔顺利产下,生命力强,成活率高,母兔泌乳力强,仔兔发育良好。

对怀孕母兔的管理主要做好以下几个方面的工作:

1)防止流产　家兔胆小易受惊,管理上稍有疏忽,很容易发生流产。母兔流产多发生在怀孕后的 15~25 天,尤以 25 天前后流产的最多。

2)做好母兔产前的准备工作　当母兔快到预产期的时候,应及时将消过毒的产仔箱放上清洁、柔软、干燥的垫草,然后放入临产母兔的笼中。临产母兔会自行拔腹部的毛絮窝。个别母兔产前不拔毛絮窝,这时饲养员应帮助母兔拔毛絮窝,这样还可以刺激母兔产仔。辅助母兔拔毛时,先拔乳房周围的毛,一是刺激乳房分泌乳汁;二是便于所产仔兔吮乳。一切准备工作做好后,饲养员要注意母兔的行为,防止异常产仔情况发生。

3)产后处理　母兔产仔后又疲劳又干渴,饲养员应及时给母兔投放 1 钵红糖水或淡盐水,补充营养和水分,防止母兔严重干渴时情绪急躁,咬死、咬伤仔兔。母兔产仔时会吃掉全部胎衣,产后 1~2 天内减少全价配合饲养的投放量,减轻消化道负担。母兔产完仔后,饲养员应查看产仔箱,并将窝内整理干净,清除产仔箱内的湿草、污毛,拣出死胎,将产仔日期、胎产仔数、死胎数、弱仔数都记录在繁殖卡上,同时检查仔兔是否吃上初乳。

4)诱导母兔分娩　生产实践中发现,母兔产仔有 50% 左右都在晚上,若是冬季,兔舍温度很低,母兔将仔兔产在窝外,冻死、饿死的可能性很大,影响仔兔成活率。所以,应采取诱导母兔分娩的技术,让母兔白天产仔,饲养员做好护理工作,可以大大提高产仔成活率。具体方法是:将临产母兔放在平坦的地上或桌上,用拇指和食指一小撮一小撮地拔下乳头周围的毛。然后找一窝出生 3 ~ 5 日龄的仔兔,数量不少于 6 只,让其吃待产母兔的奶 5 ~ 7 分,然后将母兔取走放回原笼,即可等待母兔产仔。

(3)哺乳母兔的管理　母兔的哺乳期从其分娩至给仔兔断奶,常规是 28 天或 35 天。泌乳的前 3 天称初乳,量较少,每天只有 50 ~ 80 毫升,但营养很丰富。随着泌乳期的延长,泌乳量增加,20 天前后泌乳量达到高峰,20 天以后泌乳量开始下降,30 天以后泌乳量迅速下降。母兔乳汁营养很丰富,粗蛋白质含量达 10.4%,脂肪含量达 12.2%,乳糖含量 18%,粗灰分只有 2%。

母兔因哺乳期体能消耗量大,所用全价配合饲料不仅营养全面,而且让其自由采食,不限量,饲槽中始终不断料,保证随时可以吃。若母兔产仔前饮用葡萄糖、维生素 C 和氯化胆治疗妊娠毒血症,全价配合饲料可以少投些,这样对产仔母兔消化没有压力,如果一直大量投料会引起母兔消化不良等肠道疾病。

母兔产仔后 3 ~ 4 天,如果其食欲、消化机能恢复,可以逐渐添加饲料。如果突然过大增加饲料量,可导致母兔营养过剩出现乳腺炎或肠道疾病。母兔到了泌乳高峰期全价配合饲料消耗量为 350 ~ 400 克/只。具体管理要注意如下几方面:

1)预防乳腺炎　引起母兔乳腺炎的原因是多方面的,泌乳母兔多发乳腺炎。①母兔泌乳量过大,仔兔吃不完的奶滞留在乳房,使乳房常常胀满,血流缓慢,引发乳腺炎症。②母兔带仔过多,母乳不够吃,仔兔吃不饱不松口,吸破乳头致其被病菌感染,引起乳腺炎。③母兔笼内有刺、钉等锋利的东西刺破乳房引发乳腺炎。为预防母兔患乳腺炎,在生产上,常在母兔产仔后从第二天开始,每天喂复方新诺明,1 天 1 粒,连喂 3 ~ 4 天;或每天给产仔母兔注射 1 针乳酸环丙沙星,1 次 2 毫升,连注 3 天。

2)人工强制母兔喂奶　初产母兔或母性不好的经产母兔,不主动地给仔兔喂奶。所以,母兔产仔后饲养员一定要检查母兔是否喂仔兔。如果没有喂仔兔,饲养员应左手抓住母兔两耳和颈背部皮,右手抓住母兔臀部皮,将其放入产仔箱上部,不要放手,强行让仔兔吃奶,每天早晚各 1 次。人工强制喂奶期间,将仔兔与母兔分开饲养,几天后母兔习惯了喂奶,再把母兔与仔兔放在一个笼内。

3)母仔兔分开饲养　有的饲养场为了冬季培育仔兔方便,在兔舍一端专门盖一间育仔室,冬季供暖保持育仔室温度适宜,初生仔兔吃了第一次初乳后,把产仔箱连同仔兔一起放在育仔室,然后每天早上将产仔箱及仔兔放入母兔笼里,让母兔喂奶,半小时左右再将仔兔搬出,最好早晚各 1 次。实行这种方法的养兔场产仔箱与笼号一定对好,防止放错。生产实践证明,采取母仔分离法虽然劳动量增加了一些,但是低温季节仔兔成活率很高。

4)人工催奶 产仔母兔由于诸多原因,有个别出现产后无奶或乳汁不足现象,影响仔兔成活率。发现母奶汁不足应及时催奶,其方法有以下几种:

激素催乳:奶汁不足的母兔可注射催乳素或糖皮质素,剂量按药的说明书使用,效果好,见效快。

成药催乳:市售催乳片,每只母兔 1 次 2 片,1 天 2 次,连用 3～5 天。

中药催乳:黄芪 60 克,党参 40 克,路路通 40,王不留行 60 克,川芎 30 克,白术 30 克,当归 50 克,杜仲 30 克,甘草 30 克,将以上中药混合,晒干,粉碎为粉状备用。有产后无奶、产后乳汁不足的母兔,按每天 14 克加入饲料喂服,连用 5～7 天,效果很好。

蚯蚓催乳:将鲜活蚯蚓用开水烫死并泡 30～40 分,待蚯蚓发白后将水倒出,将蚯蚓切碎拌入饲料,同时加 30 克红糖喂服,1 天 2 次,每次 2～3 条蚯蚓。也可以购一些干蚯蚓,中药名为地龙,晒干并打成粉状,加入母兔饲料,1 天 10～15 克,连用 4～5 天。

第五章　养兔提质增效技术

一、选择优良品种

种兔的品质评价是一个综合的经济指标,不是单一的一两项指标能说明问题的。例如,过去引进的肉兔品系中,有一种法国公羊兔,成年兔体重7~8千克,但是繁殖力低,表现一年中产胎数少,胎产仔也少。没有看到哪一个生产肉用兔的养兔场把德国公羊兔作主体生产群的。几乎都是用中体型的品种兔作主体生产兔群。例如,新西兰兔、加利福尼亚兔、比利时兔等。这些兔成年体体重4~4.5千克,繁殖性能好,仔兔、幼兔生长很快,成本低、经济效益高。目前选育的这些品种兔的后代75~90日龄,体重在2.5~2.75千克就可以出售了。

因为獭兔是皮肉兼用,这些年来生产者对獭兔后代的选育很重视,也收到了良好的效果。例如,以前的美系獭兔,种兔成年体2.5~3.0千克,繁殖性能好,年产仔5~6胎,胎产仔7~9只。但仔兔生长缓慢,青年兔5月龄体重方能达到2.5~2.75千克。仔兔育成缓慢且育成成本高。这一品系的兔逐渐被市场所淘汰。以后我国比较大的公司又从法国进口一部分法系獭兔,经过选育,成年兔体重在3.75~4.00千克,母兔繁殖性能稍低于美獭兔,所生仔兔4~4.5月龄体重达2.5~2.75千克。再以后基层养兔场也有用德系獭兔优秀公兔父本建品系进行选种、选配的,培育的优良种群成年种兔4.0~4.5千克,个别个体体重达5.0千克,年产仔5~6胎,胎产仔6~8只,平均每胎育成商品兔6只以上,仔兔从初生到90~105日龄,体重可以达到2.75千克左右,料兔比3:1,此时出售不仅重量能达到活兔收购商的要求,而且毛被质量也能达到收购商的要求。

向獭兔生产场推荐的种兔群综合品质应该是:成年种兔体重4.0~4.5千克、母兔年产仔5~6胎,胎产仔6~8只。每只母兔年育成商品兔30只以上。商品兔90~105日龄体重达2.75千克左右,且毛被品质达到商品要求。

(一)肉用兔

成年兔体重4~5千克,年产仔6~7胎,胎产仔7~9只,每只母兔年育成商品兔40只。小兔75~90日龄体重达2.75克以上。

(二)毛用兔

成年兔 4.5~5.5 千克,生产群 73 天养毛期剪毛量平均为 400 克,与料的比为 1:42;繁殖母兔年产 4~5 胎,胎产仔 5~6 只,每只母兔年育成后备种兔或生兔 25 只左右。在优良种兔群中少数个体 73 天养毛期剪毛量可达 500~550 克,可见产毛量的选育潜力还很大。

(三)獭兔

良好的獭兔种群成年兔 4.5~5.0 千克,年产仔 5~6 只,胎产仔 6~8 只。每只母兔年育成商品兔 30 只以上。按照獭兔的营养标准配制全价配合饲料,21 日龄补饲,90~105 日龄体重能达 2.75 千克以上,体重达到优级皮面积标准,毛被品质也达到皮货商的要求。

二、科学饲养

不管什么时候都应该坚持科学饲养。因为毛皮市场始终都是优皮优价,以质论价。如獭兔皮销售形势好的时期,商品兔活兔收购价 30~32 元/千克,河北省的几大毛皮市场特级皮的价位达到 90 元/张,而商品兔体重在 3.25 千克以上,毛被丰厚、没残缺、没刀伤的好皮子,售价可达到 140 元/张;一级皮售价 70~80 元/张;二级皮售价 50~60 元/张,充分体现了优质优价的市场动态。如果形势不好,体重小的个体中间商能把活兔收购价压到 13~15 元/千克;而体重大的个体论个付款,1 只 2.5 千克的商品兔卖 32.5~37.5 元,而 1 只 3.5 千克的商品兔收购商只能给 35 元左右。养兔户只好降低饲料成本、维持养兔不赔钱就行。这时候收购商收到的商品兔,80% 毛被品质不好。毛皮加工企业也收不到特级皮和一级皮。

如果基层养兔户或养兔场能突破这一层障碍,与市场挂钩,不依靠活兔收购商这一环节,不管销售形势好坏都能坚持科学饲养,生产出优级商品兔。其皮张直接供给有合作关系的毛皮市场的商户,就不会被动,且能取得较好的经济效益。

(一)饲料配方设计要科学

每一种应用方向的家兔都有优有劣,劣质兔即使喂给高营养水平的饲料,它的生长速度也不会快，结果投入产出比小，仍是经济效益低。科学饲养的第一步是科学设计饲料配方。每一本养兔的书都有各大养兔企业经典饲料配方，那是根据这个养兔企业所处的区域饲料原料丰富与否、价位高低和兔场种兔生产性能高低设计的，既能满足本场生长兔或种兔生长发育的需要或种兔繁殖的需要，又不会因营养过剩而造成浪费。以獭兔的生长兔为例，生产性能较差的兔仔、幼兔由初生到 90 日龄，体重也只能有 1.5 ~ 1.75 千克；中等生产性的仔、幼兔 90 日龄、快速生长期将止，其体重能达 1.75 ~ 2.25 千克；生产性能非常优良的兔群，其仔、幼兔期里（90 日龄），体重能达到 2.5 ~ 2.75 千克，如果重视毛被生长，在饲料添加 2% 的动物性饲料，或蛋氨酸等富含甲基的产品，90 日龄的兔体重及毛被品质都能受到活兔收购商的青睐。90 日龄时体重在 1.75 ~ 2.25 千克的生长兔群，与体重为 2.5 ~ 2.75 千克的生长兔群的饲料配方营养水平是不同的。所以，饲料配方不是拿来就能用的。

（二）根据每只兔吃食情况投给

有些养兔书中这一个兔群饲料配方很多，例如就种兔来说，有种公兔饲料配方、种母兔饲料配方，种母兔饲料配方又有空怀母兔饲料配方、妊娠母兔饲料配方、哺乳母兔饲料配方。配方太多养兔生产实现不了。编者都是设计两个配方，即种兔饲料配方、生长兔饲料配方。种兔饲料配方为加工的全价颗粒饲料，育成期后备种兔、种公兔、空怀母兔、妊娠母兔、哺乳母兔都喂这一种料，饲养员喂兔时要根据母兔的阶段和身体状况，以及吃食情况等不同情况区别对待。例如育成期种兔、种公兔等每天投饲量 175 克左右，每天 17:00 ~ 18:00 一次投给；妊娠前期母兔投饲量 200 克左右；妊娠后 10 天、哺乳期母兔不限量，勤检查，饲槽内无食就投料，始终保持饲槽里有料。

三、提高商品兔的育成率

商品兔育成率高低，与养兔经济效益有直接的关系，过去养兔技术还比较落后的时候，新养兔户商品兔育成率只有 30% ~ 40%；中等技术水平的兔场，商品兔育成率达到 60% ~ 70%。近两年养兔场少了，能坚持下来的都是养兔技术熟练、对养兔是一种爱好的，再加上技术服务也比较精准，商品兔育成率都达到 95% 以上。这样的技术水平才能保证商品兔销售形势在低价位运转时仍有利可图。这一部分养兔生产者到养兔形势好的时候，都会成为示范、引领者,使新走上这一行业的人少走弯路。

商品兔会经历两个生理上的特殊时期,即仔兔期和幼兔期,如果没有解决这两个特殊时期小兔易发病的有效办法,商品兔群就容易生病,大批死亡。这两个生长发育阶段会出现两个死亡高峰期:第一个死亡高峰期发生在产后的10天以内,仔兔还在睡眠期;第二个死亡高峰期发生在仔兔断奶一周以后至3月龄。只要知道这两个死亡高峰期发生的原因和解决办法,商品兔的育成率可达到95%以上。

(一)第一个死亡高峰期

第一个死亡高峰期会造成仔兔成窝死亡。出现第一个死亡高峰期主要有两方面原因:第一方面的原因是母兔乳腺炎;第二方面的原因是母兔妊娠毒血症。

1. 母兔乳腺炎　由于种兔舍不卫生,特别是笼具不卫生,母兔乳房感染后易出现乳腺炎。乳腺炎初期乳头出现红肿;中期出现乳腺炎病状,即乳房出现大小不等的肿块,有硬感,表现为红、痛、肿胀,体温升高。仔兔吃了患乳腺炎的母兔的奶后,就会患肠炎。仔兔患肠炎后呈昏睡状态,全身发软,排出黄色的尿和黄色稀便。全窝仔兔肛门周围污染黄粪,有腥臭味。仔兔体弱,整日沉睡,发病后2~3天死亡,死亡率很高,多半整窝死亡(治疗措施在疾病部分)。

对母兔乳腺炎关键是防。把防治母兔乳腺炎按常态化的工作去做,母兔乳腺炎和仔兔黄尿病的发病率会大大降低。预防方法如下。

(1)注射葡萄球菌疫苗　母兔初配前7~10天注射葡萄球菌疫苗,每只2毫升,以后每隔4个月注射1次,1年注射3次,可降低乳腺炎发病率。

(2)产仔母兔产仔后服药或打针　母兔产仔第二天开始,每天喂复方新诺明1粒,连喂3~4天;或母兔产仔的第二天,每天注射1次乳酸环丙沙星,连续3~4天,都有预防母兔乳腺炎的效果。

(3)初生仔兔防黄尿病　仔兔初生的第二天滴喂乳酸环丙沙星注射液,每只每次0.3~0.5毫升,1天1次,连滴4天,可预防黄尿病发生。

2. 母兔妊娠毒血症　本病是一种较普遍的代谢病,60%左右的病例发生在母兔的妊娠后期。母兔出现妊娠毒血症轻者食量减少,粪球变小变尖,排尿减少;重者拒食,精神沉郁,反应迟钝,粪干常被胶冻样黏液包裹,或排稀便,有黏液或呈水样,黑绿色,有恶臭味,尿黄白色,浓稠如奶油样;严重者生仔前后死亡。有的妊娠后期早产、流产、产有死胎;即使较轻的病例产下仔兔也能成活,但吃母兔的奶3~4天会陆续死亡,个体大、健壮的仔兔死得早,弱的反而死得晚。

防治方法:

(1)预防 妊娠母兔到妊娠后期要供给营养丰富、全价的配合饲料,防止饲料单一。特别应该在妊娠后10天,在原饲料配方的基础上,再添加2%的兽用葡萄糖,防止妊娠后期饲料中葡萄糖供应相对不足。

(2)对严重个体抢救 10%的葡萄糖溶液40毫升,维生素C2毫升,每天1次,静脉注射,连注3~5天。或用维生素B_1、维生素B_2、维生素B_6、氢化可的松各2毫升合并一次性注射,每天1次,连注3~5天。

(二)第二个死亡高峰期

第二个死亡高峰期发生原因主要有3个。第一个原因,仔兔断奶一周以后,母兔乳汁带给仔兔体内的抗体愈来愈少,这时仔兔自身还不能产生抗体来抵御外界进入其体内的有害抗原,所以这一时期的仔兔抗病力最低。

第二个原因,刚进入幼兔期,小兔肠黏膜发育不完善,最容易受肠道病原菌感染出现肠炎,呈胀肚和腹水的症状,甚至造成肠道感染。

第三个原因,幼兔期消化酶分泌量小,消化能力弱。

以上三个方面的原因,造成幼兔生命力很弱,消化系统的疾病频繁发生,死亡率也很高,被专家和养兔生产者称之为第二死亡高峰。第二死亡高峰期死亡兔数量比第一死亡高峰期死亡兔数大得多。据不完全统计,商品兔育成期每死亡100只兔,80只都是死于消化系统疾病。如果控制住幼兔消化道疾病,兔群就平稳,育成率就高,否则育成率就低。

控制肠道病的问题成为解决育肥兔死亡率高的突出问题,解决问题的办法是各种各样的。归纳起来有两种:一种是大量地、长期地使用抗生素,造成兔群体内常在病原菌抗药性越来越强,抗生素使用量越来越大,有的"产品"常造成不同用户育肥兔群药物中毒批量死亡,损失更大。编者的研究团队从弄清幼兔期消化道发病率高的原因以后,就没有把其看成一个简单的事情,从安全、高效、生态的角度着手,一方面应用复合酶类,提高幼兔的消化力,解决幼兔生长发育快,需要大量营养物质与自身消化力弱的矛盾;另一方面应用一些功能性的产品提高幼兔肠道内常在有益菌群繁殖力,并抑制常在病原菌的繁殖,逐渐使肠道益生菌形成优势菌群,保持肠道健康。这样既能控制肠道不生病或少生病,又能获得丰富的营养物质,健康生长,提高了饲料报酬和养兔经济效益。在此基础上总结了一种省工养兔法,即使用河南省科学院生物研究所－瑞特利生物技术有限公司研制的小兔预混料,可以让小兔自由采食,一天投1次料或两天投1次料即可。

育肥兔成活率高了,饲养成本就降低了,利润率就高了。例如,甲饲养场商品兔育成率为95%,而乙饲养场商品兔育成率只有60%,请看乙场商品兔育成成本高是怎样形成的。以培育100只商品兔为例,甲场育成95只,乙场育成60只,以目前农村家兔饲料原料的价格,家兔按其营养标准,配出的全价配合饲料实际成本为1.64元/千克。甲场育成1只商品兔以平均2.75千克为核算标准,料兔比为3∶1,自身消耗饲料8.25千克,平均摊种兔饲料3.8千克,摊死亡的5只育肥兔的饲料0.2千克,合计每只育成商品兔消耗12.25千克,1.64元/千克,共计20.1元,加上防疫费、水电费2元,饲养成本22.1元/只。以现行的活兔价每千克30元出售,2.75千克/只售价41.25元,扣除饲养成本22.1元,利润19.15元,利润率86.7%。乙场商品兔育成率只有60%,每100只商品兔比甲场少育成35只,每只商品兔育成自身消耗饲料8.25千克,平均种兔饲料6.2千克,摊死亡育肥兔吃的料2.3千克,合计消耗饲料16.75千克;饲料成本27.47元/只,防疫费、水电费合计再加3元,饲养成本30.47元/只,每只商品兔平均售价41.25元,利润只有10.78元。利润率只有35.4%,比甲场低51.3%。

所以,养兔业经济效益高低,商品兔育成率起决定性作用,务必重视。

四、兔舍环境因素控制

家兔对环境的温度能适应的范围为5～30℃;但它们生长、发育、繁殖最适宜的温度为15～25℃;最适宜的湿度为相对湿度60%～70%。冬季兔舍温度经常在5℃以下,由于寒冷刺激造成应激,种母兔发情不正常,甚至不发情;公兔性欲低不配种;仔、幼兔会出现消化道疾病,胀肚腹泻,严重者死亡。夏季兔舍温度连续10天出现30℃以上,种公兔会出现"夏季不育"。夏季不育的公兔无性欲,精液品质差,精子稀少,精子畸形或无精子,即使个别公兔与母兔成功交配,也难怀孕,偶尔怀孕的,胎产仔少,要恢复正常生育能力,需40多天,少繁殖1窝。夏季天热母兔也不发情。

兔舍温度如果连续几天超过30℃,育成兔一些个体会出现胀肚、腹泻、不吃食,如不能及时控制病情,会出现大批死亡。这是热刺激引起热应激,热应激引起肠道反应,发生肠道疾病。所以,夏季兔舍应防暑降温,使兔舍温度控制在30℃以下,建兔舍时就应该考虑这方面的问题。防暑、降温应做好以下几方面的工作。

(一)兔舍上空要有遮阳物

有的有经验的养兔生产者,把兔舍建在大树下,夏季树冠遮阳,能使兔舍温度比无遮阳物的兔舍低3~4℃。有的建兔舍的地方无大树遮阳,到夏季在兔舍上空架遮阳网,遮阳效果很好,也能使兔舍温度降3~4℃。

(二)在兔舍内装水簾子用冷水循环降温

有的养兔场在给兔舍建遮阳设施的前提下,还要在兔舍内装水簾,天热时抽地下水进入水簾循环,使兔舍温度降低,兔舍另一端装排风扇,抽动兔舍内空气流动,使凉气扩散到整个兔舍,降温效果很好。

(三)兔舍建成半地下式的

兔舍建成半地下式的,1.5米的墙壁埋在地下,上部两边墙上建两排小孔排气,顶棚用轻钢瓦作顶,有隔热效果,冬暖夏凉,夏季能使兔舍温度稳定在30℃以下。

不管采用什么方法,冬季兔舍温度要保持在7℃以上,夏季兔舍温度要在30℃以下,最好保持在15~25℃,即冬季保持15℃左右,夏季25℃左右,有利生长。相对湿度保持在60%~70%;白天兔舍保持暗光,光照时间10~12小时,有利生长。

第六章　家兔生物育种

一、家兔育种标准

不管是肉用品种兔、皮用品种兔,还是毛用品种兔,到目前为止国家主管部门都没有确定品种的质量标准,或生产性能。倒是由市场变化快,销售低谷期兔场倒闭,有很多良种兔群随着兔场倒闭而消失。下一个销售好形势到来时,生产重新上马,往往种源不足,生产性能一般的兔也当种兔卖,造成种兔品质下降。为了帮助新兔场引好种,建立良种兔群后保好种,编者根据几十年的经验,提出毛用兔、肉用兔、皮用兔育种方向和育种的参考标准,供参考。

家兔育种的参考标准:

(一)肉用品种兔培育参考标准

1. **毛色** 以白色、深褐色或浅褐色、深黄色为主。

2. **体型** 头应粗短、宽圆,耳中等大小,颈粗,全身结构匀称,发育良好,后躯滚圆、腰肋丰满,四肢粗壮有力,具有肉用品种的典型特征。成年兔体重在4.5~5.5千克。

3. **繁殖力与早期生长情况** 繁殖力强,年产仔5~6胎,胎产仔6~8只,仔兔初生重55~65克。仔兔早期生长快,30日龄断奶平均体重600克,70日龄幼兔平均体重达2.5千克。仔兔抗病强,在良好的饲养管理条件下,70日龄时成活率达到96%以上。饲料报酬高,70~90日龄出栏时料兔比3:1。

(二)獭兔培育参考标准

1. **毛色及毛被品质** 毛色应以纯白色为好,或加利福尼亚兔色型。毛被品质好,獭兔毛标准长度是1.3~2.2cm,要求毛被平齐、直立,几乎相同的长度和质地分布于全身,现在国内喜欢长毛型的毛被,育种时毛的长度应选择1.6~2.2cm的个体。毛被丰厚,粗毛丰富,分布均匀,用手抓毛被感到有弹性和光滑。獭兔全身被毛多为背部丰厚,腹部相对薄一些,选种时选择背腹部的毛密度相差很小的,经过反复选择使背腹毛密度相差愈来愈小,这样兔皮的应用价值就更大一些。总之,无论密度、长度和质地都应均匀一致,表现为被毛表面平齐、均匀、直立。

2. **体重选择标准** 商品兔体重大,剥制兔皮张面大,可利用面积大,商品价值高。种兔体型大,仔、幼兔生长快,所以成年兔的体重应向4.0~5.0千克方向发展。

3. 外貌特征　整体外貌要求为各部位发育良好,比例匀称,给人以平衡和匀称的感觉。

（1）头部　要求头宽大,与肩部紧凑,比例适中,与身躯各部位比例相称。

（2）耳　中等厚,中等大小,直立挺而不垂,与兔大小相称,既不显得大,也不显得小。竖立无力、出现下垂或过薄者都不能入选。

（3）眼睛　明亮而大,无眼泪和眼屎,眼球颜色应为红色。眼睛无神、迟滞者不能入选。

（4）颈与肩　颈应粗,与体大小相适应;肩发育良好,丰满,与肋的扩张和臀部平衡,在宽度上稍窄于臀。肩比臀明显窄的不入选。

（5）背与腹侧　背宽、结实、丰满,里脊肉丰厚,外观略成圆锥形;腹侧外形与兔体宽度一致,腹部无塌陷。体躯应长。

（6）臀部　臀宽大、滑顺、丰满,充满结实的肌肉;臀下部和臀背部发育良好,与肩部平衡,但比肩略大一些。臀部明显瘦削的不能入选。

（7）脚和腿　四肢应强壮有力,骨骼粗细中度,肌肉发达,与兔体相称,有良好的脚垫,前后肢毛色与体躯主要部位一致。白色獭兔的爪应为白色或玉色;加利福尼亚獭兔的爪最好为暗色或黑色;彩色獭兔的爪应为暗色。

（8）尾　尾应与兔体相适称,有良好的支撑作用。在全身毛色一致时,毛尖应与体色相同。

4. 体况　主要是指兔体肥瘦、卫生状况。适于用作种兔的体况应是:用手抓住颈背部的皮,兔挣扎有力,用手抚摸腰部脊椎骨,无明显突起,但隐约可感,即为中等体况;过肥时,抚摸脊椎骨感到脊背滚圆,摸不到脊椎骨;过瘦时,摸到脊椎很明显。过肥、过瘦都不能作种兔留用。公兔、母兔凡生殖器有炎症,肛门周围有粪尿污染,爪、鼻、耳内有疥癣等寄生虫病、霉菌病,都不能选留。

5. 繁殖性能及早期生长速度　种母兔年产仔4~6胎,胎产仔6~8只,仔兔初生重60克左右,30日龄断奶体重达600克左右,幼兔90日龄体重2.5~2.75千克,105日龄体重3.0千克以上。

（三）毛用品种兔培育参考标准

1. 外貌特征及体型

（1）头部　头部形状反映长毛兔的品系特征,幼兔期由头部可以看出成年后的头大小。头大者,为粗糙型,体型大,产毛量高,粗毛比例也大;头型大小适中者,与体躯各部位协调相称者为结实型,产毛量高、毛的品质也最好。头应粗大,颊部突出,脑门宽圆。耳朵大小适中,有无耳毛无关紧要,但耳要厚、耳壳内侧呈红色。

（2）体躯　体质健壮、胸宽而深、背腰宽广、平直,臀部丰满而缓缓倾斜,肋骨开张良好,腹部充实、紧凑、富有弹性。

（3）四肢　四肢应粗壮有力、肌肉发达、肢势端正。放地上让其跳动,前肢无"划水"现象,后肢无骨软变形。

（4）体型　体型要大,体型大载毛面积大,产毛多。成年公兔体重要求5.0~5.5千克,成年母兔体重要求5.5~6.5千克。

2. 产毛量　产毛量要高,生产兔群中成年兔在春、秋季节73天羊毛期,群平均每只兔剪毛量400~425克,最高单次剪毛600克。年产毛量平均每只2.1~2.3千克。

3. 繁殖性能　成年繁殖母兔年产仔4~6胎,胎产仔7~9只,仔幼兔期生长快,35日龄断奶时体重110~130克,8月龄时体重达到成年兔平均体重的85%。

二、怎样建立家兔优秀种兔群

（一）家兔引种

引种是家兔生产中首先做好的一项技术工作,引进的种兔品质好坏,直接影响到以后养兔的经济效益,是家兔生产成败的关键。以獭兔为例,老张引的种兔品质优良,即种兔体型大、繁殖力强、幼兔生长快,商品兔毛被品质好,105日龄体重达2.75千克,毛的长度、密度、平齐度都能达到商品兔的要求,饲养成本也只有24元/只左右;而老李引的种兔品质对较差,商品兔135日龄体重才能达到2.75千克,毛的长度、密度、平齐度才能达到商品要求,需要多饲养1个月,所以引种前必须做好充分的准备工作,引好种。

1. 引种前要做好以下几件事

（1）了解优质种兔的质量标准　拨打河南省12316专家热线,请他们讲解各应用方向的优质种兔的质量标准,商品兔怎样销售、利润有多大、怎样避开风险。

（2）做好市场调查工作 以獭兔为例，收购商上门收购时会对你的商品兔压级、压价，争取他的最大利益，所以养兔以前应先做好市场调查工作，了解国内毛皮市场，维护自己的利益。毛皮市场是以质论价，一张好的特级皮销售形势好的时候市场上能卖到 130～140 元，但收购商收购商品兔时：小一些的兔按重量付钱，大一些的兔按只数付钱，1 只 2.5 千克重的獭兔现行价能达 37.5 元，1 只 3.0～3.5 千克的兔他们顶多支付 40 元。

如果兔群发展较大，可以将自己的商品兔到该出售的时候就将它宰杀，兔肉在当地出售，兔皮剥下来搓盐、晾干、保存，待到皮张达到一定量时，到毛皮市场出售，能比卖活兔每只多挣 15～18 元。

（3）备好笼具、食具、饮水设施 引兔种以前先把兔舍、兔笼、食槽、饮水器准备好，并且自行消好毒，使引回来的种兔一到场就有安定、舒适的环境，防止因缺这少那影响休息。兔经过运输会产生应激，身体不舒适，安静、舒适的生活环境会使其体质恢复快一些。

（4）备好饲料 引进种兔以前先选购配合饲料原料，如精饲料的玉米、麦麸、豆粕和花生等；粗饲料的花生粉、红薯秧粉、苜蓿草粉等；预混料。引种时向供种兔场索要饲料配方，在种兔到自己场以后的休息时间内，可按要回的饲料配方加工饲料，或从供种场带回 2～3 天的兔饲料，使新引进的兔不因饲料改变而引起肠道不良反应。

（5）备一些药品、药械 家兔胆小易受惊，受惊吓后常引起肠道的应激反应，出现肠道疾病。家兔长途运输受惊吓出现肠道应激是常有的事，所以引种以前要准备好抗应激的药品，防治消化应激、防腹泻常用的药品，外伤用的消毒治疗用品，如注射器、体温计、剪子、镊子、乙醇、碘酒、消炎软膏、纱布、胶布等。

2. 引什么品质的种兔 我国从国外引进家兔品种或品系不管是肉用兔、皮用兔或毛用兔时间都比较长了。经过长时间的本土驯化和人工选育，目前适应性都很强了。对初养兔的人来讲，养兔经验不足、生产条件较差，最好选用已经在国内适应了多年，又经过国内生产场杂交选育或纯种选育的进口兔品种或品系。这样的种兔不但生产性能没退化，而且比刚引进时生产性能还有很大提高，也已适应我国的环境条件和饲养管理条件。

就生产性能而言，獭兔：成年种兔体重 4.0～5.0 千克，年产仔 4～6 胎，胎产仔 6～8 只，年育成商品兔 30 只以上，小兔 90～105 日龄出售，出售时体重 2.75 千克左右，毛被品质好。肉用兔：成年种兔体重 4.5～5.0 千克，年产仔 5～

7 胎,胎产仔 7~9 只,年育成商品兔 40 只以上,小兔 75~90 日龄出栏,出栏时平均体重 2.75 千克。长毛兔:成年种兔或生产群兔,体重应在 4.5~5.5 千克,种母兔年产仔 4~5 胎,胎产仔 4~6 只,3 月龄体重 2.5~2.75 千克,生产群兔 73 天养毛期剪毛量 400 克以上,年产毛量平均达 2 千克。

经观察确定引哪一应用方向的兔,在哪个兔场引种以后,不要确定引哪个月龄段的兔。应在育成兔群中选择健康的兔,运程短的引 4~5 月龄的为好,回去适应 2 个月就可以初配了。

3. 怎样引种　引种应找持有"种畜禽生产经营许可证"的兔场去引种。也可以找农业院校教学试验场,科研单位办的育种场、试验场等,他们的兔谱系清楚、手续全、品种品质优。另外,引种地域不能相差很远,太远了由于环境差异较大,头 1~2 年内抗病力、繁殖力均低下,影响生产。

4. 什么季节引种最好　一般来讲,春、秋季天气不冷不热,供种地与引种地的气候条件差不多,把种兔引到目的地以后,便于体质恢复。

5. 引多少种兔最合适　引多少种兔,要看当时的销售形势,销售形势好的时期引种宜多些,比如一对夫妇办一个基础母兔 200 只的养兔场,先引 100 只种兔,引 4~5 月龄的育成兔,7 个月左右见回头钱,在销售形势好的时期先挣一些钱,然后在自己的兔群中选择最优秀的后代用作种兔补充兔群,尽快达到 200 只基础母兔。如果引种时商品兔销售形势不好,引种时也需引 50 只育成兔,1 公 4 母为 1 组,引 10 组,不能引得太少,引得少了不能设专人、专职饲养管理,饲养过程缺这少那的当地买不到就不用了,凑合凑合就过去了,达不到练兵的目的;就是挣一些钱也零花了,看不出有多好的经济效益,技术也没学成。引 10 组以上需要占一个人专门养兔,他可以把心用在养兔上,学习兔的饲养管理技术、繁殖技术、商品兔培育技术。还要承担后代兔选育扩群的任务,待养兔形势转好,养兔技术也练出来了,兔群也发展起来了,就能放心大胆地去搞生产了。

6. 引种时如何选择种兔

(1)先查种兔场系谱登记情况　正规种兔(种公兔、种母兔)都有耳号,并登记有其父亲的耳号和母亲的耳号等档案资料;选留的幼种兔也都打有耳号,并登记有父亲的耳号和母亲的耳号,所购的幼种兔应为优秀父母兔的后代,应有明显的本品种、本品系的特征。所引种公兔要来自不同的家系,根据爪和重量,判定其月龄。一般种公兔要比种母兔大两月龄为好。

(2)如何挑选幼种兔　前查七窍后看两孔:健康的个体,眼睛明亮、有神、眼睑红润、眼角干净，无任何分泌物。鼻孔干净、呼吸正常、无鼻液，不打喷嚏。口腔黏膜色泽正常，无溃疡或烂斑，无畸齿。耳朵直立，转动灵活，耳道干净，无癣痂或污物。肛门干净，无稀便污染肛门附近的毛，肛门周围的毛也无棕色稀便遗留的痕迹。轻按外阴，辨别公母，外阴干净，无水肿、溃疡、结痂及脓性分泌物。

近看腹下远观形态举止：幼母兔乳头必须在 8 个以上，少于 8 个的不选。公兔睾丸匀称，富有弹性。阴囊干净，红润，无水肿及溃疡块。要摸准是否前睾或隐睾。站在 2~3 米远的地方看兔子的姿势、走动情况，看有无不正常的现象。提起兔子在离地面 30 厘米处放下，看着地时是否稳健。谨防"O"形腿、"八"字形腿及腰折的兔、后肢瘫软的兔混入。

上摸"一条线"、下查四肢点："一条线"说的是脊柱，作为种用兔脊柱应平直，无凸出或凹陷。脊背肌肉丰满，脊梁骨隐约可以摸到突出脊椎，后观背部成弧形，后躯丰满发达。若摸脊柱时，脊椎突起明显，体躯外观呈三角形，为瘦弱兔，不是营养不良就是患有寄生虫病。四肢的毛应密，皮肤、毛被均光亮、无癣、无脓肿等。

7. 引种前后的注意事项

（1）运输工具的准备

1）运输车辆　目前运输种兔多半采用汽车。无论是冬季运兔还是夏季运兔，大小面包车都有空调，所运的种兔不会因冷、热产生应激反应而生病。一般引种 100 只以下用小面包车就行，引种 100 只以上必须用中型面包车。运种兔在 20~30 只的可与当地的客运车司机事先联系，装在客运车上运输也行。用客运车运兔春、秋季最好，夏季应联系早、晚发的车，因早、晚凉爽，不会有风险。

2）运输工具与应带物资　运输笼应用铁丝焊接网制成，长 60 厘米，宽 72 厘米（里面再分 4 格，每格宽 18 厘米），高 20 厘米。每格装 1 只兔，每笼装 4 只。运输笼的铁丝网要密，底部应垫硬纸板或旧木板，严防意外急刹车挫伤兔脚。运程远的要带一些胡萝卜，运输过半天以后每只兔要给它 1 个或半个胡萝卜以补充营养和水分。运输时还要准备一些治疗外伤的消毒药和消炎药，发现病兔或伤兔及时治疗。还要准备一些钳子、铁丝之类的东西，若有兔笼损坏及时修补。

（2）运输前后对选中的幼种兔的处理　运输两次喂料（头 1 天晚上与运输当天早上），饲料中要添加抗生素，如诺氟沙星、复方新诺明等；还要添加维生素 C 和氯化胆碱等。运输当天早晨投料不能太多,应是日常投饲量的70% ~80%,投饲太多、喂得太饱,运程中车颠簸会造成胃肠不舒适,出现肠道疾病。运输前、运输中也不能大量饮水或喂含水量大的青绿蔬菜,那样会造成兔腹泻。

运达后,从车上放下来抬进兔舍前,让其待在原运输笼内休息 1 小时以上,然后放入为其准备的固定笼内,接着给其饮水。饮水中要加入电解多维、维生素 C 和氯化胆碱,添加量按照说明书上介绍的量加入。第一次水量不能太多,以免被运的兔干渴得很,饮欲旺盛,喝水多了出现肠道腹胀。

饮水后 1 小时左右喂料,饲料加品质好的、能控制肠道疾病的预混料,或添加诺氟沙星 120 毫克/千克饲料。投饲量也不能太多,防止运输的兔因饥饿食欲强采食过多,出现消化不良,进而引起肠炎。总之运达后 3 天以内不能让其吃得太饱、饮水过多,不要加重肠道负担,3 天之后逐渐添饲料,5 ~6 天恢复正常饲料。有的书上写道,运输前半小时应把兔喂饱、饮足水,这是不正确的。

(3)运输兔时的注意事项 运输时间要根据季节而定。春、秋季天气不冷不热,白天和晚上都可以运输;夏天中午前后天太热,不能行车,以免中暑;可在 9:00 以前和 18:00 以后不热的时段行车。天正热时可将车停在通风的树荫下乘凉。冬季运兔应在白天,注意天气预报,寒冷的天气不要运兔。不论什么季节运兔,都应每隔 2 ~3 小时停车检查一次,看兔是否有卡住的、压住的。若运输不到 8 小时,不必喂料和饮用水;运输时超过 12 小时的,要带胡萝卜、白萝卜、莴苣等,中间喂 1 次给其补充水分。

运兔车辆行车要稳,启动车、行车、刹车遇到坎坷都应慢,以防有大的颠簸。

(二)纯种繁育建立优秀种兔群

纯种繁育就是本品种、本品系内的选配与选种工作。如果种兔来源清楚,兔群品质基本符合品种或品系特征,就在本品种(系)内进行繁育种选择,目的是保持本品种(系)的优良特性和增加品种(系)内的优秀个体数量。

不管是地方优良品种(系)还是引进的外来品种(系),如果长期不加强选配和选种,它的优良特性就会减弱,就肉用兔而言,兔群中成年兔的体重就会降低,种母兔胎产仔数就会减少,仔、幼兔期生长速度降低,料兔比增大,即生产性能降低,养兔经济效益降低。所以,引进优良种兔只是一个良好的开端,如果在这个基础上逐渐选配、选种,引进的兔群优良性状就能保持或提高,否

109

则品种(系)的优良性状就要退化。纯种繁育必须做好以下几方面的工作。

1. 选配工作

首先以一些优秀公兔为核心,各自建立一个家系,即建立多个单系,把每个单系系谱登记清楚,才能搞选配工作。选配有以下几种方法。

(1)表型选配法 该选配方法又称品质选配,是根据外表性状或体型类型选择公、母配种的方法,又可以分为同质选配和异质选配两种方法。

1)同质选配法 即性状相同、性能一致的公、母配种。目的是获得与双亲相似的后代。例如,肉用兔选择产肉性能好的公兔,与产肉性能好的母兔配种,使这些优良性状在后代中获得进一步巩固和提高。

2)异质选配法 就是选择体质类型、生产性能或经济性状不同的公兔、母兔配种,目的是获得与双亲性状不同的后代。例如,一母兔体质好、受配率高、胎产仔数多、产奶量大、母性强,但体重不大,毛被品质一般;异质选配就应给它选一个体型大、毛被品质优、后代小兔生长发育快的公兔配种,它们的后代可能获得体型大、早期生长发育快、繁殖力强、适应性强的后代。生产实践证明,这是一种用以改良多种性状行之有效的选配方法。

(2)亲缘选配法 在7代以内有亲缘关系的公、母兔配种称为亲缘选配。亲缘选配可以稳定品种的遗传性,巩固优良性状,不足之处是连续使用会导致其后代繁殖力下降,生命力也下降。因此,在生产实践中,应尽量避开3代以内有亲缘关系的公、母兔配种,以免后代产生各种退化现象。

(3)年龄选配法 就是根据公、母兔年龄进行选配的一种配种方法。种兔年龄对繁殖性能有明显的影响,1~2岁的壮年公、母兔配种效果好。在生产实践中,通常提倡壮年公兔配壮年母兔、壮年公兔配青年母兔、壮年公兔配老年母兔、青年公兔配壮年母兔等选配方法。如果采用老年母兔配青年公兔、老龄母兔配老年公兔,这样不仅胎产仔数少,而且所产仔兔质弱、生长慢、成活率低,成活的仔、幼兔生命力也低。

2. 选种方法 选种方法很多,各养兔场可以根据自己的具体情况采取不同的方法。这里介绍生产中常用的几种方法。

(1)个体选择 主要根据家兔本身质量性状或数量性状在一个群体内选择优秀个体,淘汰低劣个体,常用的有剔除法、最优法和总分法三种。

1)剔除法 即对选择的每个性状都限定一个最低标准,只要有一个性状低于该标准,就予以淘汰。

2)最优法 对被选择兔群中的任何个体,只要有一个性状的表型优于其他个体,则这一个体就给予留用。

3)总分法 对每个性状根据优劣进行评分,将几个性状的分进行累计,总分最多的个体留用,分低的个体淘汰作商品兔处理。

(2)家系选择 也称亲戚选择,就是以整个家系作为一个单位,选出家系中平均值高的个体留种。这种方法适用于遗传率较低的性状,如繁殖、泌乳、成活率等。因为遗传率低的性状,其表现型的好与坏受环境因素的影响较大,如果只根据个体选择,准确性就会差。采用家系选择法,能比较正确地反映家系的基因型,所以选择效果比较好。家系选择的主要形式有系谱选择、同胞测验和后裔鉴定等形式。

1)系谱选择 根据系谱记载资料,如生产性能、生长发育、被毛特征等进行分析评定的一种选择方法。根据遗传规律,后代的品质很大程度上取决于祖先的品质及遗传稳定性,而对子代品质影响较大的,首先是亲代,其次是祖代、曾祖代。祖先愈远,影响愈小。因此,应用系谱选择时,只要推算到3~4代就够了,但在3~4代内必须有正确而完善的生产记录,才能保证选择的正确性。

2)同胞测验 同胞是指同父、同母的全同胞,与同父异母或同母异父的半同胞。同胞测验就是以全同胞或半同胞的表现型值来选留种兔的方法。家兔的利用年限短,选用同胞测验的选种方法,在短时间内就可以得出结果,优秀的种兔就可以留种繁殖。进行同胞测验时,一般遗传力较低的性状,同胞数愈多,测定效果愈好,最好提供10只以上的全同胞和40只以上半同胞才比较可靠。

3)后裔鉴定 通过对其大量后代性能的评定,来判断种兔遗传性能的一种选择方法。一般多用于公兔,因为公兔的后代数量、育种影响都大于母兔。具体做法是:选择1批外形、生产性能、繁殖性能、系谱结构基本一致的母兔,在相同的饲养管理条件下,每只公兔至少配20只母兔,然后根据各母兔所产后代的生长发育、饲料利用率、毛被品质等性能进行综合评定,如果被鉴定公兔所配母兔产的后代的各项指标均高于同期同龄的其他兔,表明该公兔的种用品质良好。

(3)综合选择 根据育种的实践要选出各种经济性状都很优良的种兔,必须采取综合选择法。本选择法分3个阶段。

第一阶段:可在仔兔断奶时进行,以系谱鉴定为主,结合个体鉴定,把刚断奶的幼兔划分为生产群与育种群,对列入育种群的幼兔必须加强饲养管理和其他培育措施。即在胎产仔 8 只以上的母兔窝里,断奶时选择个体大、健康的幼兔作种兔培育。一般的个体可以作商品兔饲养、销售。

第二阶段:一般在 3~6 月龄进行,以外貌鉴定为主,结合体重、体型大小评定生长发育情况。在育种兔群中凡有鉴定不合格的一律转入生产群。通过全同胞、半同胞测验,选出育种中特优秀的种兔组成良种核心群。

第三阶段:一般在繁殖 2~3 胎以后进行,以后裔测定为主,根据本身的繁殖性能及后裔的生长速度、饲料报酬等,进一步评定种兔的优劣,将品质特别好的种兔保存在核心群中,有条件的可组成精选群。

在生产中选择后备种兔时,一定要从良种母兔所产的 3~5 胎幼兔中选留,开始时选留的数量要比实际留种的数量多 1~2 倍,而后备种公兔与最后留用的比应在 10:1 或 5:1,这样选择强度更大一些。

3. 选种指标　选种指标有两大参数:一是母兔繁殖性能参数;二是肉用兔育肥参数。

(1)繁殖性能参数　母兔繁殖的主要参数如表 6-1。

表 6-1　母兔繁殖性能的主要参数

生产指标	最低水平	最佳水平
每只母兔年提供断奶仔兔数(只)	40	50
每只母兔年提供断奶仔兔数(只)	45	55
母兔配种率(%)	70	85
配种母兔产仔率(%)	55	85
平均每胎产活仔数(只)	8	9
每只母兔年产仔胎数(胎)	6	7.5
两胎间隔时间(天)	60	50
仔兔从初生到断奶死亡率(%)	25	18
每胎平均断奶仔兔数(只)	6	7
每只哺乳母兔哺育断奶仔兔(只)	6.5	7.5
30 日龄断奶仔兔的体重(克)	500	600
断奶幼兔每增重 1 千克饲料消耗量(千克)	4.5	4.0
每月母兔淘汰率(%)	8	5

(2)育肥指标　育肥指标主要参数如表 6-2。

表 6 - 2   肉用兔育肥性能的主要指标数

生产指标	最低水平	最佳水平
生长速度(克/日)	33	38
料兔比	3.5:1	3:1
屠宰日龄(天)	80	75
屠宰率(%)	58	62
死亡率(%)	7	4
100 只母兔每周提供屠宰兔数(只)	70	100

(三)杂交培育建立良种群

如果引进的种兔系谱不明确,或外部形态和生产性能达不到某品种兔的标准,可以通过杂交的方法建立优良种兔群,即再从外面引进不同品种或品系的种兔,用不同品种或不同品系的公、母兔交配,产生杂种后代,经过横交固定,选育的种兔兼有不同品种或品系优良性状,使生产性能得到提高。杂交的方式有以下几种:

1. **经济杂交**   也称简单杂交,即用两个品种或品系的公、母兔交配,将产生的后代进行横交固定,使其优良性状的遗传性得到稳定,提高原有兔群生产性能,从而提高生产兔群的经济效益。杂交培育的后代一般具有生命力强、生长发育快、肉兔产肉性能高、毛兔产毛量高的优点。例如,有人用新西兰白兔与加利福尼亚兔进行经济杂交,选育的后代生产性与繁殖力均高于双亲的平均值,如表 6 - 3 所示。

表 6 - 3   新西兰白兔与加利福尼亚兔杂交选育后代兔

统计项目	新西兰白兔	加利福尼亚兔	加公×新母
每年每只母兔平均产仔(只)	37.23	37.2	41.34
平均胎产仔数(只)	8.1	7.9	8.6
平均每窝断奶仔兔数(只)	7.3	7.6	7.8
8 周龄平均体重(千克)	1.93	1.68	2.03
料兔比	3.41:1	3.01:1	3.05:1

经济杂交可以采用两个品种或两个品系的杂交,也可以采用多个品种或品系的杂交。但都必须经过横交固定、严格选育,各种形状稳定后方能作种

用。杂交一代不经过横交固定,不能作种兔用,只能作商品兔用。

2. 导入杂交 当某个种兔群生产性能基本达到肉用兔的要求,但还存在某些不足的地方,可以采取弥补这些缺陷的办法加以纠正,即用另一个在这方面很优秀的品种兔进行杂交改良。这种方法只能杂交1次,杂交后从一代杂交兔中选择优秀种母兔与原种群的进行回交,再从第二代或第三代中选出理想型个体进行横交固定,将这一缺陷弥补,且性状比较稳定后方能作核心群种兔。

3. 级进杂交 具体方法是引进优良品种的公兔,与本场兔群的好母兔交配,产生第一代杂交种;从杂种一代中选择优秀母兔,再与优良品种中的另一个优秀种兔交配,产生杂二代兔;再从杂种二代兔中选择优秀母兔,再与优良品种中其他优秀公兔交配……进行四代后,第五代杂交种基本达到优良品种兔生产性能,且遗传性稳定。

4. 育成杂交 这种方法主要是用来培育新品种或新品系,养兔场没有技术力量可以不必采用,下面简单地介绍一下。因为世界上许多著名肉用兔品种都是以育成杂交的方法培育成的,如青紫蓝兔,我国的塞北兔、哈尔滨白兔等。

育成杂交一般分为以下3个阶段:

(1)杂交阶段 通过2个或2个以上的品种公、母兔杂交,使各个品种的优良性状尽量在杂种后代中表现出来,目的是获得预期的目标——理想的个体。

(2)优良性状固定阶段 当杂交后代达到理想程度后,即可停止杂交,开始进行横交固定。目的是将理想的性状固定下来。其方法是通过近交或品系繁育。

(3)提高阶段 通过大量繁殖,迅速增加理想型个体的数量,再选择提高,迅速扩大分布区。目的是不断完善品种结构和提升品种质量,当质量稳定、数量达到一定的量时,准备鉴定验收工作。

(四)育种记录和种兔档案

选种育种过程中,必须做好编号、称重、体尺测量和记录工作。哪一种应用方向的兔也不能例外。凡是规范的养兔场,种兔出售的青年种兔,均必须有耳号、有谱系,现将每个种兔必须有哪些记载介绍如下。

1. 种兔记载

（1）编号　为了便于对种兔进行识别和记录，凡是繁殖种兔、青年种兔都必须进行编号，编号时间一般从断奶被选入种兔作为培养对象时开始，编号的部位多在耳朵内侧。为了区别公、母兔，种兔场往往采取两种方式，即公兔编号多在左耳，个体号为单数；母兔个体号在右耳，为双数。

打号时一般使用特制的耳号钳，先将编号刺排列在耳号钳上，用碘酊消毒编号的部位，并涂上食醋墨汁，然后耳号钳卡住耳壳内外，编号刺对准消毒的部位用力握耳号钳的柄，使刺排刺入耳壳内，移去耳号钳，再用手轻轻捻揉耳壳，使墨汁侵入刺孔中，数日后即呈现黑色号码，永不褪色。如果不用耳号钳，也可以用耳标。耳标戴时比较简单，但容易被兔抓掉。

（2）称重　称重是为了了解仔兔、幼兔生长发育情况和成年兔的体重。一般称重分为：出生窝重、断奶窝重、3月龄体重、6月龄体重、周岁体重。所有称重都应在早晨空腹时进行。单位为克或千克。

（3）体尺　一般多测体长和胸围，有时也测耳长、耳宽。单位为厘米，测定时间为育成期末。

1）体长　由鼻端到坐骨端之间的直线距离，用直尺或卡尺测量。

2）胸围　指肩胛后缘，绕胸廓1周的长度，用卷尺测量。

3）耳长　从耳根到耳尖之间距离。

4）耳宽　测耳朵最宽的部位。

2. 种兔档案　建立种兔档案是选育、繁殖和饲养管理中不可缺少的资料，要靠日常记录来提供。常用的有种兔卡片、种兔配种繁殖记录和体重体尺记录等。

（1）种兔卡片　凡公兔、母兔都应有记录详细的种兔卡片，主要记录种兔耳号、系谱、生长发育、生产性能等资料（表6-4，表6-5）。

表6-4　种兔卡片记录（正面）

品种		出生日期		初配月龄	
耳号		毛色特征		初配体重	
性别		乳头数		来源	

表6-5　种兔卡片记录(背面)

年别	月龄	体重	体尺	胸围	鉴别等级
1					
2					
3					
4					
5					

（2）种兔配种繁殖记录　种母兔主要记载配种胎次、配种日期、分娩日期、产仔数、初生重、断奶重等,如表6-6、表6-7;种公兔主要记录初配年龄、体重、配种日期、初配效果、种兔精液品质等,如表6-8、表6-9。

表6-6　种母兔配种繁殖记录

耳号	胎次	配种日期	与配公兔		分娩				断奶			留种	
			耳号	品种	日期	产仔数	活仔数	窝重	日期	只数	体重	耳号	体重

表6-7　母兔产仔哺乳记录

年别	胎次	与配公兔		产仔日期	产仔				断奶		留种仔兔	
		耳号	品种		总数	死胎数	活仔		只数	体重	公兔	母兔
							活仔	窝重				

表6-8 公兔配种繁殖记录

日期	与配母兔		妊娠母兔			产仔			断奶时			
	品种	耳号	品种	耳号	受配否	产仔数	活仔数	窝重	仔兔数	体重	活仔数	成活率

表6-9 公兔精液品质测定

采精日期	射精量	精子密度	精子活力	存活时间	畸形率

（3）种兔生长发育记录　主要记录种兔的初生重、断奶体重、3月龄体重、6月龄体重、体尺、成年兔重。主要内容如表6-10。

表6-10 种兔生长发育表

品种	耳号	性别	出生		断奶重	三月龄重	6月龄重			成年兔重	备注
			日期	体重			体重	体长	胸围		

（4）谱系登记　出售的育成兔都要提供种兔的系谱，包括育成种兔本身耳号、父母兔耳号、祖父母兔、外祖父母兔耳号。谱系登记的内容如表6-11。

表6–11　种兔谱系登记表

祖代耳号		父母耳号	亲代耳号
祖 父 耳号 母			
外祖 父 耳号 母			
祖 父 耳号 母			
外祖 父 耳号 母			
祖 父 耳号 母			
外祖 父 耳号 母			

三、建立育种体系和幼种兔的培育工作

（一）建立育种体系

家兔的繁育体系是保证种兔不退化的繁育组织系统,育种体系应设置为原种兔场、种兔繁殖场、商品兔场。

1. 原种兔场　是该品种或品系的核心兔场,主要任务是负责对引进的优良品种或品系的种兔进行纯种选育提高,提高现有品种或品系的兔群的生产性能,培育新品种(或新品系),繁殖和培育优良种兔供给繁殖场使用,提高繁殖场供种品质。原种场的兔群应由该品种、品系最优秀的纯种个体组成。场内全部种兔都应定期进行全面鉴定,有计划地进行选育提高。

原种场要求设备齐全、设施完善、条件优越、技术力量强、有较高的管理水平,并建立有完整的技术措施和完整的管理制度,操作规范。原种场的规模宜小不宜大,具有一定数量的基础母兔,年产一定量的优质种兔即达到了目的。

2. 种兔繁殖场　主要任务是从原种场引进种兔,扩大繁殖,满足养兔企业或养兔户对良种兔的需要。繁殖兔场应采取纯种繁育的方法繁殖纯种兔。繁殖兔场一般应建在养兔比较集中的市、县交通便利的地方。规模应超过原种场,可以饲养一个品种的几个品系或独立的几个品系。繁殖兔场饲养管理和经营方式必须符合兔场的要求。也可以根据兔群情况建立本场的繁育体系,即核心群、生产群和商品兔群。核心群是保证种兔品质不退化,并且经不停地选种、选配,后代品质还能有所提高。生产群是繁殖选育良种兔向社会提供优良种兔。商品兔群是幼兔期选种时就淘汰的后代兔,经按商品兔的饲养方法饲养和培育的兔作商品供给市场。

3. **商品兔场** 商品兔场经营理念是以最低的成本生产出品质好、数量多、品质优的商品兔。一般的生产方法是从种兔繁殖场引进良种兔以自繁自养的形式繁育商品兔。不能随意进行杂交,一旦杂交后该品种的形状分离,商品兔品质下降,经济效益也要降低。

(二)幼种兔的培育工作

幼种兔的培育是商品兔生产场自繁自育保种和提高种兔品质的措施之一,也是纯种繁育和引进品种繁育提高种兔品质的措施之一。以獭兔为例,要提高养兔的经济效益就要提高母兔在1年内产胎数、每胎产仔数,关键环节是幼兔期使其生长快、换毛早、换毛快。不少獭兔养殖场反映,90～105日龄幼兔体重能达2.5～2.75千克,但毛的品质较差,达不到收购商的要求,还得继续饲养。目前河南省荥阳市已选育出一种兔,幼兔期不仅体重增重快,而且毛的生长速度也快,90日龄毛被品质即能达到收购商的要求。

不管是原种兔场、种兔繁殖场,还是自繁自育的商品兔场,只要是从后代兔中选留后备种兔的,在仔兔断奶时做一次选择,选择这一窝仔兔中个体大的1个或几个作种兔培养,打上耳号,通过耳号能查出父兔与母兔等血缘。到90日龄时再进行一次复选,复选的体重要求在2.75千克以上,毛被丰厚、平齐,毛长度要在1.8厘米以上。为了达到上述目的,饲料营养不仅要丰富,且比例要平衡,现将参数量介绍如下。

1. **生长期兔对能量的需要量** 研究证明,生长期的獭兔日粮中消化能的含量在10.46～10.88兆焦/千克为宜,低于此范围则消化能摄入不足,快速生长期内生长速度降低;饲料中消化能量高于11.3兆焦/千克,浪费饲料,且生长速度下降。

2. **生长期兔对蛋白质的需要量** 生长期兔饲料蛋白质含量应在16%～

19%,同时还需要赖氨酸、蛋氨酸及其他含硫氨基酸(胱氨酸、半胱氨酸)和其他必需氨基酸,如精氨酸、苏氨酸、色氨酸等。

3. 幼兔对脂肪的需要量　脂肪的能量值较高,脂肪对家兔代谢有重要作用。家兔日粮中添加适量脂肪,可提高饲料适口性,减少粉尘,对饲料起润滑作用,也有利于维生素的吸收。同时能增加被毛的光泽。獭兔饲料中适宜的含量应为3%~5%。最近有资料报道,獭兔育成阶段,日粮中脂肪含量可以增加到5%~8%,这样既可促进育肥,又可提高毛皮品质。日粮中脂肪含量过低,会引起维生素 A、维生素 D、维生素 E、维生素 K 缺乏;脂肪含量过高,不仅饲料成本高,饲料也不耐贮存,而且会引起采食量降低。

家兔饲料中添加脂肪以植物油为好,如玉米油、大豆油和葵花油等。兔体内脂肪主要由饲料总碳水化合物转变而来,但兔体不能合成的必需脂肪酸,必须从饲料中获得,可饲喂植物油和牧草。獭兔缺乏必需脂肪酸,会出现发育不良,生长缓慢,皮肤干燥,掉毛及公兔生殖机能衰退。

4. 幼兔对粗纤维的需要量　粗纤维包括纤维素、半纤维素、木质素等,它是植物细胞壁的主要成分,也是饲料中难消化的营养物质。饲料中的粗纤维含量越高,其营养价值越低。粗纤维可以为家兔提供能量,维持家兔消化道正常生理机能,预防家兔毛球病。

家兔日粮中粗纤维含量究竟占多大比例为好呢? 还要根据家兔的年龄、生理状况与品种来定。研究证明,饲粮中粗纤维含量低于6%,会出现腹泻,把粗纤维含量提高到10%,就能消除腹泻。但粗纤维含量过高,消化能会降低,加上体积膨大,会导致家兔食入的饲料不能满足其营养需要,影响幼兔的生长发育。一般来讲全价配合饲料中,粗纤维含量应在12%~16%为宜。生长期兔日粗纤维含量应低一些,可以达到12%~13%,成年兔可以高一些,可以加到13%~16%。肉用兔耐粗饲,幼兔饲料粗纤维含量应在13%~14%;獭兔与毛用兔幼兔期长身体又要促进毛被生长,需要丰富的营养物质,所以粗纤维含量只能占全价配合饲料的12%~13%。

5. 其他营养素的需要　家兔饲料中钙与磷的添加得按比例,一般钙与磷的比例应为2:1,全价配合饲料中钙的含量应达到0.5%~1.1%,磷的含量应在0.3%~0.8%;食盐添加量应在0.5%,超过1%时,对幼兔的生长有抑制作用。

还需要添加维生素、微量元素、多种消化酶、益生菌等活性物质,可用河南省生物研究所瑞特利生物技术有限公司复配的小兔专用预混料,激活小兔肠道黏膜中的免疫组织、免疫细胞,有提高幼兔免疫力、降低发病率的功能,提高成活率。每100千克全价配合饲料添加2千克。

幼兔生长发育快、毛被品质好的优良性状能不能充分发挥出来,主要取决于两个方面:一方面是是否有这方面的基因,另一方面是后天的培育,即是否有物质保证。有这方面的基因的母兔所产的后代兔如果供给它们的饲料营养不丰富,达不到它需要的营养标准,或营养不全面、营养不均衡,它的优良性状就不能表现出来。生产性能愈高的兔群,饲养标准要求愈高,按照这一原则请专业技术人员设计饲料配方,不会造成浪费。

第七章　家兔的繁殖技术

一、家兔生殖系统的解剖与功能

（一）公兔生殖系统解剖特征及功能

公兔的生殖系统主要包括睾丸、附睾、输精管、副性腺、阴茎和阴囊（图 7-1）。

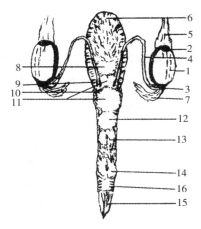

图 7-1 公兔生殖系统结构图

1. 睾丸　2. 附睾头　3. 附睾尾　4. 输精管　5. 静脉丛　6. 膀胱　7. 睾外提肌

8. 尿生殖道系膜　9. 输精管膨大部　10. 前列旁腺　11. 精囊　12. 精囊腺　13. 前列腺

14. 球海绵体　15. 阴茎　16. 包皮

1. **睾丸**　每只公兔都有两个睾丸，位于两后腿之间，呈椭圆形，长 2.5～3.0 厘米，宽 1.2～1.4 厘米，重 6 克左右，头朝前方，紧靠宽而短的腹股沟管。睾丸有两方面的功能：一是生精子，二是分泌雄性激素。

2. **附睾**　附睾附着于睾丸的一侧，是精子成熟和排出精子管道系统，同时也是贮存精子的地方。附睾主要由附睾丸管构成，它是一条很长而又弯曲的导管。家兔的附睾很发达，由附睾头、附睾体、附睾尾三部分组成。

3. **输精管**　附睾从其尾部延伸出来后，即为输精管。输精管肌肉层较发达，交配时收缩力强，能将精子从附睾尾压送到尿生殖道内，再射出体外。

4. **副性腺**　公兔的副性腺主要有四部分，即精囊和精囊腺、前列腺、前列旁腺、尿道球腺。这四种副性腺的排出口都在尿生殖道，它们的分泌物都进入尿生殖道内，并混入精液，共同组成精液中的精清。精清在母兔受精过程中有

5 个方面的作用:稀释浓稠的精液,以利于精子的游动;为精子继续补充营养;冲洗尿生殖道中残留尿液;形成阴道栓,堵住子宫颈口,防止精液倒流;刺激母兔阴道和子宫收缩,使精子尽快通过阴道和子宫,很快到达输卵管,达到受精的目的。

5. 阴茎　阴茎是公兔的交配器官和排尿器官,是排出精液的最后通道,主要由海绵体组成。阴茎在非性兴奋状态时长 2.5 厘米左右,性兴奋勃起时可达 4.0~5.0 厘米。阴茎整体呈圆柱状,前端游离部分稍弯曲,并且没有明显的龟头。

6. 阴囊　公兔都有一对阴囊,位于腹部的后方,肛门前两侧。每个阴囊内容纳一个睾丸和附睾以及输精管的起始部。阴囊的功能主要是保护睾丸和附睾,并调节睾丸内的温度,以保证睾丸能正常产生精子。

(二)母兔生殖系统解剖特征及功能

母兔生殖系统主要包括卵巢、输卵管、子宫、阴道和外生殖器官。

1. 卵巢　是卵子发育的地方,每只母兔有 2 个,在体内左右两侧,位置对称。卵巢也是产生雌性激素的地方,因此也称性腺。成年母兔的卵巢呈淡红色,稍长的长圆形,位于肾脏后方的第五腰椎横突附近的体壁上。

卵巢的形状和大小依年龄和性发育情况而不同。幼龄母兔的卵巢表面平滑,体积小。成年兔卵巢增大,长 1.0~1.7 厘米,宽 0.3~0.7 厘米,重 0.3~0.5 克。表面有透明的小圆泡突起,即成熟卵泡,妊娠母兔卵巢表面可看到暗色小丘,即黄体。

卵巢由皮质层和髓质层组成,皮质层是产生卵子的主要部位,在皮质层中,有许多处在不同发育阶段的卵泡,其中有初级卵泡、次级卵泡、成熟卵泡。髓质层没有卵泡,它的功用是通过其中丰富的血管,为卵泡发育提供丰富的营养物质。卵泡内充满卵泡液,卵泡液中含有由卵泡上皮细胞分泌的动情素,动情素不仅能促进雌性器官的发育及第二性征的出现,而且这种动情素进入血液,作用于大脑皮层,刺激母兔大脑性活动中枢,从而引起一系列发情。当母兔卵子受精以后,原卵泡处形成黄体。黄体细胞分泌另一种雌性激素——孕酮,孕酮能使母兔子宫黏膜增厚,便于受精卵着床和胚胎在子宫内顺利发育。

兔属于刺激排卵动物,因此性成熟的母兔在卵巢上虽然有成熟卵泡存在,但不经过公兔爬跨刺激,卵子不会排出,只有在公兔交配刺激后,经过一定时间,才能使成熟的卵泡破裂排卵。

2. 输卵管　输卵管是卵子通往子宫的管道，也是卵子受精的部位，卵巢与子宫之间长 9～15 厘米。输卵管靠近卵巢一段呈喇叭状包住卵巢，保证卵巢内排出的卵子能顺利落入输卵管的喇叭口中。然后在管壁有节律的收缩蠕动下，卵子沿输卵管向子宫方向运动。输卵管前半部有一段粗的部位，叫壶腹部，壶腹部是卵子与精子会合的地方，精子和卵子就在这里结合。

3. 子宫　子宫是胚泡附着并发育成胚胎的地方。家兔的子宫有两个，属于双子宫动物，两个子宫像是两个肉质管，由子宫韧带连在腹腔两侧，子宫的一端与输卵管链接，另一端分别开口于单一的阴道内。由于家兔的两个子宫中间有膜状肌纤维层相隔，没有子宫角和子宫体之分。受精卵形成胚泡后依次进入子宫，并按顺序依次附植在子宫黏膜上，两侧子宫附植胚泡数多少，完全取决于两侧卵巢排卵的多少和受精卵的多少，胚泡附植后不会在两个子宫间游动，所以两个子宫内胚泡数不一定相等。当胎儿发育到 10～15 天时，可从腹部摸到两排肉球状东西。

4. 阴道　母兔的阴道是其交配器官，也是产仔的产道，在子宫颈口和阴门之间，全长 6～8 厘米，从子宫颈口到阴瓣之间叫阴道，从阴瓣到阴门称阴道前庭。尿道开口于前庭壁上。所以，阴道前庭除与阴道功能相同外，又是尿液排出的通道。

5. 外生殖器　外生殖器包括阴门、阴唇、阴蒂 3 个部分。阴道末端的开口处叫阴门，阴门两侧突起形成阴唇，在左右阴唇的前联合处有一个小突起叫阴蒂。母兔的阴蒂较大，含有大量的神经末梢。

二、家兔的生殖与繁殖计划

（一）生殖细胞的发生及性成熟

家兔为高等动物，是以有性繁殖延续后代的。必须经过雌、雄个体结合，卵细胞与精细胞结合成受精卵，由受精卵在母体内发育成新个体。其卵细胞与精细胞发生如下：

1. 卵细胞的发生　母兔卵细胞发生最初都是由卵原细胞经多次分化发育成的。卵子除具有一般细胞的结构外，还具有特有的结构，主要是放射冠、透明带、卵黄膜及卵黄。卵黄膜与透明带具有保护卵子正常受精、防止多个精子进入卵子、保证物质代谢等作用。

2. 精子发生　公兔精子发生是在其睾丸内的曲精细管中(图 7 - 2)，随后精子进入附睾中，在附睾中经过 8 ~ 10 天完全成熟。配种时存活在附睾中的精子通过输精管进入尿道，并和各副性腺分泌物混合成为精液射入母兔阴道。

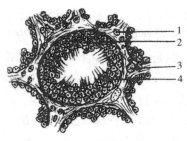

图 7 - 2　公兔睾丸一个曲精细管的横切面
1. 间隙细胞　2. 支柱细胞　3. 血管　4. 即将成熟的精子

3. 精液品质好坏受诸多因素的影响

(1)发育是否完善　有的公兔睾丸发育不完善，如有的无睾、有的双侧隐睾、有的单睾、有的睾丸很小，这些情况都会导致无精、少精、精子稀少、精子活力低等。

(2)公兔年龄因素　公兔自性成熟以后，睾丸便可产生成熟的精子，随着年龄增加，精子数量也随之增加，精液品质也随之提高。24 月龄时精液品质达到最佳状态，36 月龄后精液品质开始下降，精子数量逐渐减少。所以，在生产上 2 岁龄的种公兔配种效果最好，繁殖的后代仔兔体质好，成活率高。

(3)换毛期精液品质下降　成年兔每年有两次季节性换毛，一般在春季的 3 ~ 4 月，秋季的 8 ~ 9 月。在换毛期间兔由于体内的营养用在长毛上一部分，而长毛对体内的养分消耗较大，所以精子数量有下降的趋势。

(4)温度与日照因素的影响　兔生活适宜的温度是 15 ~ 25℃，当环境气温达到 30℃ 并维持一段时间，就会影响公兔精子产生，当环境温度达到 35℃ 以上时，公兔的精液品质会明显下降，这时受配的母兔妊娠率下降，即使妊娠的母兔产仔数也会减少。

家兔种公兔和种母兔对光照时间、光照强度要求截然不同，种公兔光照时间要求在 12 小时以下，且光照强度要小。如果把种公兔的光照时间延长到 16 时/天，且光线较强，种公兔精液品质就会受到影响。

4. 家兔的性成熟

(1)性成熟　仔兔出生后随着月龄增加，生殖系统各器官也逐渐发育完善。一般来讲,只要公兔能产生成熟的精子,这些精子就能使母兔的卵子受精而妊娠;母兔若能产生成熟卵子,这些卵子也能与精子受精,形成受精卵,受精卵发育为胚泡附植在子宫黏膜上,然后发育成胚胎。这时的公、母兔就达到了性成熟。家兔是早熟性动物,大型品种兔4~5月龄能达到性成熟,中体型品种兔3月龄达到性成熟。尽管家兔已达到了性成熟,但身体的生长还没有达到品种要求,还要让其继续生长,当育成期的体重达到本品种成年兔体重的80%以上时,才能投入繁殖群。否则,不仅影响育成兔生长,而且所产仔兔体质弱,成活率低。所以,3月龄时,公、母兔应分开饲养,以免育成兔早配,影响以后生长。

5. 发情与发情表现　当性成熟母兔卵泡成熟时会出现发情行为。发情行为出现时,就意味着一批卵泡已经成熟,只有经过交配时公兔爬跨刺激和交媾,卵泡才能破裂,卵子才能排放出。

家兔繁殖特性之一就是刺激排卵。公兔与母兔发生交配刺激后10小时左右,卵子才能从卵泡中排出。这一繁殖特性提醒养兔户,如果采用人工授精技术,在人工授精前必须给配种母兔注射促进排卵的激素或用结扎过的公兔爬跨刺激才能排卵。

母兔发情时会出现一系列的反应,表现为非常活跃、不安静、爱跑跳、后肢顿足,用下颌摩擦食具等,称其为"闹圈"。母兔发情时还会出现食欲减退,不爱吃食。要准确掌握适时配种时间,还要用公兔对母兔进行试情,若发情母兔愿意接受公兔爬跨,并且臀部抬起,尾巴偏向一边迎合,即为适时配种时间;观察母兔阴部时,可见外阴部肿胀、黏膜潮红湿润,有时有分泌物从阴道中流出。出现上述征兆至征兆消失,一般需经过3~4天。

6. 初配年龄与种兔使用年限

(1)初配年龄　家兔品种多达60个,有大体型的、中体型的、小体型的,它们的性成熟期与初配年龄各不相同。大体型的肉用品种兔,如法国公羊兔、塞北兔、德国巨型兔等,性成熟期为4.0~4.5月龄,初配期应在7~8月龄;中体型品种兔,比如比利时兔、新西兰兔、加利福尼亚兔、豫丰黄和德系獭兔、法系獭兔等,兔性成熟在3.0~3.5月龄,初配时间在6~7月龄;小体型兔,如福建黄兔、喜马拉雅兔、中国白兔、美系獭兔等,性成熟期为2.5~3.0月龄,初配期在4~5月龄。

家兔性成熟与体成熟不是同步的,性成熟早而体成熟晚,留种的公、母兔都必须在体成熟时才能初配。一般青年兔体重在达到成年兔体重的80%时方能初配。以中体型兔为例,成年兔体重如在 4.5 千克,初配时体重应在 3.5 ~ 3.75 千克。

(2)种兔的利用年限　家兔为草食小家畜,性成熟早但寿命短,繁殖最好的年限为 1 ~ 3 年。营养条件好,管理条件好的种兔可以用 4 年。所以,种兔群应以 1 ~ 3 年的种兔为主体,留足后备种兔,老种兔应及时淘汰,不断补充 1 岁左右的种兔,才能提高种兔群的繁殖力。为了延长种兔的使用年限,应合理安排配种任务,若每天安排 1 只公兔配种 2 次,连续两天就应让它休息 1 天;如果每天安排某只公兔配种 1 次,连续使用 5 次就要安排它休息 2 天。同时饲料中蛋白质含量要达到 17% 以上,以利于提高精液品质。

(二)季节对家兔繁殖的影响及安排繁殖计划

家兔繁殖没有季节性,一年四季都能繁殖。但是,季节对家兔的繁殖有一定的影响。因此,应根据季节对家兔的影响安排繁殖计划。

1. 春、秋两季对种兔的影响　春、秋两季气候温和、湿度适宜,公兔性欲旺盛,精液品质好;母兔发情比较集中,发情旺盛,发情周期比较短,发情母兔受配率高、胎产仔数多。统计数字表明,春季母兔的发情率高达 85% ~ 90%,受胎率高达 80% ~ 90%,肉用兔胎产仔 7 ~ 9 只,獭兔胎产仔 6 ~ 8 只。但是秋季母兔相对的受胎率较低,究其原因主要在于公兔,因夏季高温对公兔生殖机能有一定的影响,立秋后公兔睾丸机能逐渐恢复,但速度缓慢,要经过 1.5 个月左右。所以,早秋配种受胎率偏低。

2. 夏季对家兔繁殖的影响　夏季天气炎热,特别是南方湿度大,家兔感到不舒适,食欲减退;母兔发情不明显,交配后准胎率低;公兔睾丸萎缩 30% ~ 50%,体积缩小,暂时生精能力降低,精液品质差,畸形精子多,配种准胎率低,出现"夏季不育"现象,即受胎率低,胎产仔数少。母兔因湿热食欲减退,泌乳量小,仔兔营养不足而瘦弱,加之对高温高湿的不适应,成活率也很低。除了凉爽的北方山区可以配种以外,一般地区在夏季最炎热的两月(6 月 15 日至 8 月 15 日)都应停配。如果夏季让种兔繁殖,必须创造条件:一是有条件的种兔场,夏季将种兔放在隔热性较好的室内,装上空调控制室内温度在 28℃ 以下。二是修地下兔舍或半地下式兔舍,即在地势较高地方挖 2 米的地下室,上面修顶盖防雨防晒,地下室里修兔笼,保持地下室里温度不超过 30℃,可以繁殖。三是有防空洞,只要夏季温度能保持在 25 ~ 30℃,也可以在洞内繁殖,但必须人工补充光照。

3. 冬季对家兔繁殖的影响　冬季气温较低,对家兔来说兔舍若没有保温或加温条件,母兔不发情或发情周期延长,即使发情受胎率低,可使胎所产仔兔因受冻容易生病,死亡率高。冬季由于寒冷刺激公兔性欲不强,甚至无性欲。所以中原地区养兔必须对兔舍采取加温和保温措施,使种兔舍的温度最低在7℃以上,饲料中添加足量维生素和微量元素,并适当供给一些多汁饲料,如胡萝卜等,种兔才能正常繁殖。母兔产仔后采取母子分离的饲养方法,将仔兔、幼兔饲养在育仔室内,育仔室温度保持15～20℃,仔、幼兔的成活率就能提高,冬季可以正常繁殖。

4. 种兔的利用与一年内的生产安排　实验证明,家兔的寿命为7～8年,最长的12年,年龄愈大繁殖率愈低。从繁殖性能和经济效益考虑,种母兔利用年限3～4年,种公兔利用年限4～5年。母兔年产胎多少,要看环境条件和饲养管理条件。肉用兔一年能生8胎,全年产仔达50～60只。目前我国也朝着这一生产方式发展,养兔生产水平基本达到这一标准。

从编者深入生产实际调查的结果看,我国目前养兔技术水平应达到:肉用兔一年可以安排产6胎,每胎产仔7～9只,平均8只,计划产仔48只,以育成率85%计算每年每只种母兔育成商品兔40只;獭兔母兔年产4～6胎,胎产仔6～8只,一只母兔平均年产仔5胎,平均胎产仔7只,年平均产35只,育成率也在85%以上,年育成商品兔30只左右;毛兔的繁殖率更低,一般年产4胎,育成后备种兔25只左右。

编者认为繁殖计划应从立秋开始。立秋前准备好中药催情,其配方为:当归15%、党参10%、淫阳藿20%、阳起石20%、巴戟15%、白术15%、甘草5%。晒干、打成粉状备用。立秋后晚上开始转凉就往种兔饲料中添加,每只兔每天12克;同时每100千克饲料添加维生素A 1克、维生素B$_1$ 3克、维生素E 3克(均为纯粉)。7～10天种兔会陆续发情。即8月中旬配种,8月下旬结束配种,9月下旬产完第一批仔兔。这时气温适宜、光照充足,是适繁殖期,应抓紧配种,到10月下旬产第二批仔兔。11月中旬第三次配种,12月中旬产第三批仔兔。第二年的2月产第四批仔兔,4月产第五批仔兔,5月末6月初产第六批仔兔,产完第六批仔兔后天热起来了,兔舍没有降温条件的场子就不要再配种了。让种兔休息、过夏,秋季再繁殖。如果立秋后不及时对种兔调整体质、催情,夏季不育的状态恢复较慢,秋后的配种会拖到9月中旬,这一年就要少繁殖1胎。

三、家兔配种技术

（一）母兔的发情表现

母兔发情有两方面的变化：一是行为的变化，二是生殖系统器质变化。

1. 母兔发情行为变化　母兔发情时行为的变化主要表现为兴奋不安，食欲减退，吃食减少，常前肢扒笼或后脚顿笼底，频频排尿，发情后性欲旺盛的母兔还会爬跨其他母兔，与公兔混笼后会主动接近公兔，有的母兔还爬跨公兔或向公兔身上撒尿。当公兔追逐、爬跨这一母兔时，它会前肢趴伏、后肢直立、臀部抬起，做出接受交配的姿势。

2. 母兔发情时生殖系统器质变化　母兔发情是性成熟后，卵巢上有一批卵泡迅速发育成熟，卵泡内产生的雌性激素导致母兔生殖器官发生变化，这就是器质变化。如子宫黏膜增厚，以利于受精卵发育成胚泡植入其上；外阴部是湿润的、充血红肿，发情初期为粉红，发情旺期为红色，发情后期为紫红色。生产实践证明，适时配种时间在母兔阴道黏膜红色时，这一时期持续 3 天左右。养兔生产者总结出：粉红早、黑紫迟、大红配种正当时。饲养人员根据发情母兔的行为变化和阴部的变化掌握适时配种时期。

3. 母兔发情的特殊性　一般情况下家兔 8 ~ 15 天一个发情周期。发情周期长短与体质好坏有关，饲养管理好、体质好的种母兔发情周期短，反之发情周期长。

母兔的发情周期与其他家畜相比有以下的不同之处。

（1）发情周期不固定　母兔的发情周期最大的特点是没规律性，一般来讲是 8 ~ 15 天，但最短的 5 ~ 6 天，体质差的可达 1 个月或更长。

（2）发情无季节性　家兔发情无季节性，环境温度在 5 ~ 30℃，一年四季都可以发情、配种、繁殖后代。环境温度低于 5℃或高于 30℃，发情不正常或不发情。所以，只要给种兔创造适宜的环境条件，可以长年繁殖。

（3）产后发情　母兔产仔后哺乳，在仔兔断奶后 3 ~ 7 天普遍发情，配种后受胎率高；但母兔产仔后第二天也普遍发情，配种后受胎率也较高。生产上把母兔产仔后发情配种称"血配"，其繁殖方式称频密繁殖；把断奶后的发情配种的繁殖方式称正常繁殖；母兔产后 15 天左右也有一次发情期，这时也可以配种，这称配种方式称半频密。种兔繁育场应实行正常繁殖方式生产，因母兔营养充足,所产仔兔健壮,成活率高,培育出的种兔体质好。不能采用频密繁殖的方式生产种兔,因为母兔怀孕后一边怀胎、一边给仔兔哺乳,再加上自身营养需要,摄入的营养物质三方需要,往往造成营养不足,致使胎儿发育、仔兔生长都不好,不利培养出健康种兔。

编者认为半频密繁殖有它科学性的一面。因为半频密繁殖的母兔配种在产仔后15天左右,母兔妊娠前期胎儿长得慢,需要的营养物质少,对母兔的身体不会造成大的损害。等到母兔妊娠后期胎儿需要大量营养时,母兔哺育的仔兔已经断奶了,母兔少了哺乳的负担,像正常繁殖一样摄取的营养只供后期的胎儿生长发育和自身的需要,是可以满足这两方面需要的,不影响妊娠后期的胎儿生长发育,繁殖情况也不会差。

(4)隐性发情　母兔发情首先是卵巢上有一批卵泡成熟,卵泡液中的雌性激素促使生殖器官发生一系列的变化和行为的变化。有少数母兔卵巢上有卵泡成熟,外阴部变化不十分明显,也无发情行为表现。但如果根据时间推算给予配种也能妊娠、产仔,这种现象称母兔的隐性发情。

(二)对发情母兔的配种方法

对发情母兔的配种方法有3种,即自然交配、人工辅助交配、人工授精。三种方法各有其优点,应根据母兔的具体情况,决定采用的方法。

1. 自然交配　就是将发情旺期的母兔放在选定的公兔笼内,让其自然交配,饲养员不必协助,只是在旁边观察,看其是否达成交配,如果达成了交配,要做好配种记录。自然交配是一种原生的、简单的方法,优点是能给母兔及时配种,不会漏配,也比较省时与省工。缺点是如果公兔或母兔有传染病,都容易传染给对方;公兔使用频繁、体力消耗大,缩短了公兔的使用年限。

2. 人工辅助交配　指母兔已到发情旺期,配种适时,但是由于有择偶性,对给它安排的公兔拒绝交配,调换公兔后仍不能交配的情况下,可以采取人工辅助交配。人工辅助交配时,饲养员左手抓住母兔耳朵和颈背部皮肤,右手插入母兔后腹部,用手将后腹部托起,使臀部举起迎合公兔爬跨交媾。公兔爬跨时前肢抱着母兔腰两侧,身躯爬在母兔腰背部,后身直立,后肢着地,交媾时先是尾根不停地抽动,射精后公兔尖叫一声从母兔后背上滑落下来,经过几秒后从笼底上爬起来,一再顿足表示兴奋,即达成交配;只见公兔尾根抖动,没有尖叫并从母兔臀上滑下,滑下后尾根无抖动,是没有达成交配的表现。

自然交配和人工辅助交配都是本交,交配应注意如下几个方面的问题。

第一，要注意公、母兔的比例。在一个繁殖季里，1只种公兔本交能为5~8只母兔配种，并能保持其体况正常、性欲正常、受胎率正常。种兔场应按这样的比例选择配种公兔，不能多也不能少。种公兔多了造成浪费；种公兔少了，配种次数多公兔容易出现性欲减退、精子密度降低，所配母兔的准胎率下降。

第二，种公兔使用要合理。1只身体健康、性欲旺盛的种公兔，可1天使用2次，但连续使用2天就应让它休息1天；如果配种任务不重，1天使用1次，连续使用5天后可让它休息2天，这样可使种公兔身体得到恢复，精子密度保持正常。

第三，适时配种。母兔发情期分3个阶段，即发情初期、发情旺期、发情后期。发情初期阴唇黏膜粉红，发情旺期阴唇黏膜深红（红）、发情后期（末期）阴唇黏膜紫红色。发情旺期母兔性欲旺盛，配种准胎率高。所以，从母兔发情初期开始，饲养员应密切观察母兔，达到发情旺期时，应及时配种。一般发现母兔发情，检查其阴唇黏膜若是粉红色，12小时左右能达到旺期，12小时后检查时如果阴道黏膜变为深红色，应将母兔投入选定的公兔笼内让其配种。

第四，配种后防止精液流出。配种后如果饲养员不及时处理，母兔活动、站立等频繁，往往使精液从阴道中流出，这样会影响受胎率。为防止交配后精液倒流，饲养员常在公、母兔交配后立即将母兔倒提起来，轻轻地拍两下母兔的臀部，由于阴道的收缩有利于精液向子宫颈口流动，这样精液就不会从阴道中流出。

第五，交配时将发情母兔放在公兔笼内。公兔对环境比较敏感，若把公兔放在母兔笼内，公兔会因为环境生疏，到处乱闻而影响性欲。另外，如果进行双重复配，两只公兔都应在自己原笼中交配，第一只公兔交配后，将母兔放回自己的笼中，几个小时后待第一只公兔身上的气味散尽后再放入第二只公兔的笼内，否则第二只公兔闻到母兔身上有其他公兔的气味，不但不交配，还会咬伤母兔。

3. 人工授精　兔的人工授精是不用公、母兔直接交配，采用假阴道将公兔精液采出，经过检查、稀释处理，用输精管输入发情母兔阴道内的先进配种方法。其优点有以下几个方面：①充分利用优良的种公兔，在本交的情况下，1只种公兔只能完成5~8只母兔的配种任务，最多不超过10只母兔的配种任务。而在人工授精的情况下，采1次精就能配6~8只母兔，效率提高6~8倍。②少养了公兔，降低了养兔的成本。③有利于防止疾病传染。④由于人工授精方法预先检查了精液品质，保证了精子密度和活力，授精时又把精子输送到阴道深部,授精准胎率可达90%以上。⑤家兔人工授精设备自制,方法简单,利于推广。

(1)采精器的制作　市售的兔采精器很少,基本都是自己制作的。目前有人用市售的羊用假阴道改装。它包括一个外壳、内胎和集精瓶三部分。外壳可用竹筒或硬橡胶管代替,长8~10厘米,直径3~3.5厘米;内胎可用避孕套代替。另外再准备一个橡胶塞,橡胶塞的外径与采精器外壳内径相同,橡胶塞打两个孔,第一个孔能插入小试管,第二个孔能插入一个细玻璃管。把避孕套的头处剪一小口,套在小试管上并固定,然后插入橡皮塞第一个孔内;橡皮塞第二个孔内插入一小段细玻璃管,细玻璃管露出橡皮塞外面0.5厘米,上面套一段细胶皮管,并用夹子夹住。把橡皮塞塞入外壳,小试管(接精瓶)、细玻璃管露在外面;连避孕套的一端顺入外壳,避孕套比采精器外壳长,露出外壳另一端的避孕套口处向外翻转套在外壳上,扎紧,使其不漏水、不透气。这样接精小试管口通入假阴道孔内,小玻璃管口通入外壳和内胎的夹层内。先从细玻璃管和细胶皮管向夹层中注入温水,再从此处注入空气,使内胎胀起来,采精时让公兔阴茎有压迫感(图7-3)。

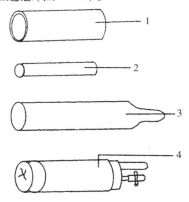

图7-3　自制兔采精器

1. 直径3厘米、长8厘米的硬橡皮管　2. 直径0.8厘米、长6厘米的小试管　3. 避孕套
4. 组装后的自制采精器

(2)采精的准备工作　采精前假阴道的各部位要详细检查,并对接精管和假阴道内壁进行洗涤、消毒。再从小孔内灌入50~55℃的温水,充气后使内胎里的温度达到40~42℃。然后在内胎内壁上涂凡士林或液态石蜡,起到润滑作用。最后调试温度、充气、调压,调好内压的内胎应呈三角形或四角形。

将采精的公兔放在采精台上,让它熟悉环境,再捉1只正在发情旺期的母兔与公兔放在一起,诱使公兔起性、爬跨交媾。

(3)采精操作　把母兔放在没有盖的铁丝笼内,铁丝笼放在操作台上,以便于操作。采精人员左手抓住母兔耳朵和颈后背领皮,右手握住采精器伸向母兔的后腹部两后肢间,一切准备好之后,另一人将公兔放入笼内,当公兔爬跨母兔时,把母兔臀部托起,模仿交配母兔的姿势。公兔马上就爬跨,当其臀部频频抽动时,采精人员左手将母兔向前提拉一下。使公兔阴茎与母兔阴门离开一定距离,采精人员右手将采精器从母兔两后肢间伸出接触公兔阴茎,公兔的性反射中枢神经受到刺激,立即引起性反射而射出精液。当公兔射精后尖叫一声倒在笼底上时,采精者将采精器立即竖起,以防精液倒流。每次采精1毫升左右。然后将集精小试管取下,检查精液品质。

当公兔习惯人工采精以后,采精过程进行得很快,从母兔放入铁丝网笼到采精结束2～3分就完成了。

(4)精液品质检查　如果是没有检查过精液品质的公兔,需要检查精液品质,以便掌握公兔的精液品质。一般来说,优质的精液才能用来进行人工授精。精液品质包括以下几个方面:精液量、颜色、气味、混浊度、活力、畸形率、精子生存能力等。

精液品质检查必须在18～25℃的温度下进行,首先用肉眼检查,然后再用显微镜等仪器检查。

正常精液指标为:

射精时:1毫升左右。

颜色与气味:正常的精液颜色为灰白色或乳白色。若混有尿液时带琥珀色,混入新鲜血液时带红色,混入陈旧血或组织细胞时带褐色,混入化脓物时带绿色。新鲜精液一般无臭味。

混浊度:用肉眼观察可推知精液活力和密度。如果精液似云雾滚动,且混浊则表示其活力大、精子密度大,可用"＋＋＋"表示;混浊度稍低者用"＋＋"表示;稀薄者用"＋"表示。

pH:兔射精量小,测定精液pH时,常用pH试纸测定。

密度:取精液1滴滴在干净的凹玻片上,在显微镜下检查精子活力及密度。精子密度分三级:稠密,在显微镜视野内精子与精子之间所留的空隙不足容纳1个精子的宽度,因为精子彼此相靠得很近,所以很难看出单个精子的活动情况。中等密度,精子稍稀,彼此间的距离可容纳1～2个精子的宽度,且单个精子的活动可以看得清楚。稀薄,精子很少,彼此间距离很大。

活动力:也是鉴定精液品质最主要的指标之一。由于精子活动力受温度影响很大,检查应在37~38℃的室内进行,如果温度过高,则活动异常激烈,精子存活时间短;温度过低,则精子活动缓慢,特别是在10℃以下时,精子活动更迟钝;在5~6℃时,精子活动几乎停止。精子活动力检查时,精液不能太少,精液过少容易风干,可以加1~2滴精液于凹玻片上,加数滴稀释液再观察精子活动。精子活动方式有三种:①前进式,即精子呈直线前进运动。②旋转式,精子呈旋转式运动。③摆动式,精子在原位处摆动,不前进。根据精子运动方式及前进运动精子所占比例,将精子活动分为五级:①五级:精子全部呈直线运动,非常活跃,如急剧的旋涡和云雾翻腾状,根本看不清精子形态。②四级:精子中有4/5的精子呈前进式运动。③三级:精子中有3/5的精子呈前进式运动。④二级:精子中有2/5的精子呈直线式运动。⑤一级:精子中有1/5的精子呈前进式运动。

当精液中没有呈前进式运动的精子,精子的活动力可以用"0"来表示。

进行家兔人工授精时,为了保证有较高的准确率,规定精子密度在中等以上,精子活动力在三级以上。

精子的畸形率:用1滴精液抹片,置空气中晾干,然后用0.5%甲紫乙醇溶液染色3分,水冲洗后再晾干,然后用显微镜检查,计算500个精子中所含畸形精子的数。计算出的百分率即为精子畸形率。凡精子畸形率达14%~18%的公兔都不能继续留用。

精子生存能力的检查:精子活动力强,不等于生存能力也强。精子生存能力强的受精率就高,所以有技术力量的饲养场,检查公兔精液品质时,必须检查精子的生存能力。检查精子生存能力有两种方法:①亚甲蓝褪色时间测定法。因为活动精子数越多,氧气消耗就愈快,美蓝褪色也就愈快,其方法为:取0.2毫升精液加入装有0.8毫升精液稀释液的试管中充分混合,再加入0.1毫升亚甲蓝溶液(配法:5毫克亚甲蓝溶于100毫升的3.6%柠檬酸溶液中),上面加1厘米厚的中性液态石蜡,置37~38℃的水中观察亚甲蓝褪色所需时间。②精子抗力测定法。此法原理是根据精子能忍受1%氯化钠溶液作用的程度来判定的。忍受力越大,则表示精子抗力越强。其方法是:用吸管吸取0.02毫升精液置于200毫升的三角烧杯中,然后从装有1%氯化钠溶液的滴定管中滴出10毫升于盛有精液的三角烧杯中,混合均匀后,用吸管从三角烧杯中吸出1滴稀释精液放在载玻片上检查精子的活力,如果精子仍显示有前进式的运动,再加入10毫升的1%氯化钠溶液,再做镜检,这样继续进行,直到精子停止前进式运动为止,然后用下面公式计算精子的抗力 R。

$$R = \frac{使精子停止前进式运动所需氯化钠溶液量}{加入氯化钠溶液前的精液量}$$

在进行抗力检查时室温应在 18~25℃,同时操作要快,须在 15 分以内完成。一般精子抗力不低于 5 000。

(5)精液稀释 经过多方面检查证明可以使用的精液要进行稀释,精液稀释的目的是扩大精液的量和延长精子的寿命,便于保存和运输。稀释液种类比较多,可以用生理盐水,即 0.9% 的氯化钠溶液或 5% 的葡萄糖溶液;为了给精子补充营养,还可以用 11% 的蔗糖稀释液、10% 的奶粉稀释液、鲜牛奶稀释液等。这些稀释液经过加热消毒降温后,再加入少量的抗生素便可使用。使用时稀释液温度应在 35℃ 左右,稀释倍数为 1:(3~5),保证每毫升稀释精液中有 1 000 万个活力旺盛的精子即可。

(6)输精 家兔人工授精没市售的输精器,都是厂家自制的。一般如图 7-4 所示。有的用注射器插一个 8~10 厘米的细胶皮管(自行车气门芯)。另一种用吸滴管尖部套一段 8~10 厘米的细胶管。输精时将注射器式吸滴管吸取稀释后的精液,将胶管部分插入母兔阴道 5~8 厘米,输入精液 0.5 毫升左右。

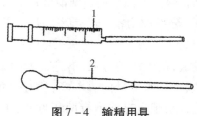

图 7-4 输精用具
1. 注射器改制 2. 吸管改制

因母兔为刺激排卵的动物,输精以前要对母兔进行促进排卵的处理。促进母兔排卵的方法有 3 种。

第一种方法,可用经结扎输精管的公兔爬跨刺激;如果还没有结扎输精管的公兔,可以用布兜把公兔的阴茎兜起来,总之不能让爬跨过程中发生本交。

第二种方法,可用激素刺激,给母兔注射垂体前叶促性腺激素,剂量为每只母兔 5 国际单位;肌内注射促排卵 3 号,剂量为每只母兔 0.5 毫克。在促排液注射后 5~6 小时内输精可以收到满意的效果。

第三种方法,对发情母兔静脉注射 1% 的硫酸铜溶液 10~15 毫升,也有明显的促排效果。

对发情母兔进行人工授精要做好以下几方面的工作：①做好无菌操作工作。凡是可能与精液接触的器具，都必须严格消毒，消毒操作的顺序是：清水冲净——用生理盐水冲洗——75%的酒精棉球擦拭消毒——再用生理盐水冲洗数次，备用。②做好保温工作。采精室的温度要操持在15℃以上，假阴道内的温度要在40~41℃；稀释精液时，稀释液的温度应与精液温度相等，25~35℃均可，防止由于过冷或过热的刺激降低精子活力。③输精部位要准。输精时动作要缓慢，输精部位要准，既不能插入尿道，也不能插得过深。输精前母兔的外阴部应用浸过1%的氯化钠溶液或5%葡萄糖冲洗液的纱布或棉球擦拭干净。④输精后的工作。输精后将用过的器械立即洗净，烘干备用并立即做好输精记录，以便做妊娠检查。

（三）家兔配种应注意的事项

配种是提高繁殖力的措施之一，对配种工作必须严肃对待，认真处理。

1. 配种要在公兔笼内进行　公兔对环境很敏感，环境改变公兔会因不适应而导致注意力分散使性欲减退。所以配种时将母兔放入公兔笼内，而不是把公兔放入母兔笼内。

2. 做好选配工作　配种前应对公、母兔进行健康状况的检查，凡瘦弱患病的兔，特别是患生殖系统疾病、疥癣或其他传染病的种兔一律不能参与配种。长途运输之后不久、病愈不久、注射疫苗不久，不能马上配种。

配种时应选择壮年公兔配壮年母兔，壮年公兔配青年母兔或壮年公兔配年龄偏大的母兔，青年公兔配壮年母兔。决不能青年公兔配青年母兔，青年公兔配年龄偏大的母兔，老龄公兔配年龄偏大的母兔，老龄公兔配青年母兔。年龄偏小的种兔不能马上投入繁殖，老龄种兔要进行淘汰。

3. 处理好择偶母兔的配种工作　母兔对人为选定的种公兔也有拒配现象，称择偶性。母兔择偶拒配有两种表现：一种是趴伏笼底不起，不接受交配；另一种是与公兔咬斗。对前一种情况应人工辅助配种，即饲养员左手抓住母兔两耳及颈背部皮肤，右手从母兔腹下将其后躯托起，配合公兔交配。对与公兔咬斗的母兔可以更换公兔，即将母兔从未达成交配的公兔笼内取出后，再放回自己的笼内30分左右，待前一只公兔的气味散尽后再放入另一只公兔笼内，否则后一只公兔闻到母兔身上有其他公兔身上的味后会咬母兔，仍不能达成交配。

4. 刺激母兔发情　母兔发情周期为8~15天，有些母兔到期不会自行发情，或是为了让母兔同步发情、人工授精、同期产仔，便于管理，在生产上采取人为的刺激母兔排卵。方法有以下几个。

（1）外源激素刺激催情　外源激素种类很多，作用的靶器官也不同，使用时应弄明白你能买到的外源激素所作用的靶器官是什么，否则效果不好。另外，要选择能促进卵泡发育的种类、易购的、价格相对偏低的使用。能促进卵泡发育的外源激素有：①促卵泡生成素：肌内注射，每天 2 次，每次 0.6 毫克。②人绒毛膜促性腺激素：肌内注射，注射量为 160～200 国际单位，3 天内家兔若没有发情，可再注射一次。③孕马血清促性腺激素：肌内注射，注射量 160～200 国际单位，3 天内不发情再注射 1 次 HCG，注射量 160～200 国际单位。④促排卵 3 号：肌内注射，每天 1 次，每次每只 0.5 毫克。

（2）挑逗催情　母兔没发情、拒绝配种，先让公兔与它追逐，挑逗 30 分以上送回它的笼内。经过 8 小时左右母兔外阴部变红，呈现发情表现时，即可配种。如果第一次挑逗过后没有发情，8 小时以后再放入公兔笼内，让公兔再爬跨刺激，反复进行，直到发情为止。

（3）拍击母兔外阴部催情　对没发情的母兔，饲养员用左手提起母兔的后肢，右手很快拍击其外阴部，连续几分，有的母兔拍击后几小时就发情，如果没发情，隔 8 小时再重复 1 次，每天 2 次，直到发情为止。

（4）按摩催情　先把母兔从笼中抓出，放在操作台上，抚摩背部几遍使其安静。再将后肢提起露出外阴部，另一只手按摩其外阴部 10 分左右，放回原笼。经过几小时母兔若没有发情的表现，再按原办法继续按摩，经过反复按摩母兔一般都能发情。

（5）药物催情　用 2% 的碘酊涂在母兔阴唇上，可以刺激母兔发情。据资料显示，使用此方法母兔准胎率达 70%。

5. 进行复配　研究证明，凌晨前后给母兔配种，受配率最高；12:00 左右给母兔配种，受配率最低。编者推荐家兔配种方法是：对发情的母兔，16:00～17:00 第一次配种，主要是刺激母兔排卵；22:00～23:00 再给母兔复配 1 次，这次主要让其受精。复配时若是母兔受配后排尿，应再补配 1 次。22:00～23:00 复配的好处有两方面：一是胎产仔多；二是母兔产仔一般在白天，白天产仔便于照顾母兔和仔兔。配种后把母兔抓回原笼时，应在母兔臀部用力拍击一下，使其阴部肌肉收缩，防止精液流出。

6. 做好配种记录　复配结束后以最后一次配种为准，做好配种记录，便于检查妊娠和推算预产期。

（四）是否准胎的检查方法

母兔配种后停一段时间要进行妊娠检查，看是否妊娠，如果已经妊娠了，那就应该注意保胎；如果没有妊娠，要关注下一个发情期到来，发现发情及时补配。妊娠检查方法有称重法、复配法、摸胎法3种：

1. 称重法　繁殖母兔多为成年兔，体重比较稳定，短时间内不会有大的变化。在母兔配种以前对其称重1次，配种后10天左右再给母兔称重1次，若母兔后一次称重与前一次称重相比增重明显，说明母兔已经妊娠，两次称重体重相近，变化不明显，说明没有妊娠。

2. 复配法　在母兔发情配种后，按时间推算已经到下一个发情周期，再用公兔与其配种，如果母兔不接受交配，说明母兔已经妊娠；如果母兔接受公兔的交配，说明上一个发情期配种没有妊娠。

3. 摸胎法　直接摸母兔的腹部，便知道是否妊娠。这种方法比较准确，但必须有经验。摸胎必须在配种后12天左右，若太早胚胎小摸不到，若太迟影响下一个发情期的补配工作。如果检出未受孕，争取在下一个发情期配上。

摸胎的操作方法是：左手抓住母兔双耳和颈背部皮肤，把母兔放在桌子上便于操作，使母兔头对着操作者，右手从腹前往腹后摸。如果母兔腹部绵软，摸不到什么东西，说明没有妊娠；如果摸到后腹部两边各一排肉球，就是已经妊娠。不过摸胎时须把胚胎和粪粒区别开来。一般来说，粪粒小并呈椭圆形，胚胎大为圆形；粪粒没有弹性，不光滑，胚胎手感有弹性、光滑；粪粒在后腹部中央位置，胚胎在后腹部两侧，排列整齐。妊娠时间愈长，胚胎与粪粒的区别愈大。妊娠15天以后，母兔的腹部明显变大，不用摸胎便能看得出来。

摸胎操作者动作要轻，如摸胎时动作粗糙，下手重，手压挤过狠，容易造成流产。所以，摸胎检查时，捉兔不要过猛，摸胎动作要轻，不能强制，以免造成不良后果。

（五）母兔繁殖过程中的不正常现象

1. 母兔不孕　母兔与正常公兔交配不能正常妊娠者称不孕。母兔不孕的原因很多，主要的有以下几个方面。

（1）先天性不孕　先天性不孕有的是生殖器官畸形，即母兔生殖部位缺陷，影响了精子与卵子的结合；有的是机能性的，如卵巢机能障碍，不能产生成熟的卵泡。

（2）营养性不孕　即营养缺乏或营养过剩所致。营养缺乏，母兔过瘦，特别是长期营养不足，如缺乏维生素 A 和维生素 E、微量元素和蛋白质等，也能导致不孕；营养过剩，导致过肥，卵巢表面脂肪沉积，使卵泡发育受阻或使成熟的卵泡不能正常排卵，过于肥胖还会造成内脏器官蓄积脂肪，输卵管壁增厚，口径变小，使卵的通过受阻。

（3）生殖系统某些器官发生疾病　如子宫内膜炎、输卵管炎、阴道炎、子宫肿瘤等也会引起不孕。

母兔不孕是复杂的原因所造成的，除前所述，还有药物中毒、高温等因素，有的是单一因素，有的是多因素，要具体情况具体分析，有针对性地加以防治。

2. 母兔复孕　母兔复孕是 1 只母兔妊娠结束后产出一批仔兔，时隔 1~2 天又产出一批仔兔。这种现象在其他多胎动物中是不会发生的，但对家兔来说时有发生。原因有以下两个方面：第一，母兔是刺激排卵，成熟一批卵泡后，每交配 1 次就会刺激一部分卵泡排卵，这一批卵子就可能受精；第二，母兔是双子宫，假如第一次交配一侧的子宫附植的胚胎数量少，第二次交配这一侧的受精卵多，它们发育成胚泡植入这一侧子宫后，附植的胚泡位置由于被挤占而脱离子宫黏膜，在游离状态下被子宫黏膜吸收，只剩下第一批胚泡着床，所以两个子宫产仔有一定的时间差距。特别是公、母兔混养时，最容易出现复孕现象。复孕产的仔兔成活率很低，应做到公、母兔分开饲养。

3. 化胎　胚胎在子宫里早期死亡，逐渐被子宫黏膜所吸收。在实践中 8~10 天摸胎时还能摸到胚胎，时隔数日后再摸胎时就摸不到了，也没有发现流产，胚胎自行消失了。产生化胎的原因很多，主要是以下几个方面：①精子和卵子本身弱，受精后受精卵生命力不强，胚胎早期死亡。②母兔消瘦体弱，子宫黏膜营养不足，胚胎因营养不良而死亡。③饲料中长期维生素添加量不足，特别是缺乏维生素 A 和维生素 E 及微量元素。④妊娠期高温高湿，母兔抵抗力下降。⑤妊娠期喂了发霉的饲料，引起母兔腹泻。⑥受胎母兔慢性阴道炎等。

4. 流产　母兔妊娠中断，排出来不足月的胎儿称流产。化胎为妊娠前期中断妊娠，流产为妊娠期中断妊娠。引起母兔流产的原因很多，比如机械性刺激、惊吓、盲目用药、疾病、母兔营养不良，膘情不好、长期缺乏维生素、中毒等。

早期发现母兔有流产征兆时，可以预防。如发现母兔还没到预产期有拔毛、衔草、絮窝等征兆，分析有流产的可能性，应用黄体酮保胎，每只母兔 15 毫克黄体酮肌内注射，每天 1 次，连用 2~3 天。如果发现已经流产的母兔，可用磺胺类药物或抗生素药物控制炎症发生,并用0.1%的高锰酸钾溶液擦洗外阴部,局部消毒,并给母兔喂适口性好、营养丰富的饲料,使其尽快恢复身体,准备下一个发情期配种。

5. 难产 母兔有拉毛絮窝行为,有阵缩努责的分娩征兆,但是就是胎儿迟迟产不出来,有的母兔先产出2~3个仔兔以后,又出现难产。母兔的分娩由产力、产道、胎儿3个因素协同方能顺利完成。如果其中一个因素发生异常,都可能发生难产。如果母兔子宫收缩无力,母兔瘦弱无力分娩,后备母兔配种过早,骨盆狭窄、胎儿过大,胎位不顺,如倒生、横生等。发生了难产,可酌情进行催产,必要时也可以实行剖宫产挽救母兔。

6. 产后瘫痪 母兔产后四肢或后肢突然麻痹,不能自主活动称产后瘫痪。产后瘫痪病原因也很多,是一种常见病,有营养性的,如饲料中长期钙、磷添加量不足或比例失调,缺乏光照,饲料中维生素D缺乏等;或因频密繁殖、哺乳仔兔过多,母兔营养入不敷出所造成的营养不良;或由于饲料发霉变质造成母兔中毒性瘫痪;或患子宫炎、肾炎、梅毒等疾病引起疾病性瘫痪;也可能因兔舍潮湿、阴凉诱发的瘫痪。

根据发病原因,在饲料管理过程中应加以预防。

7. 子宫脱出 母兔产仔后,子宫的一部分脱出阴门以外的现象称子宫脱出,发病原因为腹内压增高和努责过度所引起的。子宫脱出多发生在产后数小时内,以瘦弱的母兔多见。母兔年龄偏大,营养不良,体质虚弱,长期患慢性消耗性疾病,长期便秘或长期腹泻,子宫炎或阴道炎,子宫或阴道周围的结缔组织减少,肌肉松弛,当腹内压力升高时,会导致本病发生。

子宫脱出表现为阴户外见到子宫,开始脱出时子宫鲜红,后呈青紫色或暗红色。脱出部分严重水肿,黏膜易出血,时间长了部分黏膜溃疡或坏死。严重者可影响母兔以后的繁殖。

四、提高家兔繁殖力的技术措施

影响家兔繁殖力的因素有两种,即遗传因素和环境因素。若要提高家兔繁殖力,必须从遗传育种和饲养管理两方面采取措施,才能取得满意的结果。

(一)做好选种工作

家兔不管是肉用兔、皮用兔或毛用兔都有很多色型,除白色兔以外还有不少颜色的,统称彩色兔,如彩色獭兔、彩色长毛兔等。相比之下彩色兔生命力与繁殖力都低于白色兔,所以在生产中饲养白色兔的最多。即使白色兔中也有繁殖力强弱的差异,因此要严格的选种,可以使种兔繁殖力得到提高。选留种兔时,要求体质健壮、性欲旺盛的公兔,同时根据种兔的谱系和繁殖记录,选择胎产仔多的母兔的后代留种。经产母兔选留种兔时,要选择母性好、护子性强、产奶量大、4对乳头或5对乳头、外生殖器正常的种母兔留用,不符合以上要求的母兔淘汰;种公兔要选择睾丸圆而对称,性欲强,所配的种母兔妊娠率高,胎产仔数多。而单睾、隐睾的公兔淘汰;性欲不强的、配种后受配母兔妊娠率低的,已妊娠的母兔胎产仔少的种公兔也不能留用。

(二)营养合理,体况适中

供给种兔的饲料营养要全面、平衡,肉用兔消化能力10.46兆焦/千克、粗蛋白质15%～16%、粗脂肪3%～4%、粗纤维14%～16%;皮用兔和毛用兔消化能10.46～10.88兆焦/千克、粗蛋白质17%～18%、粗脂肪3%～5%、粗纤维12%～13%。这样可以维持种兔体况达到中等水平。种兔体况达到中等健康水平,是提高繁殖力的重要措施。母兔过肥卵子在输卵管中难以运行,容易出现屡配不孕。生产实践证明,生产母兔如果过肥,且营养过剩,胚胎死亡率能达到44%,胎平均产仔也只有3.8只;而中等体况的母兔营养水平中等,受配率高,胚胎死亡率只有18%,胎平均产活仔6只。但种母兔不能过瘦,过瘦的母兔卵巢发育较差,不发情,即使发情,受胎的母兔因子宫黏膜薄,胚泡难以附植或附植低,胎产仔少。

种公兔过肥性欲下降,配种能力差。所以这种情况提高种公兔的繁殖能力,主要是控制饲料的营养水平,限制饲料量,加强运动等措施,把体况控制在中等水平。种公兔饲料与种母兔的饲料可以相同,但种公兔要限制日投喂量。种兔的饲料中一定要保证维生素A、维生素E的量,同时保证微量元素锌、锰、铁、铜、硒的量。

(三)提高壮年种兔的比例,淘汰老弱病兔

家兔种母兔配种过早(6月龄以前)及3岁龄以后的母兔受配率低,即使受配妊娠,胎产仔数比壮年兔少,产下的仔体弱容易生病、死亡率高,不容易育成。所以每个养殖场,都要建立后备种兔群,繁殖母兔群的年龄应在8月龄以上、3岁龄以下。种母兔达不到8月龄的不参与配种,3岁龄以上的种母兔要

及时淘汰,壮年段种母兔要占绝对优势,这是提高繁殖力的重要措施之一。有些养兔场引进青年种兔后急于配种获得仔兔,5月龄前后就开始配种,结果出现妊娠母兔流产的多、产死胎的多、弱仔多、产后无奶的母兔多或母兔产后死亡,不但仔兔没有活下来,反而种兔身体受到损失又影响了繁殖,得不偿失。

在淘汰老、弱、病兔的同时,对种兔要进行繁殖成绩登记及健康检查,对产仔多的、母性强的母兔继续留用;对老龄母兔、屡配不孕的母兔、母性不好的母兔、有食仔癖的母兔、患过严重乳腺炎的母兔、患过子宫内膜炎的母兔都要及时淘汰。

(四)适时配种

应该说母兔出现发情征兆就可以与公兔交配。但是,为了提高受胎率和产仔率,交配或输精的时间应当按照卵子和精子生存规律来进行。为此要注意以下问题:

1. **按精子和卵子存活时间适时配种**　母兔有发情表现,说明它的卵巢上有一批卵泡已经成熟,但是没有交配刺激卵子还不能从卵泡中排出,交媾刺激10~12小时,卵子才能从卵泡中排出。所以用公兔交配时间或输精时间过早或过迟都不好。据研究证明,适时的配种或输精时间应在刺激母兔后的3~5小时为宜,这对于掌握复配或人工授精时间很重要。科学的配种时间安排应是:母兔第一次受交配刺激后10~12小时排卵,卵子存活6小时后衰老、生命力降低,前次交配刺激排卵后3~5小时复配或输精,精子在输卵管获能6小时,精子在输卵管内存活30小时,待卵子到达输卵管的受精部位时,精子和卵子生命力都是最强的时候,这时受精准胎率高,受精卵生命力强。

2. **按一天内受精率最高的时间配种**　生产中统计,在一昼夜中,12:00左右配种,家兔受胎率最低,只能达到受配母兔的50%;傍晚配种受胎率次之;24:00前后配种受配率最高,可以达到84%。所以,应该在22:00~23:00复配或输精最好。也就是说在每天17:00~18:00给母兔初配,刺激其排卵,22:00~23:00复配或输精,受胎率最高。

(五)兔舍应控光控温

1. **光照对繁殖的影响**　光照能刺激家兔性兴奋性,所以光照能促进性腺发育,提高繁殖力。如果把种兔长时间放在光线较暗的环境中,母兔发情率降低,发情母兔即使受配,胎产仔数也比正常光照的母兔胎产仔少。所以,在冬季、早春、晚秋时期光照时间达不到种兔需要时,兔舍要实行人工光照补光。补光的光照强度,每平方米兔舍4瓦灯泡,光照时间母兔为14～16时/天,公兔为12时/天,光照强度按每平方米2瓦灯泡。所以,公兔与母兔最好不在一个兔舍里。如果养兔少没有条件分开,用同一个兔舍时,应把公兔放在三层笼的底层,因为底层的光线弱一些。补光要有规律性,不能忽长忽短、忽早忽晚,更不能晚上长明灯。也不能今天补明天不补。

2. 温度对繁殖的影响　家兔能适应的环境温度5～30℃,最适宜的温度为15～25℃。所以,夏季要采取各种措施降温,防止高温给养兔造成不良影响,避免或缩短夏季不育期,可以有效地增加母兔产仔胎数。降低兔舍温度的方法有:①在兔舍上搭建遮阳网;或在兔舍周围种丝瓜、梅豆,让其藤爬上兔舍顶棚,为兔舍遮阳;或早种葡萄,两三年可以搭建永久的遮阳棚。兔舍多洒水,加强通风也能降温。公兔要求弱光,有条件的在夏季可以把公兔放在地下室饲养。②夏季在兔饲料中添加抗热应激的物质,即100千克饲料添加10克维生素C,可以增强兔的抗热应激的能力。或100千克饲料添加1.0～1.5千克碳酸氢钠也可以提高兔的抗热应激能力。有关报道介绍,在环境温度高达37℃时,相对湿度为42%时,每千克饲料中添加35毫克锌,母兔受胎率可提高13.0%,胎产仔数提高1.3只。

冬季当外界温度降低,室温度低于15℃时,妊娠母兔产仔数少,仔兔、幼兔成活率降低,并且生长缓慢。自然温度下冬季繁殖也不理想。但是,冬季只要解决好种兔舍的供温,并且安排一个仔兔培育室,可以正常繁殖。实践证明,种兔在7℃的环境中,就正常发情、受配,所以冬季种兔舍温度最好控制在15℃以上,一时条件达不到的,必须使种兔舍温度保持在7℃以上,但仔兔培育室温度必须控制在20℃以上,才可以进行正常繁殖。

第八章　兔场建设与设施设备

一、兔场场址选择与布局

（一）场址选择

家兔喜干燥、怕潮湿，因此场址应选择地势较高、排水性好、平坦、雨后不积水、坐北朝南、背风向阳的地方。另外，要考虑以下几个方面的条件。

1. 水源有保证　必须有清洁卫生、充足的水源，以保证兔群能饮用到清洁、充足的水，人能有清洁卫生的生活用水。能接自来水的地方更为理想，不能接自来水的必须用井水。靠近河流、湖泊可以用过滤、消毒水。不能解决水源的地方不能建养兔场。

2. 要有电源　养兔场虽然用电量不大，但是照明、饲料加工、兔舍排风、调控温度等都必须有电源，电源不好解决的地方也不能建养兔场。

3. 远离嘈杂区　家兔喜欢安静的环境，特别是在产仔后，如果环境不安静或经常有大的响动，母兔会叼着仔兔任意转移，一旦把仔兔咬出血它会把仔兔吃掉。因此家兔饲养场要远离居民区、有机器轰鸣的工厂、放出有毒气体的工厂；也不能与养猪场、养鸡场为邻，因家兔与鸡、猪都能交叉感染。要远离交通要道，离开交通要道至少 500 米，离开居民区至少 200 米，这样不仅嘈杂声音减小，而且便于防病。

4. 养兔场要预防外界疫原传入　有很多疾病都是家兔和其他畜禽共患的。选择兔场地址时要注意离开畜牧场、养禽场、兽医院、人医院、垃圾场等，这些地方病原多，容易通过空气传播到养兔场，传染兔群，造成家兔感染。

5. 交通便利　家兔饲养场经常有饲料原料运入、商品兔运出，如果只考虑环境安静而忽视了交通便利，把兔场建在交通不便利的地方，会给以后物资运入、兔及兔产品运出带来不便。

（二）场址布局

1. 总体要求　家兔饲养场的布局既要做到利用土地经济合理，布局整齐、紧凑，又要遵守卫生防疫制度。

（1）总体布局　一个结构完善的养兔场，按生产功能，可分为生产管理区、生产区、隔离及粪便处理区、尸体处理区等。

生产管理区因与社会联系频繁,应安排在兔场的一角,并设围墙,与生产区分开。外来人员及车辆只能在管理区活动,不准进入生产区。

生产区按主风方向建立种兔区、幼兔舍及商品兔舍。为便于通风,兔舍长轴应与主风方向平行。整个生产区应有围墙隔离,并视情况设门1~2个,门口必须建消毒池。

隔离及粪便、尸体处理区应符合兽医和公共卫生要求,与兔舍保持一定的距离,四周应有隔离带和单独出入口。清粪道与运料道最好不交叉,切忌用同一条通道。

(2)注意事项　总体布局确定之后,在场区平面布置方面应注意以下几个方面。

第一,一般建筑物应按南北方向布局,长轴与地形等高线平行,以利减少土方工程。

第二,加强兔舍自然通风,以降低兔舍温度和湿度,纵墙应与夏季主导风向平行。

第三,生产区四周应加设围墙,凡需进入生产区的人员和车辆均需要严格消毒。

第四,合理确定建筑物距离,兔舍之间的距离至少应在20米。

第五,场区四周及各区域之间应设绿化带,有条件的应设防风林。

2. 具体分区　根据家兔生产规模、性质、饲养工序等进行场区布局设计。大区域分为生活区、生产区、饲料加工区、隔离区和粪便处理区。

(1)生活区　包括办公室、接待室、职工宿舍、职工食堂、车库或停车场。由于人员来往频繁,应与生产区分开设置,但也不能离得太远,否则不方便。如果在一块地上建生产区和生活区,生产区和生活区之间要分开,并设隔离带,饲养员进入生产区必须消毒更衣。

(2)生产区　生产区是兔场的核心部分,其排列方向应面对该地区的长年风向。为了防止生产区的气味影响生活区,生产区应与生活区并列并处于偏下风位置。生产区内部应按核心群种兔舍→保育兔舍→育肥舍→后备兔舍的顺序排列,并尽可能避免运料路线与运粪路线的交叉,其产生流程路线图如图8－1。

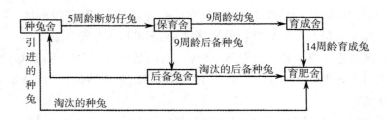

图 8 - 1 生产区流程图

（3）饲料加工区　应包括精饲料库、粗饲料垛基、精饲料粉碎间、粗饲料粉碎间、颗粒饲料加工间等。饲料加工区与生产区既要分开，也不能相距太远，这样便于饲料运输。为了保证青绿多汁饲料的常年供应，还要另外安排饲草种植区。

（4）隔离区和粪便处理区　该区包括病兔隔离饲养区的兔舍、兽医室、解剖室、尸体处理室以及粪便处理区的粪便堆积发酵场。病兔饲养区与粪便处理场还要分开。这个区应该远离生产区，没有条件另外安排场地者，可在生产区的下风位置隔离出一个小区，工作过程中应严格隔离、严密消毒。整个场地布局图如图 8 - 2。

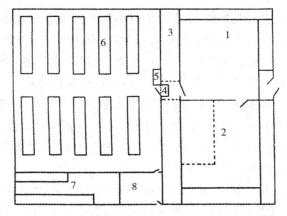

图 8 - 2 兔场布局

1. 生活区　2. 饲料加工区　3. 隔离带　4. 消毒池　5. 消毒更衣室　6. 兔舍
7. 隔离区　8. 粪堆积发酵区

另外，还有一种小型养兔场，布局紧凑，土地利用率高，便于管理，适合家庭养兔时采用。其平面布局图如图 8 - 3。

该兔舍兔笼背对背，中间无距离，只有一块水泥板相隔。

二、兔舍的建造

（一）兔舍建造要求

为了充分挖掘家兔生产潜力，提高兔经济效益，建兔舍时必须遵循下述基本原则：

1. 兔舍设计　必须符合家兔的生活习性，应有利于家兔的生长发育和配种繁殖，有利于保持清洁卫生和防止疫病传播。

2. 兔舍环境　应便于实行科学的饲养管理，以减轻劳动强度和提高工作效率。固定式多层兔笼总高度不宜过高，为便于清扫、消毒，双列式道宽以1.5米左右为宜，粪水沟宽应不小于0.3米。

3. 建筑材料　要因地制宜，就地取材，尽量降低造价，以节省投资。由于家兔有啮齿行为和刨地打洞的特殊本领，因此材料宜选用具有防腐、保温、坚固耐用等特点的砖、石、水泥、竹片及网眼铁皮等。

4. 设施要求　兔舍建筑应有防雨、防潮、防风、防寒、防暑和防兽害的设施。兔舍应通风干燥，光线充足，冬暖夏凉。兔舍顶应有覆盖物和隔热性能；墙壁应坚固、平滑，便于除垢、消毒；地面应坚实、平整，一般应比兔舍外地面高出20~25厘米。

5. 兔舍容量　一般大、中型养兔场，每幢兔舍以饲养成年母兔100~200只为宜。兔舍规模应与生产责任制相适应。据生产实践经验，一般以每个饲养员饲养母兔100~125只为宜，把公母兔饲养、配种和仔兔培育全部承包给饲养员，权、责、利明确，效果较好。

（二）兔舍类型

1. 封闭式兔舍　兔舍建造要根据地区的不同而因地制宜。北方寒冷时间较长，冬季还需要供暖和保温，所以应建封闭式兔舍。兔笼建在兔舍内，夏季可以打开窗保证通风良好，冬季关上窗子可以保温。这样兔舍最好向阳，保持光线充足，地面用水泥砂浆抹面硬化，兔舍要保证通风干燥，保证冬暖夏凉。这样的兔舍有以下三种形式：

（1）房间式的封闭式兔舍　盖成阁楼式房或平房，前后都要留窗户，以便夏季开窗通风时空气对流。室内建两排笼，最好是面对面摆放，每排背后修一条承接粪尿的沟,便于扫除或冲粪便。主要结构如图 8 – 3。

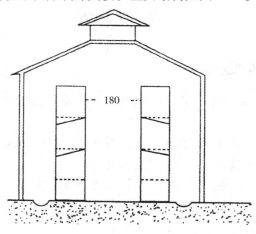

图 8 – 3 室内兔笼设置剖面(单位:厘米)

（2）塑料大棚式的封闭式兔舍 像塑料大棚一样,跨度 5 米,两排笼占 140 厘米,两排笼中间相距 180 厘米,每排离后面的墙壁 80 ~ 90 厘米。夏季塑料大棚上架遮阳网;冬季塑料大棚上盖帘子,白天晴天时把草帘子卷起让阳光射入增加热量,晚上把草帘子放下保温。横截面如图 8 – 4。

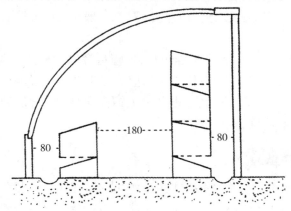

图 8 – 4 塑料大棚保温兔舍剖面(单位:厘米)

（3）地下室封闭兔舍 在地势较高、水位低的地方,可以建地下式兔舍。从地平面向下挖 150 厘米左右,土翻向坑道的四周,四周被垫高 50 厘米,保持深度 200 厘米左右。笼建在土层内(图 8 – 5),地上部分高出土层表面 50 厘米以上,并修舍顶。材料应达到夏天隔热,冬季保温。

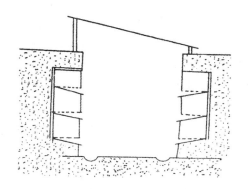

图 8 - 5　地下式兔舍结构（单位：厘米）

　　这种兔舍冬季不会冷，夏季不很热。河南省新密市某兔业有限公司，全部是地下式兔舍，编者 2006 年夏季的 8 月初去该公司调查，兔舍中午的温度只有 27℃，夏季照常繁殖；冬季温度也在 10℃ 以上，并且白天和夜晚的温差不大，冬季也能照常繁殖。

　　2. 半封闭式兔舍　中原地区冬季时间不长，冬季气温不是太低，可以建造半封闭式的简易兔舍。简易兔舍是用水泥砂浆制成的预制板组合而成的或用砖搭建而成的，每排 3 层，两排笼相对，中间相距 180 厘米平行延伸，根据场地大小兔舍长度可长可短。两排兔笼的顶层顶前上方再往上用单砖砌成 50 厘米的高度，用圆木制成"人"字架，给两排笼的房顶上搭上屋顶，形成一个横切面为小阁楼式的结构。小阁楼夏天遮阳、排雨，冬季两排笼子背后用塑料薄膜封住可以保温。成年兔在这样的兔舍里可以越冬（图 8 - 6），这种组合式兔

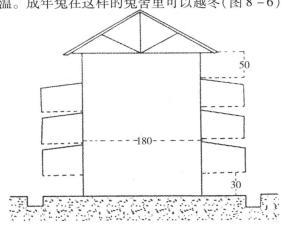

图 8 - 6　组合式兔舍横剖面（单位：厘米）

舍建造时要注意以下方面的问题：一是要南北走向，这样两边兔笼采光相近，冬季用塑料薄膜封闭后，上午东边光线强，下午西边光线强，温度比较均匀；二是两笼中间距离要保持180厘米以上，这样既敞亮，而且距离较远，一排有病兔打喷嚏时，唾沫不会飘到对面一排笼里去，传染源不会扩散到对面笼里去，传染病的发病率低；三是每栋种兔舍南端都要建一个仔兔、幼兔培育室，冬季仔兔、幼兔培育室加温，保持室温在20℃左右，产仔和仔兔培育都在仔兔、幼兔培育室进行，仔兔、幼兔成活率高。

3. 开放式兔舍　开放式兔舍均为半列，长度东西走向，坐北向南，夏季需备遮阳网，通风良好比较凉爽，冬季前后用塑料薄膜封着，太阳直射入薄膜内比较温暖。这种类型的兔舍多在南方使用。建造这种兔舍只要搭建好固定的兔笼，然后加上简易的遮阳、挡雨设施即可，比较简便，造价也低（图8－7）。

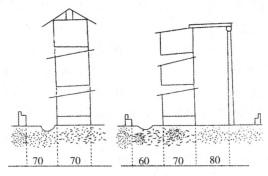

图8－7　开放式兔舍（单位：厘米）

4. 地窝式兔舍　在郑州郊区有的养兔户采用简易的地窝式兔舍，因在地下，冬季不冷，夏季不热，冬、夏季都可以繁殖，效果比较好。这里介绍给大家，可以作参考。这样的简易地窝式兔舍必须建在地势较高的地方，向下挖50～60厘米，处理好地面，用立砖隔离好窝和运动场，窝的顶部盖上3厘米的水泥预制板，运动场是敞开的，窝的上部及周围要60厘米以上的土层。运动场上方要搭建遮阳棚，夏季防雨防晒，冬季防风挡寒，能保证兔舍内环境条件稳定。结构和平面图如图8－8、图8－9。

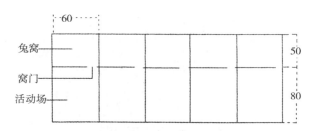

图 8 - 8　地窝式兔舍平面（单位：厘米）

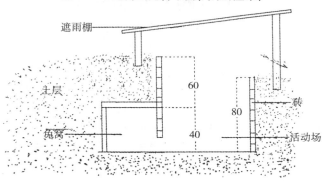

图 8 - 9　地窝式兔舍横剖面（单位：厘米）

三、兔笼的建造

兔笼的建造方式很多，有用水泥预制板搭建而成的，也有用砖搭制侧壁、后壁，用水泥预制板搭顶、竹箅做底、铁丝网片做前门，也有用铁丝网焊接的组装铁笼。

（一）笼后接粪式组装兔笼

笼后接粪式组装兔笼建造价格虽然比铁丝笼高一些，但是牢固耐用，笼与笼之间隔离好，一旦出现传染性疾病时，扩散慢，所以兔群发病率低，效益是永久的。有统计资料表明，用水泥预制板兔笼与用铁笼相比，传染性鼻炎发病率降低 30% 左右，仔兔黄尿病发病率降低 30% ~40%。

用这种组装笼做成平行两排，两排中间距离 180 厘米左右，一边笼内兔发生了鼻炎，打喷嚏时飞沫不会飘到对面笼里，减少了对面笼里的兔对病原体的吸入，这种笼防病效果好。笼后接粪式预制板组装笼整体结构如图 8 - 10。

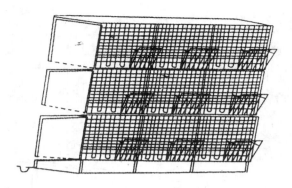

图8-10 笼后接粪式预制板组装笼

这种组装式的笼有6个部件组成,其每个部件的规格如图8-11所示。兔笼的后墙板,长×宽×厚为60厘米×38厘米×2厘米。兔笼的顶盖板,长×宽×厚为75厘米×60厘米×2.5厘米。兔笼的侧壁座板为梯形水泥预制板,前面高10厘米,后面高20厘米,长63厘米,厚6.5厘米,因为顶板有斜坡,侧

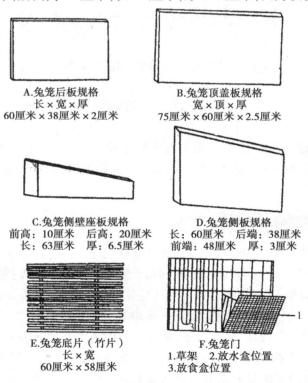

A.兔笼后板规格
长×宽×厚
60厘米×38厘米×2厘米

B.兔笼顶盖板规格
宽×顶×厚
75厘米×60厘米×2.5厘米

C.兔笼侧壁座板规格
前高:10厘米 后高:20厘米
长:63厘米   厚:6.5厘米

D.兔笼侧板规格
长:60厘米 后端:38厘米
前端:48厘米 厚:3厘米

E.兔笼底片(竹片)
长×宽
60厘米×58厘米

F.兔笼门
1.草架 2.放水盒位置
3.放食盒位置

图8-11 笼后接粪式预制板组装笼各部件

板也制成梯形,放在座板上使顶板形成斜面。侧板形状梯形,侧板长60厘米,后端高38厘米,前端高48厘米,厚3厘米,座在侧座板上时,前端比后端高10厘米,盖上盖板,笼顶板形成坡度,上层兔笼内兔粪便和尿液流落在下层笼顶板上时,顺着坡度滑下去,流入笼后接粪尿的槽内,以便清扫或冲洗。侧座板的厚度是6.5厘米,侧板的厚度是3厘米,座在侧座上以后每侧还留1.75厘米的槛,兔笼的竹算子底片可以牢固地放在其上。兔笼底片是用楠竹片钉制而成的算子,长×宽为60厘米×58厘米。兔笼门由铁丝焊接而成,长×宽为60厘米×48厘米,笼门上做留好放草架、水槽、食盒的位置。

(二)中间接粪式组装兔笼

中间接粪式组装兔笼也比较简单、实用,且占地面积小。两排笼背对背,共用一块后壁板,节省原材料。笼门对着走道,在走道的墙角修火道,火道连着仔兔窝,冬季兔舍内加热保持舍内气温10℃以上,仔兔窝内温度保持在33～35℃,仔兔、幼兔成活率比较高。兔笼舍接粪板一直通到兔舍以外,每栋兔舍接粪板外口以下都修一个粪池,兔粪直接落入池内就地堆积发酵。正面如图8-12。

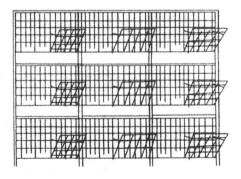

图8-12　笼中间接粪式组装兔笼正面

中间接粪式组装笼兔主要部件有三件,其规格如图8-13。图8-13A为组装笼侧板,长×高×厚为140厘米×60厘米×3厘米,最低处高度40厘米,中间20厘米宽的部位为平直的,平直部位两端到边缘部位为斜的,靠近边缘10厘米的一处制成一个小方柱,可以支撑上一层笼的底。两柱上方有一个长140厘米、宽5～6厘米、厚5厘米的水泥预制板,横座板中间放后隔壁,把两边的笼分开,后隔壁的两边放笼底。图8-13B为兔笼顶板的一半,也就是一边兔笼的顶。图8-13C为兔笼的隔板,三种部件就把兔笼框架搭起来了,然后根据框架制作笼底和笼门。

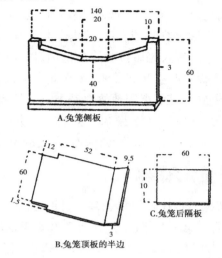

图 8 – 13　笼中间接粪式组装兔笼各部件图（单位：厘米）

以此搭建的每一个兔笼长 70 厘米，宽 60 厘米，前高 50 厘米，后高 40 厘米。

兔笼底板是兔子直接接触的地方，要求牢固光滑，并且用作兔笼底板的材料还要求硬，防止兔啃；兔笼底板还要求做成活动式的，便于取出来洗刷和消毒。一般兔场笼底板都是由楠竹片钉制而成的算子，每根竹片宽 2 厘米，两片间留 1 厘米左右缝隙，便于漏粪便和尿液。笼底板是建笼的关键，是预防肉兔疾病的重要措施部位。

兔笼门开在兔笼的前面，可用竹片、薄木条制成，也可以用铁丝焊接而成，安装要紧闭、灵活，便于操作。笼门一边草架，是用铁丝制成的"V"形框架固定在笼门上，草架主要放青草或干草用，便于兔采食。笼门的另一边的下面留两个小开口，便于把食槽、水槽插入。如果使用自动饮水器，就只留一个插饲槽的口。

笼顶有两种情况：顶层笼顶如果是在室外，必须用水泥预制板做成，夏季防雨、冬季保温；如果是在室内，可用木板或竹片支撑的算子状的方盖盖在其上。底层或中间层的笼顶，就是上层笼的承粪板，一般用水泥和沙预制而成，要坚固、不漏水、前檐高、后檐低，便于粪尿滑下。前缘应伸出笼外 8 ~ 10 厘米，防止上层笼上的饮水、饲草碎渣落到下一层笼上；后檐也要伸出 10 ~ 15 厘米，防止上层兔笼内的兔粪便、尿液落到本层笼后壁上，污染兔笼。

四、肉兔场所用饲具和用具

（一）饲具

饲具有两种，即饲槽和草架。饲槽的种类很多，可以根据自己的饲养规模加以选择。

1. **抽屉式饲槽** 如图 8－14A，是用白铁皮或镀锌铁皮打制而成的。由一个长方形的斗连着一个半圆的槽，半圆形槽的直径比斗的外边要宽，加饲料的时候，把斗抽到笼门以外，加完饲料后把斗推入笼门以内，使用比较方便。

2. **陶瓷饲槽** 如图 8－14B，圆形，由陶瓷厂烧制成的现成的产品，价格比较低廉。一般口径 12～14 厘米，有的产品底部和口的直径相同，有的产品底部的直径比口还要大一些，这样更牢稳一些，免得兔把饲槽弄翻。高 5～6 厘米。这样的饲槽的优点是可随时抽上来洗涤，也可以当水槽。

3. **转动式饲槽** 如图 8－14C，由白铁皮或镀锌铁皮打造而成。饲槽底部焊接一根钢丝，伸出两端各 2 厘米左右作为轴用，卡在笼门饲槽口的两侧卡口内，用于翻转饲槽。饲槽外口的宽度大于笼门的饲槽口，防止饲槽全部转到笼门以里。添加饲料后用安装在饲槽口上方的活动卡子卡住饲槽即可。这样的饲槽使用也比较方便，每次给兔添料时，不用把兔笼门打开就可以操作。

4. **半圆形铁皮饲槽** 如图 8－14D，由白铁皮或镀锌铁皮打造而成，呈半圆形，使用时圆形面朝里，平面朝外安装在笼门的饲槽口处。在饲槽一侧外缘焊接 1 根铁丝，与饲槽垂直，上下两端各伸出 1.5 厘米左右，用作转动轴，卡在笼门上饲槽口的一侧，用以转动饲槽。饲槽的另一侧焊上一个活动搭钩，添加饲料后将饲槽搭钩口在笼门上固定。这样的饲槽添料时不用打开笼门，只要打开搭钩，拉出饲槽就可以了，比较方便。

5. **漏斗式饲槽** 大型饲养场应用比较普遍，如图 8－14E，大多用镀锌铁皮打造而成，也有薄木板制成的。用薄木板制时，木板边缘必须用薄铁皮裁成条包制，防止兔子咬啃木板。漏斗式饲槽加料斗在笼门外，饲槽部分在笼门里，加料时不要打开笼门。这种饲槽兼有贮存和喂料的双重作用。对自由采食的兔，加一次饲料可以让兔吃一天以上。一般肉兔饲养场均应用这种饲槽，因成年兔每天全价饲料只投一次料，投量在 175～225 克，使用时省工。但制作复杂，造价比较高。

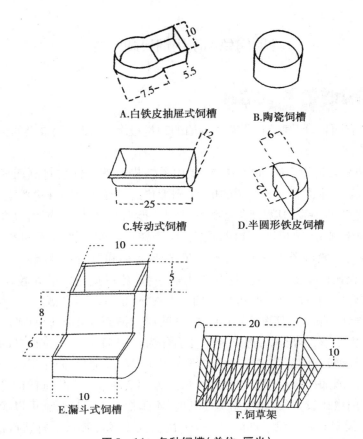

A.白铁皮抽屉式饲槽　　　　B.陶瓷饲槽

C.转动式饲槽　　　　D.半圆形铁皮饲槽

E.漏斗式饲槽　　　　F.饲草架

图 8 - 14　各种饲槽(单位:厘米)

6. 草架　如图 8 - 14F,将其挂在笼门上,投草时不必开笼门,比较方便,而且还能防止家兔踩踏饲草,防止饲草污染,节约饲草。草架的制作比较简单,目前常用铁丝制作。先用 8 号铁丝焊成一个"V"形框架,其 4 个面用细铁丝间隔 2.5 厘米平行焊在框架上,防止草掉出来,贴着笼门的一面可以不焊铁丝,也可以焊得稀一些。

(二)饮水器

饮水器种类很多,养兔场可以根据自己的情况酌情选择,以方便、经济、实惠为原则。用前面讲过的陶瓷饲槽代替饮水器,也可以用陶瓷缸作饮水器,也可以用水泥饲槽代替饮水器。这些东西做饮水器虽然价格低廉,便于清洗,但水容易被污染,且添水比较费工。新型的饮水器有以下几个类型。

1. 储水瓶式饮水器　有两种,如图8－15。一种是采用塑料瓶倒挂在兔笼门外,瓶盖或瓶塞上接一根通向笼内的铜管或硬塑料管,管口比管身略小,管内放一圆珠做活塞,用以堵塞管口,兔饮水时只要用舌舔动活塞,活塞推向管的上部,水即从管口流出(图8－15A)。另一种是用胶木制成饮水器底盘,固定在笼门上,一端伸向笼内供兔饮水,另一端在笼外,将盛水的玻璃瓶或塑料瓶倒置在其底盘内,两端是连通的,瓶内的水利用压力流出并保持一定的水位,这种饮水器既简单又实用,既卫生又适合水冲药物防病(图8－15B)。

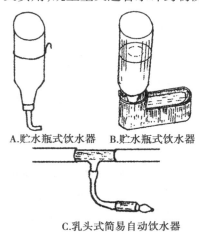

A.贮水瓶式饮水器　B.贮水瓶式饮水器

C.乳头式简易自动饮水器

图8－15　饮水器

2. 乳头式简易自动饮水器　饮水部分如图8－15C所示,用不锈钢或铜制成乳头,乳头由乳胶管连在一个小三通上,乳头由笼门伸到笼内。水源是接一个大水桶或水箱,水箱或水桶的出水管连着自动饮水系统的送水管,当兔饮水水位下降时,可通过自来水补充新水。预防疾病用药时,可以直接加在桶内或水箱内。这种饮水系统比较卫生,也能节省工人给每个笼内添水的时间。但是,由于水管内水流动量小,容易结垢或长青苔,每隔一段时间可在饮水器末端放放水,把管内的污垢或青苔冲一冲,或在水箱或水桶内加一些消毒剂,给水管消毒。

(三)产仔箱

产仔箱是母兔做窝产仔的地方,也是断奶以前仔兔生活的地方。目前使用的产仔箱有三种类型:第一种类型是悬挂式的,即将产仔箱挂在母兔笼外,仔兔没有出窝以前是固定的。第二种类型是活动式的,在母兔产仔时将产仔箱放在母兔笼内,产完仔将产仔箱取出,冬季可以放在仔兔培育室,便于保暖。这种产仔箱又分两种形状,即平口式产仔箱和月牙式产仔箱。第三种类型为母子笼。

1. **悬挂式产仔箱**　由保温性能好的泡沫塑料轻质金属板制作而成,如图8-16,不喂青草,笼门上不装饲草架的养兔场,可以将产仔箱悬挂在笼门上,在靠近笼门的一侧留一个大小适中的方形口,口的底部要与笼的底一样平,与产仔箱的门底部一样平,便于母兔进进出出。产仔箱上方加盖活动的盖板,可以打开,便于观察仔兔的健康状况、清理垫草、消毒等。这种产仔箱模拟了洞穴环境,适于母兔产仔和喂养仔兔。同时产仔箱悬挂在笼外,不占面积,不影响母兔活动,也便于管理。

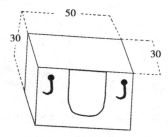

图 8-16　悬挂式产仔箱(单位:厘米)

2. **平口式产仔箱**　最大的优越性是可以母子分开饲养,特别是冬季仔兔不耐寒,可放在 20℃ 左右的仔兔培育室,而母兔耐寒可以放在大兔舍内。这种产仔箱制作多是用 1.5 厘米厚的木板钉制而成的。上口水平,其规格长×宽×深为 40 厘米 ×25 厘米 ×20 厘米,不宜做得太深,便于母兔跳进跳出;也不宜做得太浅,因为人工哺乳时要把母兔盖在产仔箱内,浅了盖不住母兔。产仔箱上方四周必须制作光滑,不能有木刺,以免损伤母兔乳房,导致乳腺炎发生。这种产仔箱制作简单,适合农户养兔,冬季设仔兔、幼兔培育室,实行母子分开、人工辅助喂奶的管理方法。产仔箱见图 8-17。

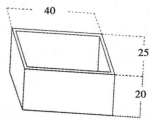

图 8-17　平口式产仔箱(单位:厘米)

3. **月牙式产仔箱**　使用的材料、制作方法与平口式相同,但其深度比平口式产仔箱深一些,长×宽×深为 40 厘米 ×25 厘米 ×25 厘米,只是其一侧壁上留一个月牙状的缺口，以方便母兔出入。产仔箱如图 8 – 18。

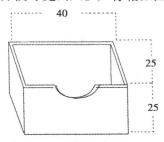

图 8 – 18　月牙式产仔箱(单位:厘米)

(四)母子笼

　　母子笼的建造方法如笼后接粪式组装笼的建造。只是在仔兔窝和母兔活动笼之间那一块隔壁上留一个圆孔或方口，便于母兔出入仔兔窝。如果是圆孔，其直径为 12 厘米；如果是方口，应为 12 厘米 × 12 厘米。出入孔的上方和侧面各留一个小孔，母子笼开始使用时，在出入孔的上方挂一个小薄板，当需要喂奶时将小薄板推向一侧固定，打开出入孔让母兔进入仔兔窝；喂完奶母兔离开仔兔时，可把薄木板垂下，挡住母兔不让它进去，以免惊扰仔兔休息。母子笼见图 8 – 19、图 8 – 20。

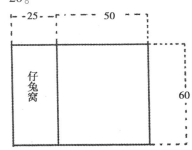

图 8 – 19　母子笼平面(单位:厘米)

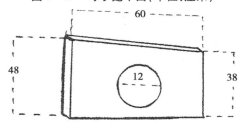

图 8 – 20　母子笼侧板(单位:厘米)

（五）运输笼

凡是有种兔或商品兔出售的肉兔场都必须准备一些运输笼。运输笼只供运输时使用，不配草架、饲槽、饮水器等。要求制笼材料轻且结实、耐用，结构紧凑，运输时占空间小，便于装卸。每个运输笼里隔成 4~5 个小格，每个小格可以容纳 1 只成年兔。每个场的运输笼规格要求一致，要么全都制成装 4 只兔的，要么全都制成装 5 只的兔，便于笼子在车上摆放和运兔数的清点。兔笼目前多为铁丝焊接成的或塑料制成的，一般 4 只装的长×宽×高为 60 厘米×40厘米×16 厘米;5 只装的长×宽×高应为 75 厘米×40 厘米×16 厘米。如果用塑料制作，必须注意其透气性，且要便于清理、消毒。

第九章　家兔的疾病防治

一、养兔场的卫生防疫

肉兔的常见病、多发病的发生必须具备3个条件:一是传染源,如病毒、细菌和寄生虫;二是传染源的传播途径,如饲料、饮水、环境、空气等;三是易感对象,即抵抗力低的兔个体。这3个环节不管哪一个都不能彻底解决,所以传染病也不能彻底消除,只能做好每个环节的工作,尽量消灭传染源,尽量切断传播途径,提高肉兔自身抵抗力,才能大大降低传染病的发病率。

(一)做好卫生消毒工作

做好肉兔场的日常卫生消毒工作,消除和消灭病原体,以防止肉兔被病原体感染。

1. 进入兔场的车辆和人员要消毒　兔场大门口要修消毒池,大门一边要修建消毒室。消毒池内经常保证有5厘米深的3%的氢氧化钠消毒液,车辆进入养兔场时,必须走消毒池内,车轮经过消毒液消毒,防止把病原体带入场内;消毒室门口也设一小的消毒池,墙壁上要装紫外线灯,外来参观人员、本厂职工凡进入养兔场的,都先进入消毒室用紫外线灯消毒身体表面5分,出消毒室进兔场时脚踏入消毒池,进行鞋底消毒,以防把外界的病原体带到兔场内。

2. 饲养员进入兔舍必须穿工作服、水靴　饲养员进入兔舍前必须在更衣室换上工作服和水靴,戴上工作帽方能进入。下班前脱下工作服、取下工作帽妥善保管,水靴及时清洗后放好,以备下次上岗时穿。上下班时都用消毒液洗手。工作服、水靴、工作帽都不准穿、戴出场外;工作服、工作帽要经常清洗,保持清洁卫生。非饲养人员进入兔舍时,也必须穿工作服、水靴,戴工作帽,否则不能进入。

3. 做好兔场清洁卫生工作　兔舍地面、排粪沟、兔笼底、承粪板,夏季每天打扫1次,冬季2~3天打扫一次;食盒、水槽每周清洗消毒2次;兔粪至少三天清理1次,运到指定堆积粪便的地方进行发酵处理。兔场区每天都有固定的人打扫,保持清洁卫生;兔场周边每周打扫1次,保持环境卫生。

4. 兔场定期消毒　兔舍、兔笼在夏季每周消毒2次,冬季每周消毒1次;场区和场外周边夏季每周消毒1次,冬季半月消毒1次;食槽、饮水槽夏季每周洗涤、消毒2次,冬季每周1次。

5. 兔场要设立隔离观察室　发现病兔立即从兔群中分离出来,送入隔离观察室观察、治疗,切断传染源。

6. 新引进的种兔要隔离观察 新引进的种兔不能马上与本场兔混群,先在隔离区单独饲养 1 个月,证明是健康的兔后,方能与本场兔群混在一起饲养。

7. 病死兔的处理 病死兔在隔离区内用火化炉焚化;或到场区以外深埋,防止传染源扩散。

(二)切断传播途径

病原体是通过一定的传播途径传给易感动物(家兔)的。只有把好质量关,尽量降低细菌、病毒的存在量,切断传播途径,才能降低病原体的传播率。传播途径主要是饲料、饮用水、空气等。

1. 把好饲料质量关 购买饲料原料,一定要来自非疫区;购买精饲料、草粉时,一定要检查质量,凡是陈旧、发霉变质的,草粉含土量高的都不能购买。养兔饲料是关键,购买原粮、草粉时一定要购买当年生产的、新鲜的,存 3 年以上的陈粮不能用,隔年的草粉不能用。购回的原粮、草粉或干草一定要妥善保管,防止因保管不善而发霉变质。

2. 饮用水要清洁卫生 农村养兔没有自来水的地方要用清洁的井水,山区、半山区河水清洁时也可以用水,但不能用坑、塘的死水。自然条件较差,饮用水达不到要求的地方,给家兔饮用的水,要用漂白粉消毒,每千克饮用水中加入 0.3~1.5 克漂白粉。

3. 净化空气 净化兔舍的空气与净化水一样重要。净化空气的方法有两种:一是通风换气,保持兔舍内空气流通,在空气排出的时候也带走空气中的病原体,使兔舍内病原体大大减少。二是需要保温的兔舍,每天换气的时间不足以排出空气中的大多数病原体,每隔一定时间就要对兔舍进行空气消毒。消毒可用 0.005% 的百毒杀溶液,对兔舍空间进行喷雾消毒;或在兔舍装上紫外线灯,过几天开 1 次灯。

4. 要做好笼与笼之间隔离工作 兔笼隔离板要用水泥预制板组装,或用砖砌。笼与笼之间有隔离板,一旦某一笼兔患病,不会马上殃及周围笼的健康兔。另外,这一排笼与那一排笼之间距离要 1.5 米以上,防止这一排笼兔生病打喷嚏时,病原体随唾沫飘到另一排笼中去,传染另一排笼中的健康兔。

(三)做好兔群的防疫工作,增强家兔抗病力

1. 家兔的防疫程序 家兔免疫程序也称防疫程序,是根据本场、本地区

能购买到的疫苗种类和需要预防的病种而安排的防疫顺序,并把它作为养兔必不可缺少的工作程序,称免疫程序。免疫程序不是养兔界统一的,也不是一成不变的,而是根据本地区疫病发生情况和能购到的疫苗种类自己制定的。

(1)仔、幼兔的防疫程序　仔兔 20 日龄注射 1 次波大二联苗,每只 1 ~ 1.5 毫升;30 ~ 35 日龄注射 1 次魏氏梭菌疫苗,每只 2 毫升;40 ~ 45 日龄注射 1 次瘟巴二联苗,每只 2 毫升,60 日龄再加强注射 1 次瘟巴二联苗,每只 22 毫升。如果仔兔、幼兔生长发育较快,90 ~ 105 日龄就已经出售了,出售以前就注射这四次疫苗。

(2)成年兔的防疫程序　种母兔在初配前 10 天注射 1 次葡萄球菌疫苗,每只 2 毫升。以后大群母兔每 4 个月注射 1 次葡萄球菌疫苗,每只 2 毫升,初配后的母兔也随大群母兔注射这种疫苗,预防母兔乳腺炎、脚皮炎和皮下脓肿等。在母兔注射葡萄球菌后 7 ~ 10 天注射 1 次魏氏梭菌疫苗,每 4 个月注射 1 次,1 年注射 3 次。6 个月注射 1 次瘟巴二联苗,一年注射 2 次。

2. 家兔其他防疫措施　养兔生产者都知道商品兔育成期很关键,掌握不住关键技术仔幼兔死亡率很高,育成率也就是 40% ~ 60%,经济效益很低。专家们把商品兔育成期的死亡情况分为两个死亡高峰期。第一个死亡高峰期是在仔兔出生后的 8 天以内,主要因为母兔乳腺炎和母兔妊娠毒血症。第二死亡高峰期死亡原因是幼兔发育不健全、免疫力低下。这里分述如下。

(1)第一个死亡高峰　第一个死亡高峰期的出现主要原因多出在母兔身上。①母兔乳腺炎感染仔兔。母兔患了乳腺炎饲养人员没有发现,仔兔吃了患乳腺炎的乳房中的奶,奶中有葡萄球菌感染仔兔,易发生仔兔黄尿病。预防的方法是:母兔初配前 7 ~ 10 天给母兔注射葡萄球菌疫苗,以后每 4 个月注射 1 次,每年注射 3 次;母兔产仔当天给母兔注射 1 次乳酸环丙沙星,每次 2 ~ 3 毫升,每天 1 次,连注 3 次,可以预防母兔乳腺炎。也可以不在产仔后给母兔注射乳酸环丙沙星,而是在母兔饲料中添加穿心莲,每天每只 2 粒,或添加复方新诺明,每天每只 1 片,连喂 3 ~ 5 天也可以预防母兔乳腺炎或隐性乳腺炎。②母兔妊娠毒血症造成仔兔死亡。母兔妊娠后期胎儿迅速生长,母兔体内消耗葡萄糖比非妊娠期高得多,如果饲料中碳水化合物的含量还保持非妊娠期的水平,母兔首先会把自身的肝糖原转变成葡萄糖供给胎儿,造成母兔肝糖原缺乏,则出现妊娠毒血症。产后胎儿吃了自己母亲的奶,开始不会出问题,几天后陆续死亡,身体壮的、吃奶多的死得早一些,体质弱、吃奶少的死得晚一些。死的仔兔没患病的症状。母兔到产前 2 ~ 3 天出现吃食减少或拒食,很多饲养员都认为是病菌感染,马上注射抗生素,这是不对症的。预防的方法是妊娠20天以后饲料中应增加玉米的量,或饲料中添加2%~3%葡萄糖,可以避免发生。如产前出现少食或拒食,应静脉注射10%的葡萄糖溶液40毫升、维生素C 2毫升,每天1次,连注3~5天可缓解症状。

(2)第二个死亡高峰期　第二个死亡高期发生在仔兔60日龄前后,仔兔断奶前身体的免疫物质都是从母乳获得的,断奶后没有母乳供应,它们需要的免疫物质也就中断了。这时断奶后仔兔(称幼兔)自身的免疫组织和免疫细胞还没生成,不会产生免疫物质,所以免疫力极低。这时肠黏膜发育不完全、肠黏膜内表面的一层益生菌保护层也没有形成,防御能力最低。断奶10天左右幼兔免疫组织、免疫细胞才开始逐渐形成,不断发育完善,3月龄左右免疫力才基本形成。所以,断奶后10~15天是幼兔免疫力最低的阶段。从初生到3月龄是家兔快速生长阶段,需要大量营养物质,表现贪吃。但是断奶后的幼兔期消化酶的分泌量很低,随着日龄增加,消化酶分泌量不断增加,消化力才不断增强。断奶后的幼兔一方面需要大量营养、食欲旺盛、贪吃,另一方面消化力弱,这是一突出的矛盾。所以,断奶后10~15天,乃至1个月以内,饲养管理跟不上,死亡率会很高。

怎样解决这个矛盾呢? 一方面在饲料中添加助消化的物质,例如复合酶,它能把饲料中大分子的物质分解成小分子的物质,即淀粉变成葡萄糖,纤维素变成糖类物质,蛋白质变成氨基酸等,让幼兔容易消化吸收;另一方面在饲料中添加有杀菌功能的物质,如重要制剂等,抑制肠道内病菌繁殖,使肠道不会轻易被感染生病;第三方面,饲料中添加提高免疫力的物质,增强幼兔抗病能力;第四方面冬季和夏季都要控制好兔舍温度,冬季最低温度不能低于7℃,最好在15℃以上,夏季最高不能高于28℃,以免冷应激或热应激刺激肠道,引发肠道疾病。家兔肠道最敏感,冷、热造成的身体应激都会在肠道出现反应,发生肠道疾病。

二、家兔健康检查与病兔给药方法

(一)家兔的健康检查

家兔健康检查是为了及时了解兔群基本状况、及时发现病兔,采取有效措施对病兔进行治疗,如是传染性疾病,应对健康兔群进行预防,从而终止疾病传播,减少经济损失。家兔健康检查可采取看、问、查三步进行。

1. 看

(1)看家兔外貌特征 健康的个体营养良好,体态丰满,体躯匀称,被毛顺滑有光泽。眼睛有神,反应灵敏。病兔外表看起来瘦弱,毛被粗乱无光泽,眼睛无神,对刺激反应迟钝,臀部被粪便污染,慢性疾病使兔在换毛时换毛迟缓。有的流鼻液,鼻液或是清水样的,或是黏稠的,或是脓性的。

(2)看食欲 健康兔食欲旺盛,对常吃的饲料闻一闻后即开始采食,采食速度快,定量投料的场,投料后 30~40 分即吃完。病兔食欲不振,对投的料反应冷淡,即使吃也速度慢、量小,投饲后 3 小时后食槽中仍有大量饲料。

(3)看粪便 家兔正常粪便呈圆球形或椭圆形,表面光亮,呈黑褐色。病兔粪便干、稀的情况都有,粪便干者,粪粒小、硬、表面不光亮,粪球有的一头尖;稀者有的刚开始拉软粒,比正常的个头大,进而拉稀便,有的稀便酸臭、有的稀便带黏液、有的稀便带血。

(4)看呼吸 健康兔呈胸腹式呼吸,即呼吸时胸部和腹部运动协调、强度一致。肺部有病者呼吸急促、不协调,呈单纯的胸式呼吸或腹式呼吸。

(5)看鼻液 听咳嗽,健康兔的鼻孔清洁、干净,偶然咳一声。病兔鼻孔中有鼻液,不洁净,有痒感,病兔长用前足抓,把鼻液抓抹到鼻周围的毛上造成毛黏结;打喷嚏,频频咳嗽,有的气管内还发生呼噜呼噜的声音。

(6)看排尿 尿失禁,排尿时有疼痛感,排尿量或排尿次数增多或减少。尿的颜色异常,或带血或为茶色。

2. 问 询问养兔场技术员或饲养员当地有何种畜禽传染病发生,死亡情况如何,是急性还是慢性,经何部门诊断确定,治疗情况如何;询问本厂有否发生过传染病,控制情况如何,有无造成大的经济损失。

3. 检查

(1)淋巴结检查 家兔淋巴结小而少,健康兔一般摸不到。但患某种疾病时,检查淋巴结有一定的诊断价值,如患伪结核的病兔,可在腹部摸到肿大的肠系膜淋巴结。

(2)可视黏膜检查 从外表直接看到的黏膜称可视黏膜。常作为诊断检查的可视黏膜是眼结膜。①分泌物。俗称眼屎,分为水样、脓样等。凡有分泌物的,均为病症的表现。②颜色变化。结膜苍白,多为长期营养不良、慢性消耗性疾症、寄生虫病等;结膜潮红,多为某些传染病和热性病,如中暑、脑充血等;结膜呈蓝紫色,见于肺呼吸面积减少和大循环瘀血的疾病,如肺炎、肠炎、败血症等;结膜黄染,是血色素将结膜染黄的结果,如肝片形吸虫病、豆状囊尾蚴病、十二指肠病和肝病等;肿胀,是由于发炎和瘀血引起的,如流行性感冒、眼结膜炎以及寄生虫病等造成红细胞减少。

(3)体温、脉搏与呼吸次数检查 是疾病诊断必不可少的检查项目。①体温测定。体温若高于正常范围即为发热,表示身体已经有病,一般来讲是细菌感染性传染病。家兔正常体温为38.5~39.5℃,如低于37℃则是病兔死前的征兆,也可能是中毒性疾病或病毒感染。②脉搏检查。家兔在健康情况下,成年兔为80~100次/分,幼兔为120~140次/分,老龄兔为70~90次/分。脉搏加快:又称急性脉。即脉搏数多于正常脉搏范围,如某些急性、热性疾病。脉搏减缓:又称迟脉。即脉搏次数比正常值减少,如心脏病和某些中毒性疾病。③呼吸检查。家兔正常呼吸次数为40~60次/分,幼兔呼吸次数增多,老龄兔呼吸次数减少。呼吸次数增加,多为某些呼吸疾病,如肺炎、出血性败血症等。呼吸次数减少,多为某些中毒病、脑病和产后瘫痪。

(4)粪便检查 通过对家兔粪便的检查,可发现有价值的诊断线索。健康的家兔粪粒是大小基本一致的。表面光滑、无黏液,无特殊气味。如果粪便稀软成堆、呈糊状或水样状,是腹泻;粪便带有黏液并呈胶冻状,是黏液性肠炎;粪便带血丝或血块,可能是球虫引起的肠炎;粪便变小、干硬,是便秘;粪便呈三角形且带有毛者,为毛球病;粪便长条形或堆状,并带有恶臭者,为伤食;吃什么东西,拉的粪便里还能看到大量这样的东西,即为消化不良。所以饲养员应经常检查粪便变化情况,以便及时发现病症,及时进行治疗。

(5)兔尿检查 家兔尿颜色的变化对疾病诊断也很有价值。红尿在家兔中常见到,这是正常现象。当兔尿中含血液或脓液,一般情况下可能是尿路感染所引起,如肾炎、输尿管炎。尿液呈混浊乳白色,则表示可能是其他疾病。

(6)实验室检查 ①细菌学检查。如果对一些传染性疾病当时不能做出诊断,可送到防疫站或研究单位的实验室进行细菌学检查。②免疫学诊断。方法比较多,对家兔最简便而又准确的诊断为凝集反应。如果怀疑该传染病是兔瘟,可将死兔的肝、脾、肾等病料送到实验室,与人O型血做凝集实验。③粪便检查。是寄生虫病诊断的主要检查方法。蠕虫病一般没有特征性的临床症状,但蠕虫一般寄生在消化道内,或消化道旁的腺体内,其卵随粪便排出,因此粪便有重要意义。

(二)治疗兔病的给药途径和方法

家兔属于小家畜,给药方法与大家畜有所不同。通常采用以下几种方法。

1. 自由采食法　预防疾病给药或有病但还有食欲的兔,药量不大或没有特殊味道的药,可将药物拌入饲料中让兔自由采食。

2. 口服法　家兔有某种疾病需要及时治疗时,药片、胶囊等都可以采用投喂的方法。具体操作是:一人保定病兔,另一人一手捏住药粒,另一手用拇指和食指卡住兔嘴叉处,使其嘴张开,迅速把药粒投入兔舌根处,兔能迅速咽下。如果是粉剂,可用温开水溶化,像投药一样一人保定病兔;另一人手卡住嘴叉处,另一手用勺灌服。

3. 直肠灌注法　结肠的疾病灌肠给药法比较迅速。操作方法是:一人将病兔侧卧保定,后躯抬高,另一人把连接注射器的胶管插入兔直肠内,然后将药液缓缓地推入。应注意的是,药液如果量比较大,药液的温度一定要与体温相近,否则会对肠道造成不良影响。

4. 注射法

(1)肌内注射　选择家兔肌肉丰满的部位注射,如颈部、臀部。先用酒精棉球将注射部位消毒,而后迅速将注射器针头垂直刺入肌肉中,抽动注射器活塞,无回血即可将药液推入,然后拔出针头,再用酒精棉球压住插针部位片刻即可。

(2)皮下注射　选择皮肤松弛的颈背部、肩前、腋下,经酒精棉球消毒后,注射人员在注射部位旁将皮肤提起,注射针头斜插入皮内,拔针后再消毒。

(3)静脉注射　注射部位是耳外缘内面 1 条耳静脉。如果是长毛兔先将注射部位毛剪掉,再用酒精棉球消毒。方法是:左手固定兔耳朵,用食指和中指压迫耳边的耳静脉,使静脉张起,右手持注射器,针头斜面向上与耳静脉呈30°角刺入,放开中指与食指,若见注射器内有回血表示注射顺利,此时即可将药液徐徐推入。注射完毕将针头拔出,再用酒精棉球压注射部位片刻,以防出血。使用此种注射方法应注意的是所有注射的药液里都不能有气泡、颗粒等杂物。

(4)腹腔注射　注射时把病兔后肢提起,头朝下倒立,前肢着地。在其腹部后方贴近大腿内侧凹陷处刺入,刺入时针头应注意向上挑起,注意不要伤及肝和胃。本注射法最好是在胃和膀胱内容物排空时注射比较好。不是腹部急症很少有人用。

5. 外用给药　主要是外伤、皮肤病。即用药冲洗伤口、体表消毒和杀灭体表寄生虫用药。洗涤是将药物制备成适宜浓度的溶液,清洗体表局部皮肤或鼻、眼、口及创伤部位。涂抹是用软膏或其他的涂抹剂型,涂抹于皮肤的表面或黏膜表面,以达到药物治疗的效果。

三、疾病防治措施

(一)病毒性传染病防治

1. 兔病毒性出血症(兔瘟)   兔病毒性出血症又称兔瘟,是由兔出血性病毒所引起的一种以兔实质脏器出血、坏死为特征的急性、烈性、高致病性传染病,主要危害青年兔和成年兔,易感兔发病率能达90%,病兔死亡率能达95%。

(1)类型   根据病程长短可分为最急性型、急性型和慢性型。

1)最急性型   死前没有发现任何症状,第二天早晨死在笼内;健康兔感染本病毒后10~20小时突然死亡,这种情况多见于流行初期或非疫区。兔死亡后四肢僵直、头颈后仰,少数鼻孔流血,肛门松弛,周围被毛有少量淡黄色胶样物沾污,粪球外也附着有淡黄色胶样物。

2)急性型   多见于青年兔、成年兔。病兔表现精神不振,食欲减退,体温升高到41℃以上,饮欲增加,被毛蓬乱无光泽,结膜潮红,迅速消瘦。病程一般为12~48小时。死前表现短时兴奋,挣扎,在笼内啃咬笼架,出现全身颤抖后,侧卧且四肢不停划动,发出尖叫而死亡,死后大部分头颈向后仰,少数死兔鼻孔流出泡沫状血液,也有耳内流出鲜血,肛门和粪便有淡黄色胶样附着物。

3)慢性型   多在老疫区,多发于3月龄前幼兔和青年兔,病兔体温升高到41℃左右,病程较长,精神萎靡,食欲减退或绝废,渴欲增加,被毛杂乱无光泽,持续几天后死亡。有的病兔可以耐过,但生长缓慢。

(2)临床症状   ①胸状水肿,有出血点。②气管黏膜弥漫性出血,呈明显的"红血管"特征;气管腔内有淡红色带血泡沫。③肺瘀血、水肿、色红,有出血点,针帽大小到绿豆大小不等。④胃内常积留大量食物,有些病例胃肠黏膜和浆膜上有出血点。⑤肝瘀血肿大,质脆、色暗红或红黄,有出血点。切口外翻,切面多汁。胆肿大,内充满暗绿色稠浓的胆汁,胆黏膜脱落。⑥其他:肾明显肿大,色暗红,出现出血点或灰白色斑点,质脆、切口外翻、切面多汁;脾肿大,边缘钝圆、色紫、呈高度充血,质脆,切口外翻、胶样水肿;膀胱积尿,尿液呈黄褐色,有些疾例尿中混有絮状蛋白质凝块,黏膜增厚,有皱褶。

(3)诊断   根据死前的精神症状和死前四肢僵直,头颈后仰,鼻孔流血;

解剖胸腺肿大;有出血点,气管黏膜出血气管内有泡沫状血水,肺水肿,瘀血、出血;心脏有出血点;肝瘀血肿大呈紫红色等典型症状可以初步做出诊断。要进一步确诊,可以与人 O 型血做凝集实验,阳性者可以确诊。

（4）防治

1）预防 幼兔40～45日龄注射兔瘟疫苗,每只1毫升,准备留种的幼兔60日龄时再加强注射1次,每只注射2毫升。或注射瘟巴二联苗,40～45日龄每只注射2毫升,60日龄加强注射1次,每只3毫升。注意,小兔35日龄以前不要注射兔瘟疫苗,35日龄以前兔瘟疫苗对幼兔不能起作用。以后每6个月注射1次兔瘟疫苗,只能提前不能拖后。

2）治疗 因本病为病毒性感染所致,用抗生素治疗效果不好。现在没有兽药生产厂家生产兔瘟高免血清,所以兔场诊断为兔瘟病后应对假定健康的兔群及时注射兔瘟单苗,幼兔3～4毫升/只,青年兔4～6毫升/只,促使兔体产生干扰素,抑制兔瘟病毒复制。

抗应激处理:50千克饮水中加入葡萄糖2 500克、食盐400克、电解多维35克、乳酸环丙沙星30克,连续饮水3～5天。注射黄芪多糖注射液,每千克体重2毫升,每天1次,连注3天;或每50千克饮水中加黄芪多糖纯粉27克,连用5天,可诱导兔体产生干扰素。

清瘟解毒:中药制剂清瘟败毒散,按产品说明书添加于饲料中,连用5天。

2. 传染性口腔炎（流涎病） 是一种病毒性急性传染病,其特征是:口腔黏膜形成小水疱,并伴有病兔流涎。

（1）流行特点 病原体是水疱性口腔炎病毒,主要存在于病兔口腔黏膜坏死组织和唾液中,紫外线、1%氢氧化钠溶液、1%福尔马林都能杀死本病毒。本病多发于春秋两季,夏季也易发生。一般通过死兔口腔分泌物和坏死组织污染饲料、饮水和用具等而引起感染。饲喂发霉饲料,饲料中有刺等硬物刺伤黏膜更易感。易发的兔为1～3月龄幼兔,青年兔和成年兔发病率低。

（2）临床症状 典型的症状是病兔口腔黏膜发生水疱性炎症,并伴随大量流涎。病初口腔黏膜潮红充血。随后在嘴唇、舌和口腔其他部位黏膜出现粟粒至扁豆大的水疱。水疱破后形成溃疡,同时有大量唾液沿口角流下,沾湿唇外、颌下、胸前、前肢被毛,使该部绒毛黏成一片,发生炎症和脱毛,如继发细菌性感染,常引起唇、舌、口腔黏膜坏死,发出臭味。由于口腔损伤,病兔不愿吃食,精神沉郁,消化不良,常发生腹泻,日渐消瘦,虚弱,仔兔、幼兔发病2天左右死亡,青年兔、成年兔能够维持较长时间,一般维持5~10天,体力衰竭而死亡。

(3)防治

1)预防　①重视饲料质量:严禁用粗饲料喂幼兔,如拉拉秧等,以免损伤黏膜而感染本病。②及时治疗:发现流口水的兔及时检查,若确认是传染性口腔炎,应及时治疗,并对兔笼、兔舍、用具等用2%氢氧化钠溶液消毒。

2)治疗　本病易发现,易诊断,若及时治疗,可有效控制病情,降低死亡率。治疗方法如下:涂擦口腔黏膜与口服药物治疗,先用2%的明矾、0.1%的高锰酸钾溶液或1%的食盐水冲洗口腔,然后药物涂擦口腔黏膜。用药方法有:用碘甘油、明矾与少量白糖合成剂,或用黄芪粉加四环素少量调成糊状,每天2次,涂擦口腔黏膜,同时口服磺胺二甲嘧啶或磺胺嘧啶,每千克体重0.1~0.5克,1天1次。疑为传染性口腔炎患者:口服磺胺二甲嘧啶每千克体重0.1克,1天1次,连服数天,流口水者用青霉素粉涂于口腔内,每次用药量如高粱粒大小,1天1次,连用2~3天。

3. 仔兔轮状病毒　由轮状病毒引起的仔兔的一种肠道疾病,以腹泻为特征,死亡率达到40%左右。

(1)病原和流行　病原体为轮状病毒,主要侵害2~6周龄的仔兔、幼兔,以4~6周龄的兔最易感染,发病率和死亡率最高。成年兔多呈隐性感染,发病率高,死亡率低。兔群一旦发生本病,以后每年都可能发生,传染途径为消化道。病兔或带病毒兔排泄物中含有大量病毒,当健康兔吃了被污染的饲料或饮水,会感染发病。

(2)临床症状　病兔昏睡,食欲下降或不吃食,排出半流体或水样粪便,后臀部沾有粪便,多数在下痢后2天内死亡。青年兔、成年兔呈隐性感染而带病毒,多数表现症状,少数病例呈短暂的食欲下降或排软便。

(3)剖检症状　剖检病死兔,空肠、回肠部的绒毛呈多灶性融合和中度缩短,或变钝,肠细、肠中度呈扁平。有些肠段的黏膜固有层和下层中度水肿。

(4)防治　本病毒主要危害断奶前后的仔兔、幼兔,目前还没有疫苗免疫预防。加强对断奶前后的仔兔、幼兔的饲养管理,建立严格的卫生防疫制度,提高其抗病能力。

治疗可用黄芪多糖,注射液,每只0.5~1.0毫升,每天1次,连用3~5天。或大群饮水,每50千克水中加27克黄芪多糖,连饮3~5天。

（二）兔消化道疾病的防治

1. 大肠杆菌病 即由大肠杆菌引起的肠炎，又称黏液性肠炎，是一种急性、爆发性、死亡率极高的仔、幼兔肠道疾病，对养兔生产危害极大。

（1）流行特点 本病一年四季都有发生，冬季发病率高，春、秋季发病率低，1～3月龄的幼兔最易感染，成年兔感染率较低。大肠杆菌在自然界分布很广，水、土壤中均有分布，哺乳动物肠道内也有大肠杆菌存在，家兔也不例外，正常情况下不会出现症状。但是遇到气温突然升高、突然降低，长途运输，更换饲料或者饲料原料，或长期、大量地使用抗生素，肠道出现应激反应，肠道内优势菌群被破坏，致病性大肠杆菌数量迅速增加，其产生的毒素在兔体内积累，引起肠道疾病，也会由带菌动物排泄物污染饲料、饮水、用具等引起传染而致病。

（2）临床症状 一般病兔体温正常，精神沉郁，被毛粗乱，脱水、消瘦、腹部鼓胀；拉软粪带胶冻样黏液，严重时腹泻，肛门、后肢及后腹部被毛沾有黏液和黄色水样稀粪，常常有大量明胶样黏液排出，并附着少量干粪。初期身体后部还干净，但手压腹部会有黄色稀粪或者黏液排出，也有排出灰褐色、黑色、棕色稀粪的。病兔经常磨牙，四肢、耳发凉，7～8天身体机能衰竭而死。

（3）解剖特点 解剖可见胃膨大，充满液体和气体。胃壁水肿，浆膜下有出血点。十二指肠充满气体和染有胆汁的黏液；空肠扩张，充满半透明明胶状液。回肠内容胶样物。粪球细长，两头尖，外面有黏稠液或白色胶冻样分泌物。盲肠内充满气体。结肠和直肠内充满透明胶样黏液，结肠和盲肠黏膜充血或有出血斑点。胆囊扩大，黏膜水肿。严重者整个肠腔充满血样液体。

（4）防治

1）预防 仔兔20～22日龄注射大肠杆菌疫苗，或波大二联苗，每只1毫升。防止出现各种应激反应，如冬季兔舍气温应保持在7～15℃，不能低于7℃；夏季兔舍温度不能高于30℃；断奶后小兔饲料不能突然改变，也不能在饲料中突然添加碳水化合物和蛋白质饲料，更不能喂多汁植物。

2）治疗 ①口服庆大霉素注射液，体重2千克以下每只4万单位，体重2～4千克青年兔，每只8万单位，每天1次，连服3～4天，同时每天口服诺氟沙星2粒，早晚各1粒。②大群进行预防性治疗时，可用50千克水加葡萄糖2 500克，硫酸新霉素5克，连续饮水4～5天。③50千克水加蔗糖或葡萄糖

2 500克,恩诺沙星纯粉3.7克,连续饮水5天。

2. 魏氏梭菌病　家兔魏氏梭菌病又称魏氏梭菌性肠炎,是A型魏氏梭菌及其产生的内毒素引起的一种死亡率极高的家兔急性肠道疾病。

(1)流行特点　除哺乳期仔兔,不同品种、不同年龄、不同性别的家兔对本病病菌均易感,特别是1~3月龄的幼兔发病率最高,体强、体胖的个体发病率也较高。本病一年四季均可发生,以冬季和早春发病率最高。各种应激因素均可诱发本病。如长途运输,饲料更换,环境温度忽高忽低,饲料中精料比例过大、粗纤维比例小等都可诱发本病。

(2)临床症状　病兔精神沉郁、食欲废绝、急剧下痢。粪便有特殊的腥臭味,粪便呈黑色或黑褐色,带胶状黏液,有的病例粪便带血。污染臀部及后肢,出现了水样腹泻后很快死亡。流行期也有未出现水样腹泻就死亡的,用手挤压后腹部,从肛门中会排出少量稀便。病兔出现脱水、消瘦后1~2天死亡,也有拖5~7天死亡的。

(3)解剖特点　打开腹腔散发出特殊的腥臭味。胃膨胀,充满饲料、气体或水样内容物,黏膜脱落,有大小不等的出血点和黑色溃疡斑点。小肠内充满气体和稀薄、胶冻样的内容物,肠壁薄而透明,盲肠内充满气体和黑绿色水样粪便,成年兔往往肠内容物被拉空,几乎无内容物,浆膜和黏膜有弥漫性充血和出血斑。心脏冠状动脉怒张,呈树枝状。肝脏质地变脆,脾成深褐色,膀胱内积茶色和蓝色尿液。

(4)防治

1)预防　①小兔30~35日龄注射产气荚膜梭状芽孢杆菌菌苗,每只皮下注射2毫升,以后每半年注射1次。②大群预防性治疗,在50千克饮水中加2 500克葡萄糖粉和3.7克恩诺沙星纯粉,搅均匀,连饮4~5天。③饲料中纤维素的含量不低于14%。

2)治疗　①对出现症状的病兔,应注射氨苄西林,每千克体重25毫克,每天注射2次,连注3~4天。②大群预防性治疗可用复方阿莫西林可溶粉,每瓶50克(含阿莫西林5克,克拉维酸1.25克),混饮每升水0.08克(按阿莫西林纯粉算),连饮5天。

3. 沙门杆菌病　又称兔副伤寒,幼兔多因腹泻和败血症而死亡。

(1)流行特点　本病菌的流行特点是断奶幼兔和妊娠25天以后的母兔易感染发病。传播方式有两种:一种是健康兔食入了被病兔或老鼠污染的饲料或饮水;另一种是健康兔肠道内寄生有本病菌,只是量小,不足以引发症状,在饲养管理不当、气候突变、卫生条件差等情况时,兔抵抗力下降,毒素积累过多,毒力增强而发病。

(2)临床症状　临床上断奶幼兔多表现为急性下痢和败血,妊娠母兔多表现为水样腹泻和流产。粪便稀而带黏液,肛门周围沾有粪便。病兔体温升高,精神不振,拒食,渴欲增加,消瘦,很快死亡。病2天以后妊娠母兔可能流产。流产病例从阴道内排出黏液或脓性分泌物,阴道黏膜潮红,水肿。孕兔常在流产后死亡,流产后康复以后也不易妊娠,流产多发生在妊娠25天以后。

(3)解剖特点　胸腔和腹腔有多量浆液性或纤维素性渗出物,急性病例多数内脏器官充血或出血。急性下痢者小肠黏膜充血、出血,肠道内充满黏液或黏膜上有灰白色粟粒大小的坏死灶。慢性下痢者,小肠黏膜亦有灰白色坏死灶,肠系膜淋结也有充血或水肿。肝脏有弥漫性或散发性米黄色、由针尖至芝麻大小的坏死灶。怀孕或已流产的母兔出现脓性子宫炎、子宫黏膜溃疡。

(4)防治

1)预防　①搞好日常饲养管理工作,例如搞好兔舍卫生、加强饲养管理,增强兔群免疫力等。②种兔孕前和孕初期注射鼠伤寒沙门杆菌灭活疫苗,每只兔皮下注射2毫升。

2)治疗　①大群预防性治疗,每50千克饮水中加恩诺沙星纯粉3~7克,二甲苄胺嘧啶5克,葡萄糖2 500克混饮,连饮5天。②肌内注射卡那霉素40毫克/千克体重,每天2次,连注5天。③硫酸新霉素可溶性粉混饲或混饮,混饲每千克水加0.2克,混饮每千克水加入1克,连喂或连饮5天。

家兔消化道对外界不良刺激非常敏感,养兔场必须做好以下几个方面的工作。

第一,控制好兔舍温度,家兔能适应的环境温度为5~30℃,最适宜的温度为15~25℃,最适宜的湿度为相对湿度60%左右,兔在这一温、湿度范围内消化机能正常、生长发育良好、繁殖性能良好。

第二,搞好兔舍卫生,设计好饲槽、饮水器,兔采食、饮水方便,又不会污染饲料和饮水。每天打扫兔舍卫生,保持清洁,保持地面、笼底、粪板卫生。每天兔舍都要通风换气,保持兔舍空气清新。

第三,保证兔饲料质量,兔饲料原料必须购自非疫区,且品质要好,即无污染、无霉变、含土量低,特别是草粉。饲料配制要合理,既能达到各类兔的营养需要,又不浪费,纤维素含量控制在12%~16%之间较为合理。

第四,选好预混料,幼兔胃肠道发育不完善,免疫组织和免疫细胞生成的不多,免疫力低下。所以,从断奶到 75 日龄之间是一个死亡高峰期。这一时期能控制住小兔不生病或者少生病,把成活率提高到 95% 左右,商品兔生产效益会大大提高,市场低谷期也不会亏损。能否达到上述的效果,关键是选好预混料。目前预混料市场比较乱,一类是由专家研制的,正规厂家生产,有批准文号,养兔过程中又有专家指导,出现的问题能得到及时解决;另一种是非专家研制的,原来的养兔生产者,养几年兔积累了一定的经验,凭经验配制了所谓的"预混料",没有正规的生产厂家,没有批准文号,在当地私下销售,推销人员只要把产品推销给客户,出现的技术问题就没人管了,会给使用者造成很大的经济损失,这里忠告养兔生产者,选好一个正规预混料,找到一个技术依托单位,是养兔成功的关键和保证。

4. 流行性腹胀病　流行性腹胀病最早发现于国外,我国早期称其为"大肚病"。关于本病的病因和病原到目前没有定论,有人认为是饲料品质差、饲料轻度霉变、饲料配制不合理诱发的;有人怀疑是大肠杆菌或魏氏梭菌所引起的;也有人认为是肠道致病菌复合感染。

(1)流行特点　流行性腹胀病在兔群中一年四季均有发生,以冬春、秋冬气温转变季节,忽然变冷或忽然变热时发病率最高。发病兔不分品种、品系和性别及年龄,以从断奶至 3 月龄的幼兔发病率最高。哺乳期小兔,成年兔发病率最低。

(2)临床症状　外部观察发现患病初期病兔食欲减退,精神不振、腹胀、怕冷、扎堆,有的病兔磨牙;再严重者拒食,但仍饮水。粪便初期无明显变化,以后粪便减少,再往后没有粪便排出,只拉一些黄色、白色胶冻状黏液。随后腹胀,摸腹部感到盲肠有硬粪块,肚皮胀得发硬。个别死前还拉一些水样便。提起后肢使其头朝下摇晃,腹腔内有响水声,磨牙声也很明显。病程 3~5 天,绝大多数病兔肚胀如鼓,呼吸困难,身体衰竭而死亡,死亡率 90%。如果及早诊断为流行性腹胀病,及时用药泻下硬块,调整肠道,吃食后 3~5 天基本恢复正常。

(3)解剖特点　解剖可见胃膨胀,部分病兔胃黏膜出血、溃疡、脱落。小肠充气,内容物呈黄色,部分病死兔小肠内有胶冻样白色黏液,肠壁出血;盲肠壁薄,大多有出血现象,内容物干硬成块,与肠壁粘连较紧;结肠内多数充满胶冻样黏液,剪开肠壁,胶冻样物呈半透明状流出;部分兔气管环状出血。

(4)防治

1)预防　编者根据本病外部观察和内部解剖特征,认为本病是兔肠道病原菌复合感染,预防的办法还应抑制和消灭肠道病原菌,为此研究开发了一种小兔预混料,七年来在250个示范场(户)中应用,有效控制幼兔的发病率,流行性腹胀病发病率也大大降低,可用这种预混料综合防治。

中药:白头翁150克,加清温败毒散200克,与50千克饲料混合,1~3月龄的幼兔,每10天用药3天,可有效预防。

2)治疗 对发病的幼兔用药将硬粪泻下,再抗菌消炎和健胃,还能救活。其方法是:成年兔每只投喂大黄苏打片4片,2千克的幼兔喂3片,投药后2~3小时,放在兔场院内赶其奔跑,若肠道内硬粪排出,可口服庆大霉素注射液,成年兔8万单位,连服3天,每天1次。开始吃食后每天喂5克橘子皮和适量饲料,不让其吃饱,3天后再喂正常的饲料量。

5、球虫病

(1)流行特点 各品种家兔不分性别和年龄均易感,断奶至3月龄的幼兔最易感,死亡率高达70%~80%。成年兔因抗病力强,即使带虫也能耐过。球虫病耐过者或治愈者,成为长期带虫者和本病的传播者,球虫病主要通过消化道传染。母兔乳头沾有卵囊,饲料和饮水被病兔粪污染都可以传播本病,也可通过兔笼、用具传播。本病多发生在温暖潮湿、多雨季节。

(2)临床症状 病兔精神不振、食欲减退或拒食,伏卧不动,被毛粗乱,两眼无神,眼、鼻分泌物增加,眼结膜苍白,腹泻,排尿次数增多。幼兔生长停滞、消瘦。有时腹泻与便秘交替出现。

根据球虫病寄生部位不同,球虫病可分为肝球虫型和肠球虫型,也有混合型。肝球虫型表现为腹部胀大、下垂,肝肿大,触诊时病兔有痛感,视黏膜黄染。肠球虫型多成急性经过,主要侵害30~60日龄的幼兔,病兔突然倒下,头往后背,两后肢肌肉痉挛,不停地划动,发出惨叫,迅速死亡。成年兔感染肠球虫,临床症状不明显,仅出现消瘦、贫血,成为隐性传染源。

(3)解剖特点 肝球虫病:肝肿大,有腹水,肝表面和实质有粟粒状和豌豆大小的白色或黄白色结节。切开时有淡黄色浓稠的液体,胆肿大,胆汁浓稠,色暗。腹腔积液,膀胱积尿。

肠型球虫病:可见十二指肠、空肠、回肠、盲肠黏膜发炎、充血,有时有出血点或出血斑,肠管扩张、增厚,肠管充满气体和褐色糊状或水样内容物;慢性病例回肠和盲肠蚓突上出现许多白色球虫小结节,刮取结节和病灶肠黏膜压片在显微镜下观察,可发现不同品种的球虫卵囊。

（4）防治

1）预防　现在市场销售的全价配合饲料、预混料中都添加有预防量的防球虫药。在气温适宜、环境卫生、兔舍通风干燥的条件下一般不会发生球虫病。若长期使用1种抗球虫药，产生药物继发性失效；兔湿热季节、湿冷季节、兔舍长期卫生条件差、湿度大，都会引发球虫病爆发，这时应及时调整药物进行治疗，会很快控制病情。

2）治疗　治疗球虫病的药很多，如莫能霉素、盐霉素等。平常预防球虫病时用预防量，当兔群感染球虫病发病率达到10%左右时，即可全群用预防性治疗，用全量。例如莫能霉素3毫克/千克饲料、磺胺二甲基嘧啶450毫克/千克饲料，效果很好。

6. 仔兔黄尿病

（1）流行特点　本病发病无季节性，一般在仔兔10日龄以前发生。

（2）临床症状　仔兔发生急性肠炎，同窝仔兔同时发生或相继发生。仔兔肛门四周和后肢被毛潮湿发黄，腥臭，排黄色稀便和黄尿，全身发软而嗜睡。停止吮乳，膀胱极度扩张并充满尿液。

（3）解剖特点　解剖可见胃肠黏膜充血，肠腔充满黏液，实质器官不同程度的肿大，膀胱充满黄色尿液。

（4）防治

1）预防　防止母兔乳腺炎发生，母兔每4个月注射1次葡萄球菌疫苗，每只2毫升；母兔产仔当天注射1次乳酸环丙沙星注射液，2毫升/只，以后连注3天，1天1次，可预防母兔乳腺炎发生。仔兔从4日龄开始滴喂乳酸环丙沙星，每只0.3～0.5毫升，1天1次，连滴4天，防止仔兔黄尿病。

2）治疗　同窝内如有患黄尿病的仔兔，全窝仔兔滴喂乳酸环丙沙星，每只0.3～0.5毫升，1天1次，连滴3～5天。或滴喂恩诺沙星注射液，每只0.3毫升，连喂3～5天。

7. 豆状囊尾蚴

（1）流行特点　成虫一般是寄生在寄主动物的小肠内，随粪便排出，特别是兔场养犬，犬粪便管理不严，粪便污染饲料和饮水，兔食用受污染饲料和水后，卵内六钩蚴在小肠内孵出，钻及肠壁血管，经血流至肝，继续发育，15～20天后幼虫达到肝表面并落入腹腔，在肠系膜、胃网膜等处生长，逐渐发育成具有感染力的囊尾蚴。兔是豆状囊尾蚴的中间宿主，犬、猫等为其终末宿主。

（2）临床症状　兔感染了豆状囊尾蚴后，虽然不能引起兔群大批死亡，但可使兔生长发育缓慢,消瘦,免疫力降低。感染严重者可导致肝炎和消化障碍,如食欲减退、腹围增大、精神不振、嗜睡,最后体力衰竭而死亡。

（3）解剖特点　病兔体多瘦,皮下水肿,腹腔有大量液体,在肠系膜、网膜、肝脏和肌肉中可见到数量不等、大小不一的灰白色、透明的囊泡。囊泡内充满液体,中间有白色头节,似葡萄串状。肝表面形成大小不等的虫体结节和条纹状瘢痕,后期变硬。在肠壁、肠系膜、网膜等处有数量不等的豆状囊尾蚴,多的数百个,少则 3 ~ 5 个,似葡萄串状。

（4）防治

1）预防　养兔场不提倡养狗,若为了看家护院必须喂养时,防止狗进入养兔生产区,并给狗用吡喹酮灭虫,每千克狗体重用 20 ~ 35 毫克,口服,每天 1 次,连用 5 天。驱虫后的时间里,对狗粪严加管理。

2）治疗　①兔群中如发现有豆状囊尾蚴病个体,全群用药驱虫,用丙硫苯咪唑,每千克饲料加 0.2 克,隔天喂 1 次,连用 3 次,以后每季度驱虫 1 次。②吡喹酮按每千克体重 20 ~ 35 毫克,口服,1 天 1 次,连服 5 天。③甲苯达唑每只兔 35 毫克,1 天 1 次,连用 3 天,隔 3 天用药 3 次,连用 3 ~ 4 个疗程。

8. 饲料霉变引起的腹泻

（1）病因　饲料原料或草粉陈旧、霉变,其中有大量的霉菌和霉菌毒素,养兔者粗心大意用了这样的饲料,就会引起严重的后果。

（2）临床症状　饲料中有霉变原料,开始几天兔群没有明显的异常,时间长了霉菌毒素在体内积存得多了,开始出现症状。开始阶段症状较轻病兔拉干粪球,粪球上有乳白色或黄色黏液;再后来病兔流涎,腹泻,粪便黑色或黑褐色,带少量黏液。

（3）解剖特点　解剖发现肝瘀血,肿大质脆,颜色发乌;胃肠黏膜充血或出血;肺水肿充血;膀胱积尿,尿液淡酱油色。

（4）防治

1）预防　①购买饲料原料严把质量关,陈旧精饲料不能用,玉米脐子上有黑点的也不能要,麦麸、细米糠结块的不能要,粗饲料颜色发黑的不能要,含大量土的不能要。以花生秧粉为例,最好是青绿色、黄绿色的。②贮存的饲料原料含水量不能达到 15% ,否则容易引起霉变影响使用。

2）治疗　①1 千克饮水中加硫酸新霉素 0.1 克、碳酸氢钠 1 克,让其全天饮用,连饮 4 ~ 5 天。②饲料中加头孢噻肟按每千克饲料 0.2 克,喂服,连喂 4 天。③饲料中加氟苯尼考,每千克饲料中加氟苯尼考 50 毫克、敌菌净 100 毫克,喂服,连喂 4~5 天;不吃食物的用氟苯尼考注射液,每千克体重 0.1 毫升,每 48 小时注射 1 次,注射 2 次就能控制病情。

9. 便秘

(1)病因　兔热性病、胃肠弛缓、未消化的食物在大肠内停留时间长,水分被大肠吸收得多;饮水不足;饲料品质差,难以消化;饲料中含大量的土或食入混有兔毛的食物均可诱发本病。

(2)临床症状　频繁做排便姿势而无便排出或排少量细小干燥的粪便,甚至几天不排便,食欲减退或拒食。听诊发现肠鸣音减弱或消失,耳色苍白,头颈弯曲,回顾腹部,用嘴啃肛门。开始精神稍差,以后腹胀严重时起卧不宁。病情严重时肠管阻塞,出现胀肚,用手指压其腹部时,触痛表现显著。

(3)防治

1)预防　饲料清洁,含土量小,无霉变,保证饮水不断,随时能喝到水。

2)治疗的原则是制酵通便,治疗药物　①人工盐(44% 无水硫酸钠、18% 食盐、2% 硫酸钾、36% 碳酸氢钠混合而成)成年兔 6 克,幼兔 3 克,加适量水服用。②液态石蜡、蓖麻油,成年兔 20 毫升、幼兔 10~15 毫升,加等量温水,每天灌 2 次,连灌 3 天。③花生油、菜籽油等植物油 25 毫升、蜂蜜 10 毫升,每天 1 次,连用 3 天。④口服 10% 鱼石脂溶液 8 毫升,或 5% 的乳酸溶液 5 毫升,每天 2 次,连服 3 天。

10. 腹胀病

(1)病因　腹胀病又称肚胀,是由于采食了大量易发酵、胀肚的饲料,如难消化的饲料,易胀肚的饲料——麦麸、豆腐渣、青绿豆科植物,腐败的饲料,肠内产气过多,致使肠管过度膨胀的一种腹痛性疾病。

(2)临床症状　病兔拒食,腹围增大,叩诊出现鼓音,并有弹性。病兔腹胀不安,心跳加快,呼吸困难,可视黏膜潮红,甚至发绀,剖检盲肠内充满气体。

(3)解剖特点　解剖可见胃体积膨大,胃内食物酸臭、胃黏膜脱落,大、小肠都充满气体。

(4)防治

1)预防　不喂腐败变质的饲料,不饮冰碴水,不喂露水草,限量加入易发酵、易膨胀的饲料。

2)治疗　①首先停喂饲料,并按摩腹部,同时灌服液态石蜡 20 毫升或植物油 20 毫升,以通肠消胀。②灌服 10% 的鱼石脂 8~10 毫升,用以消胀。

③当腹部特别胀大,高度呼吸困难,有窒息的危险时,可用注射针头从体外入肠内放气减压,再灌服食醋30～50毫升。

11. 毛球病

(1)病因　毛球病是病兔采食了带有毛发的饲料,食物与毛缠结,在胃或肠内形成毛球,造成消化道阻塞的一种疾病。

(2)临床症状　病兔食欲不振,精神不好,喜饮水,喜卧,不爱活动。粪球大小不一,或形成一串一串的粪球,由兔毛连接着。其特征是长期消化不良、便秘,粪便带毛,出现腹痛不安,继而导致胃肠破裂而死。

(3)解剖特点　剖检可见死兔胃内和肠内有毛球。

(4)治疗

1)口服轻泻药　口服大黄苏打片,或龙胆酊片,每天4片,幼兔减半。每天1次,药后两小时在场内赶着奔跑,有利于泻下毛球。

2)灌服滑肠剂　每只兔灌服豆油或花生油40毫升,或蓖麻油25毫升。1天1次,粪球排出为止。

3)紧急处理　可用温肥皂水灌肠,每次50～80毫升,每天2次,连续3天。

(三)呼吸系统疾病的防治

1. 巴氏杆菌病　兔巴氏杆菌病能感染多个器官,引起多种疾病,如出血性败血症、传染性鼻炎、肺炎、化脓性结膜炎、中耳炎、皮下脓肿等,是家兔主要疾病之一,对养兔者的威胁仅次于消化系统的疾病。看似健康的兔鼻黏膜上都寄生有巴氏杆菌、波氏杆菌,当环境清洁卫生、温度适宜、湿度较小时,家兔健康,不会发病。当兔舍环境不好,如温度不高或过低、兔舍通风不好、湿度大、氨味重时,或因某些因素导致家兔体质下降,抗病力降低,鼻黏膜的寄生菌迅速繁殖增多,兔会先是打喷嚏,继而流清水样鼻液,严重一些变为黏鼻液,当兔流脓性鼻液时,若治疗不及时会转为肺炎,出现喘气严重时就很难治愈了。

(1)临床症状

1)败血型　最急性型未见出现临床症状就突然死亡。急性型病兔出现精神不振,呼吸急促,体温升高,鼻腔中流出清水鼻液或黏液性鼻液,病程1～3天死亡。慢性型病兔发现打喷嚏、流清水鼻涕时应及时治疗,症状很快就会消失,以后还会经常复发。

2）鼻炎型　这种症状在兔群中比较多见,病兔发病初期打喷嚏,继而流清水鼻涕、黏液,严重时流脓性分泌物。鼻孔周围毛湿润,脱毛,皮肤变红。

3）肺炎型　病兔打喷嚏、咳嗽,精神沉郁,食欲不振或拒食。急性型的不见任何症状就突然死亡,成年兔在妊娠后期或哺乳期,出现呼吸困难不久很快死亡。因为笼养兔运动少,难以发现呼吸困难,所以发现呼吸困难时已经很严重了。

4）中耳炎型　单纯的中耳炎表现不出任何症状,有的病兔因病菌感染扩散到内耳或脑部而发生斜颈、神经失调或其他精神症状。一侧或两侧鼓室内有白色奶油状渗出物,时间长了会结痂。

5）脓肿型　全身皮下、内脏上都会出现大小不等的脓肿,皮下脓肿可触摸到。切开脓肿内含有白色或黄褐色奶油状脓液。

（2）解剖特点

1）败血型　剖检可见到鼻黏膜充血并附有黏稠状分泌物;喉与气管黏膜充血、出血;肺严重充血、出血、水肿;心内膜、外膜有出血点或出血斑;肝肿大、瘀血、变性,常伴有许多坏死小点,脾、淋巴结肿大、出血;肠黏膜充血、出血;胸腔、腹腔有较多黄色积液。

2）鼻炎型　鼻孔被阻塞而导致呼吸困难,鼻黏膜潮红、肿胀,有的发生糜烂。

3）肺炎型　割检可见肺实变、脓肿或灰白色小结节病灶,肺胸膜与心包膜常有纤维素附着。

（3）防治

1）预防　预防本病必须建立健康兔群,即除搞好兔舍、兔笼、食具、饮具清洁卫生,通风换气以外,还必须做好以下几个方面的工作:①对兔群必须经常检查,对流鼻涕、鼻周围潮湿、毛蓬乱、有中耳炎、长过脓肿的个体兔一律隔离饲养和治疗,病愈后以商品兔出售掉。②留下的假定健康的兔群,定期注射巴氏杆菌病疫苗,4 个月注射 1 次。

2）治疗　①对症状明显的病兔,注射氟苯尼考注射液,50 毫升/千克体重,隔 1 天注射 1 次,可连续注射 3 次。注射氟苯尼考兔有反应,一般前一天注射第二天就食欲减少,可给其饮 10% 的葡萄糖溶液 100～150 毫升,加维生素 C 100 毫克,用以解毒和补充营养。②发病率高的兔群,饲料中加氟苯尼考和敌菌净,每千克饲料加氟苯尼考 50 毫升、敌菌净 100 毫升,连用 3～5 天。

2. **支气管败血波氏杆菌病**

（1）流行特点　本病多发生于气温多变的春秋两季,冬季兔舍通风不好,空气污秽,传染途径主要是呼吸道。当家兔所在兔舍通风条件差,兔舍内空气湿度大、氨气比例大,氧含量相对降低,出现兔体抵抗力下降,呼吸道黏膜受到刺激时,均易发生本病。常与巴氏杆菌病和李氏杆菌病并发。

（2）临床症状　本病多与巴氏杆菌病并发,多数病兔从鼻腔中流出浆液性（清水样）分泌物,继而转为黏液性分泌物。病程短,易康复,消除本病诱发因素后症状可很快消失。如果不良环境条件不能改善,会以鼻腔流出黏性分泌物为主,严重时流出脓性分泌物,并不停地打喷嚏,呼吸困难,食欲不振,逐渐消瘦。青年兔患此病多呈急性,一般治疗不及时几天就可能死亡;成年兔有时看不到明显症状,病程长;怀孕母兔常在怀孕后期或分娩后新陈代谢增强时死亡。

（3）解剖特点　病程前期剖检病死兔可见鼻黏膜潮红,附有浆液性或黏液性分泌物;到支气管肺炎阶段死兔剖检时,可见支气管黏膜充血、出血,管腔内有黏液性或脓性分泌物,肺有大小不等、数量不等的脓肿,小的如粟粒,大的如枣子,脓包内积满黏稠的、乳白色的脓液,肝、肾等实质器官也见脓肿。

（4）防治

1）预防　①保持养兔环境良好,即兔舍经常保持清洁卫生,通风换气,兔舍干燥,空气清新无氨气味。②对兔群经常检查,有打喷嚏的、鼻腔流黏液的,移至隔离室饲养,病愈后作商品兔处理,保持大群兔健康。③健康兔群定期注射波氏杆菌病疫苗。仔兔20～22日龄开始注射波大二联苗,每只仔兔注射1毫升,以后4个月注射1次,1只2毫升。

2）治疗　①对症状比较明显的病兔,肌内注射卡那霉素,每千克体重10～30毫克,1天2次,连注3～5天。②硫酸链霉素肌内注射,每千克体重15毫克,1天2次,连注3～5天。

3. **李氏杆菌病**　又名单核白细胞增多症,是人畜共患的传染性疾病。

（1）流行特点　李氏杆菌在各种条件下都能长期生存,动物和人都能自然感染,所以本病的传染源较多,其中鼠类常为李氏杆菌在自然界的贮存库,这些带菌动物的粪便和分泌物感染了饲料、用具和水源之后,可以传染给兔。在自然条件下经消化道、鼻腔、眼结膜、伤口及吸血昆虫的叮咬传播,本病多为散发,有时呈地方性流行,发病率低、死亡率高,幼兔和妊娠母兔较易感。

（2）临床症状　幼兔易发生急性型病例,病兔体温达40℃以上,精神沉郁,食欲废绝,鼻黏膜发炎,流出浆液、脓性分泌物,几小时或1~2天死亡。

亚急性病兔与慢性病兔主要表现为间歇性神经症状,多出现头颈偏向一侧,做转圈运动,全身颤抖,眼球突出,运动失调等,妊娠后期发病,出现流产,并从阴道内流出红色或棕褐色分泌物。

（3）解剖特点　解剖可见肝、肾、脾有散发或弥漫性针尖状淡黄色或灰白色坏死点;淋巴结肿大;皮下水肿;胸膜和胸腔积液,肺水肿;子宫内可见脓性渗出物或暗红色液体,子宫壁增厚并有坏死灶,有时在子宫内可见畸形胎儿或灰白色凝块。

（4）防治

1）预防　做好防鼠灭蚊工作,发现病兔立即隔离治疗或者淘汰;兔舍地面、墙壁、笼具用3%氢氧化钠溶液消毒。

2）治疗　①兔群中若发现患李氏杆菌病病兔,全群用硫酸新霉素添加于饲料中混饲5天,进行预防式治疗,可抑制带菌兔病症出现,把病情消灭在萌芽中。②对出现症状的个体单独治疗,用硫酸庆大霉素肌内注射,每千克体重5毫克,1天2次,连注3~5天。③硫酸卡那霉素肌内注射,每千克体重10毫克,1天2次,连注3~5天。

4. 链球菌病

（1）流行特点　是一种急性败血型传染病,主要危害幼兔。

（2）临床症状　病兔精神沉郁,呼吸困难,体温升高,间歇性腹泻,有的病例可发展为脓毒性败血症。有的不表现临床症状而急性死亡,有的出现歪头神经症状。

（3）解剖特点　剖检可见皮下组织出血;肝、肾呈脂肪变性;肺暗红色或灰白色,伴有胸膜炎、心肌炎;小肠黏膜水肿,出血点明显,结膜发炎或者化脓,生殖道肿胀。

（4）防治

1）预防　加强饲料管理和搞好兔舍清洁卫生,防止不良因素,减少应激反应发生。

2）治疗　每千克体重10毫克红霉素肌内注射,1天2次,连注3~5天;每千克体重10毫克泰乐菌素肌内注射,1天2次,连注3~5天;新生霉素肌内注射,每千克体重15毫克,1天2次,连注3~5天。

5. 结核病

（1）流行特点　主要分 3 个类型，即牛型、人型和禽型。感染兔的是牛结核杆菌。感染结核菌的兔或其他动物的分泌物、排泄物污染了水或者饲料以及用具，将结核病菌传给健康兔而引起发病，另外还可以通过交配、皮肤创伤等传播途径进行传播。

（2）临床症状　病兔日渐消瘦，咳嗽，喘气，呼吸困难，眼结膜苍白，食欲减退或拒食，体温稍高，最后消瘦死亡。患本病的兔常年伴有腹泻，有的病兔还出现四肢关节肿大，或骨骼变形。

（3）解剖特点　剖检死兔可见尸体消瘦、贫血。病死兔器官中有坚实的结节，1 ～ 10 毫米，有的呈串珠状。结节中心有干酪状坏死物，外面包一层纤维素组织膜。结节多见于病死兔的肝、肺、肾、胸膜、心包、支气管、淋巴结中。肺中的结核灶可融合成空洞。消化道受侵害时，在小肠、盲肠、盲肠引突和大肠浆膜上有突起的大小不一的干酪样坏死小结节。

（4）防治

1）预防　兔场远离牛舍、禽舍和猪舍，避免病原体传到场内；做好清洁卫生工作和消毒工作，消灭传染源；定期检疫，及时淘汰病兔。

2）治疗　每只成年兔每天口服异烟肼 1 ～ 2 克；同时肌内注射链霉素，成年兔每只每次 0.2 克，1 天 2 次，连注 3 ～ 5 天，或同时肌内注射对氨基水杨酸，每只每次 4 ～ 6 克，隔 1 天注射 1 次。

（四）家兔繁殖障碍疾病

兔是食草小家畜，具有繁殖力强、生长快、饲养周期短、饲料转化率高等特点，是短平快产业，是农民致富奔小康的好项目。但是家兔繁殖受诸多因素的影响，解决不好影响种兔繁殖，直接影响养兔的经济效益。本部分是将影响繁殖的因素归类总结，讲明解决办法，帮助养兔的朋友尽量减少损失，保证有好的经济效益。

1. 环境因素引起的繁殖障碍

（1）影响种兔繁殖的环境因素　影响种兔繁殖的因素主要是温度和光照，其他因素不很明显。就温度而言，兔对环境温度的适应范围是 5 ～ 30℃，在适应范围内生存没有问题。家兔感到适宜的温度是 15 ～ 25℃。在这一温度范围内种兔正常发情配种、妊娠和产仔，且仔幼兔生长发育快，成活率高。温度高于 30℃或低于 5℃，母兔发情率降低，即使发情、交配，妊娠率也大为降低。冬季晚上兔舍温度经常低于0℃,母兔不发情;夏季白天兔舍温度经常高于32℃,母兔不发情,公兔出现"夏季不育"。公兔出现"夏季不育"现象后,精液品质降低,表现为精液量减少,精子密度降低甚至无精子或精子畸形率大大提高,交配的母兔大多不妊娠。一旦出现公兔夏季不育,恢复期需要40多天,影响立秋后配种。

光线是刺激中枢神经系统引起兴奋的因素,对母兔的繁殖有重要影响,它能刺激生殖轴上的几个重要腺体分泌生殖激素,提高繁殖力。有充足的阳光和充足的光照时间,卵巢上的卵泡才能正常发育。长期在光线弱的环境中,母兔生殖机能活动受到抑制,卵巢上的原始卵泡发育缓慢或受到抑制,发情繁殖停止。

(2)预防因环境因素影响出现的不育症

家兔对环境温度能适应的范围为5～30℃,生长发育、繁殖最适应的温度为15～25℃。夏季兔舍温度只要保持在30℃以下,兔舍通风条件好,没有氨气味,种兔就能正常繁殖。如给兔舍装上冷水循环系统、排风扇,把兔舍建在树下,或在兔舍上空扯起遮阳网,均能取得明显的降温效果。

冬季由于寒冷的刺激,母兔往往不会发情,不能繁殖。若兔舍保持7℃以上能正常发情、配种、妊娠和产子。

消除光照不足对母兔繁殖的影响。光照的影响只在晚秋、冬季和早春存在。光照能促进兔的性腺发育,光照强度低、光照时间短,性腺发育缓慢,繁殖率降低。公兔、母兔需要光照时间不同,即在同样光照强度条件下,公兔每天需要光照时间为12小时,而母兔需要光照时间为14～16小时。以郑州为例,冬至(12月22日)前后每天日出时间为7:04,日落时间为16:52,日照时间为10小时04分。所以每天需要补充光照,即1个60瓦的灯泡能照射15平方米的兔舍,灯泡离地面1.8米,灯泡分布要均匀,每天补充时间定为17:00～22:00,每到这一时段准时开灯和关灯,不能想早晨开就早晨开,想晚上开就晚上开,一定要有规律性,更不能长明灯,整夜不关灯。

(3)对因环境不良影响种兔产生繁殖障碍的治疗

1)饲料中添加与生殖有关的维生素 在饲料中原来已经添加了复合维生素或者预混料,在这个基础上,每100千克饲料中,再加(以纯粉计算)维生素A_1 1.2克、维生素E_3 3.5克、维生素B_1 3～3.5克。

2)自己配制中药加入饲料 当归15%、党参15%、淫羊藿20%、阳起石15%、巴戟天15%、狗脊10%、白术10%混合,晒干,磨成粉。每千克饲料加入中药粉 60 克,每天每只母兔投喂 175～200 克,连喂 7～10 天。

2. 营养失衡引起的繁殖障碍

(1)营养失衡的类型

1)营养缺乏 饲料营养水平低或每天供给的饲料量小,保证不了母兔的营养需要。营养缺乏时种母兔表现被毛粗乱、无光泽,身体瘦弱,脊背弓起,人用手由前向后顺势摸时,可感到脊椎骨突起部分挡手,甚至肋骨突出。母兔身体过瘦时,内分泌系统也受到影响,性激素分泌失调,发情周期延长或不会发情。

已妊娠的母兔若营养水平低,母兔会调动自身的营养贮备供给发育中的胎儿,造成自身营养水平过低,下丘脑分泌促性腺激素释放因子受到抑制,其他激素分泌也随之受到影响。内分泌紊乱影响胚胎成活,繁殖力大幅下降。

2)营养过剩 饲料营养水平过高,或投饲量过大,使母兔过于肥胖,过于肥胖的种母兔体内积蓄了大量脂肪,卵巢周围脂肪积蓄,阻碍卵泡发育,母兔不发情或发情周期延长。脂肪积蓄在输卵管周围,挤压输卵管,使卵子不容易通过,影响受精;脂肪渗入输卵管管壁内,使输卵管蠕动力降低,卵子向输卵管前部移动困难,阻碍精子和卵子结合,增加空怀率。

妊娠开始后,如果营养水平高,会使类固醇激素消除率提高,造成胚胎死亡,从而降低妊娠率和胎产仔数,使繁殖率大幅下降。

3)营养不均衡 蛋白质、脂肪、碳水化合物在饲料中一定要有,而且要比例适中,这样种母兔才能吸收饲料中的营养物质。例如獭兔的饲养标准应为:粗蛋白质 17%～18%,粗脂肪 3%～5%,消化能达到 10.46～11 兆焦/千克。

蛋白质饲料供给不足,可使母兔体内蛋白质代谢处于负平衡状态,体重下降,消瘦;长期蛋白质不足,会破坏肝脏等组织器官合成酶类,影响血浆蛋白和血红蛋白的形成,使种兔体内各组织的蛋白质减少。血红蛋白减少可导致贫血;球蛋白减少可影响抗体的形成,从而降低母兔对疾病的抵抗力。母兔贫血、免疫力下降,会导致卵泡发育受阻、性周期紊乱、空怀等现象发生。已经怀孕的母兔蛋白质严重缺乏,可使胎儿发育不良,胎儿死亡、流产以及分娩后缺奶造成仔兔死亡等。所以,对种母兔必须保证蛋白质的合理供给,否则会出现繁殖障碍。

(2)预防 蛋白质在动物体内是处于平衡状态的,蛋白质供给过量不仅造成浪费,增加饲养成本,而且增加兔肝脏和肾脏的负担,产生不良后果。研究发现,每个生理阶段的兔对蛋白质需求量是不同的,幼兔对蛋白质需求量高,为饲料重量的18%～20%;青年兔需求量低,达到14%～16%;种兔一般情况下为16%～18%;妊娠母兔和哺乳期可提高到18%～20%。规范化养兔场,可以请专家根据自己的兔群设计配方,进行科学饲养。

以獭兔为例设计饲料配方,獭兔的营养标准为:消化能10～11兆焦/千克饲料,粗蛋白质17%～18%,粗脂肪3%～5%,粗纤维12%～14%。参考饲料配方:玉米20%,麦麸20%,豆粕18%,花生秧粉40%,预混料2%。

肉用兔饲养标准为:以成年兔为例,消化能8.75～9.2兆焦/千克饲料(哺乳母兔10.46～11.00兆焦/千克饲料),粗蛋白质16%(妊娠期和哺乳期17%),粗纤维14%～16%,粗脂肪3%～4%。参考饲料配方:玉米16%(冬20%),麦麸16%,豆粕13%,花生秧粉53%,预混料20%。

(3)治疗 兔群中出现种母兔消瘦,若能排除其他原因疾病,则多因繁殖频繁,身体消耗过大,可以给其及时补充营养。首先增加碳水化合物的用量,每天饮10%的葡萄糖水或10%的红糖水100毫升,喂煮黄豆20粒或煮花生10粒,同时在糖水中加维生素C 50毫克(一片),连用7～10天,加速体质恢复。若大群体质差,可在饲料中增加玉米用量4%左右。

3. 维生素缺乏症 维生素种类近20种,与生殖有关的主要有维生素A、维生素B_1、维生素E,这里介绍维生素A、维生素B_1、维生素E缺乏时在繁殖中带来的不良影响。

(1)维生素A缺乏 维生素对家兔的生长发育、繁殖、抗病能力等起着重要作用,也是维持家兔体内一切上皮组织正常、健全所必需的物质。维生素A缺乏时,家兔生殖器官上皮细胞角质化,能使生殖机能减退。公兔表现为睾丸和附睾萎缩,精子生成量减少或停止,精液品质差,使配种的母兔空怀率高;母兔则表现为发情不正常、卵泡不成熟,不排卵,虽然有的也能达成交配,但不受孕或受精卵不着床;妊娠母兔表现为胎儿发育不良,或胚胎被吸收、流产、死胎等,即使能产下仔兔,仔兔出生重量小、体质弱、早期死亡率高。

兔是食草性动物,很少食用动物性饲料,所以容易缺乏维生素A。因此,必须在种兔饲料中添加维生素A才能满足其需要。种兔对维生素A的需求量为每千克体重450～500国际单位。

(2)维生素B_1缺乏 维生素B_1又称硫胺素,在兔体内是构成糖代谢中丙酮酸氧化和脱羧反应中的辅酶部分。维生素B_1缺乏时,丙酮酸代谢受阻,使脑和血液中丙酮酸聚集,造成中毒。由于糖代谢发生障碍,能量供给不足,造成神经机能障碍,出现多发性神经炎。

维生素 B_1 缺乏时,兔体内乙酰胆碱分解加速,使胃肠蠕动减弱,消化液分泌减少,造成消化不良,厌食,体重下降,生长发育受阻等。母兔表现为卵巢萎缩,卵泡发育停滞,胚胎被吸收,出现空怀、流产、死胎和产仔生命力弱,泌乳量下降。公兔表现为睾丸发育不良,影响精子生成,用这样的公兔配种时,母兔空怀率高。

(3)维生素 E 缺乏　维生素 E 又称生育酚,有抗氧化作用,能防止不饱和脂肪酸氧化。当兔体内维生素 E 缺乏时,不饱和脂肪酸过多氧化,产生过多的过氧化物,能使生殖器官的形态和机能发生病变,破坏生殖细胞和胚胎,引起繁殖障碍病。公兔缺乏维生素 E 时,生精上皮细胞受到破坏,精子生成受到影响,使精子数量减少,活力下降,甚至畸形,输精管发育不良,睾丸萎缩退化,性机能减退或丧失。用这样的种公兔配种时,母兔空怀率高。母兔维生素 E 缺乏时,虽然还有性欲,能排卵,卵子也能受精,但胚胎失去发育能力,往往发生胚胎被吸收、流产或死胎等。因此维生素 E 是兔正常繁殖所必需的元素。

维生素 E 耐热和耐酸,对光、氧、碱敏感,极易氧化。在紫外线照射下或在酸败的脂肪中易被破坏。在新鲜脂肪、小麦芽、豆油、蛋黄、肝、肾及牛肉、马肉中含量丰富。种兔每千克体重每天需要维生素 E 2.5～5.0 毫克。

4. 常见卵巢疾病

(1)病因　①长期饲料营养水平低或饲料单一,或营养不平衡,尤其缺乏蛋白质和与繁殖有关的维生素等,引起青年母兔卵巢发育不全或成年兔卵巢停留在静止状态。②慢性疾病的影响,一是慢性消耗性疾病,如肺结核、慢性肝炎、慢性球虫病,都能使母兔消瘦,体质降低,卵巢发育、生殖机能受到影响;二是生殖系统的慢性疾病,如子宫积液、子宫积脓、子宫炎症等,都能影响到卵巢,使卵巢机能活动停止,处于静止状态。③其他原因的影响,如卵巢囊肿,持久黄体等,会引起内分泌和神经调节紊乱,使卵巢处于静止状态。

(2)临床症状　卵巢疾病可引起母兔发情不正常,表现为两个方面:

1)不发情　不发情的卵巢疾病表现为:①母兔到了性成熟期,但没有发情周期出现,或达到了性成熟期,出现过发情或者交配活动,以后又出现长期不发情。②产仔后长期不发情。③产仔后出现过发情,以后又长期不发情。

2)发情不正常　发情不正常的卵巢疾病表现为母兔发情周期紊乱,发情无规律性,有时两次发情间隔时间长,有时两次发情间隔时间短;有的母兔呈间歇性发情;有的母兔也排卵,但没有发情的外部表现和行为上的表现,称为隐性发情。

（3）防治

1）预防　在分析了母兔卵巢疾病形成的原因后,可以针对其病因采取必要的措施,例如,为了防止青年母兔卵巢静止和卵巢萎缩,可以在保证饲料全价的前提下,保证每天投饲量,满足其营养需要。特别是保证饲料中蛋白质含量,肉用兔一定要达到15%～17%,獭兔和长毛兔一定要达到17%～18%。维生素E的饲喂量要达到每天每只母兔20毫克,维生素A 2 000国际单位,维生素B_1 20～25毫克。另外还要注意调整种母兔的体况（中等体况）,保证体质健康。

2）治疗　中药治疗:如果种母兔体况中等,被毛顺溜有光泽,显示出健康的体质,但是发情延迟,可以用活血、补气、补肾的中草药。参考配方:当归15%、党参15%、淫羊藿20%、阳起石15%、巴戟天15%、狗脊10%、白术10%。以上中药备齐后放在阳光下晒干,打成细粉拌入饲料中,每只母兔每天12克,连用10～15天,有明显的催情效果。

如果母兔膘情欠佳,不发情,可以一边补充营养,一边催情。可用当归100克、益母草120克、淫羊藿200克、黑豆1 000克,制成调补料喂兔,具体做法是:先将三味中药加水在砂锅内煮30分,再加入黑豆煮30分,然后去渣将黑豆低温保存,每天每只母兔喂10～15克。连喂15天,效果很好。

激素治疗:促性腺激素释放激素（GNRH）,给母兔催情时每只母兔每次用量为0.5～1.0微克。促卵泡激素（FSH）的作用有以下3个方面:一是促进内膜细胞分化;二是促进颗粒细胞增生;三是促进细胞液分泌。实验证明卵泡发育的这几个阶段必须有FSH参与,缺乏FSH时,卵泡发育至囊腔阶段就停止。只有FSH与少量促黄体生成素（LH）共同作用时,成熟的卵泡才能分泌雌性激素和孕激素。

FSH用量和给药方法:肌内注射,每只每次0.8毫克,每天早、晚各1次,连续注射3天。

促黄体生成素LH给药方法:连注3天FSH后的第四天,耳静脉注射LH,注射量每只兔每次0.6毫克。

孕马血清促性腺激素（PMSG）:PMSG兼具FSH和LH的作用,在家兔繁殖上被广泛应用。其用量每只每次150～250国际单位,隔天1次,连用2～3次。

人绒毛膜促性腺激素（HCG）：HCG 和 LH 一样，能促进卵泡黄体分泌孕酮，从而维持妊娠。但是，大剂量的 HCG 或 LH，能导致妊娠终止。

5. 常见输卵管疾病

（1）病因　输卵管疾病发病率不高，但引起输卵管疾病的病因很多，必须了解。一是由于母兔患子宫炎、子宫内膜炎或卵巢炎时，病原微生物侵入输卵管引起，也可能是腹膜炎的并发症。二是先天性输卵管狭窄等，造成卵子不能通过，尽管交配刺激母兔排卵，但是卵子不能通过输卵管到达输卵管的壶腹部受精。

（2）临床症状　常见的输卵管疾病有输卵管炎和先天性输卵管狭窄两大类。输卵管炎又分卡他性输卵管炎、化脓性输卵管炎（急性或慢性），以及结节性输卵管炎。

1）卡他性输卵管炎症状　输卵管黏膜发生水肿和血细胞浸润，随之有部分上皮细胞变性并脱落。病程较长的，结缔组织增生变厚。由于黏膜的病理变化，使输卵管腔某段阻塞或发生粘连而不通。在闭锁之间的部分则因积有炎性分泌物，使输卵管腔膨胀呈囊肿，此后出现积水，囊泡大小不一，小的似黄豆那么大，大的如卵巢那么大。有的病变处结缔组织增生而变为结节状。

2）化脓性输卵管炎症状　输卵管黏膜上有脓性浸润，管腔内有浓稠或稀薄的脓性分泌物，因黏膜增厚而堵塞。

3）结节性输卵管炎症状　结缔组织代替了肌肉组织，并在整个输卵管上形成一些硬的短缩或结节，感染严重的，输卵管不通，并往往与卵巢及周围组织粘连。

4）先天性输卵管狭窄症状　这种情况是在胎儿时期就形成了的。输卵管部分狭窄或全部狭窄，致使蠕动受到影响，卵子不能通过，即使卵子排出，也不能受精，影响生育。

（3）治疗　输卵管炎引起的母兔繁殖障碍疾病治愈比较困难，凡是两侧患输卵管炎的一般不会再生育，应予淘汰。如果是兔群中优秀个体，就必须积极治疗，让其留下优秀后代。

1）抗菌消炎　用阿莫西林肌内注射或皮下注射，每千克体重 12 毫克左右，链霉素肌内注射或皮下注射，每千克体重 10 毫克。两种抗生素合用，每天 2 次，轻者 7 天 1 疗程，连注 2 个疗程；重者再延长时间。

2）排除输卵管内的炎症分泌物　可以肌内注射催产素或者雌性激素：①肌内注射垂体促性激素，FSH、LH 用量按治疗卵巢炎的量，每隔 3～5 天注射一次，共用药 3～4 次。②肌内注射雌性激素，即乙酰雌酚每只病兔 1～2 毫克,5 天注射 1 次,共用药 3 ~ 4 次。③肌内注射催产素,每只每次 1 毫升,每隔 1 天注射 1 次,连注 3 ~ 5 次。

以上 3 种激素任选一种就可以。

6. 常见子宫疾病

(1)子宫内膜炎

1)病因　兔笼内不清洁,母兔产子后阴道外翻尚未恢复就卧在笼底上被污染,分娩后待子宫收缩时,将污染物和病菌带到阴道内,使细菌进入子宫引起子宫内膜炎;母兔流产、胎儿死在子宫内,长时间不能排出而发生腐败;阴道或子宫脱出、胎衣不下、子宫损伤等,都能引发子宫内膜炎;人工授精消毒不彻底,器械带着细菌输入母兔子宫等。

2)症状　急性子宫内膜炎:母兔体温升高到 40℃ 左右,食欲减退,弓背,常做排尿姿势但是没有尿液排出,这种疾病常在产子后的几天被发现,病兔阴道流出大量的灰白色、黄色、茶褐色的具有恶臭的脓液,如果是胎衣滞留在子宫内腐败造成的,则会排出带脓血的、有腐臭气味的巧克力色的分泌物。在母兔的尾根部和后肢上部常结成痂。

慢性子宫内膜炎:慢性子宫内膜炎因其病变情况不同,又分为以下几种。①慢性卡他性子宫内膜炎:病兔子宫黏膜松软增厚,一般无全身症状,发情周期正常,每次发情交配时也能接受公兔交配,但屡配不孕;阴道检查时子宫颈张开,子宫颈黏膜松弛、充血,严重病例阴道黏膜也充血,病情较轻的病例,阴道黏膜无变化,观察阴道时流出白色、灰白色、浅黄色阴道分泌物,病轻时少,病重时多。②慢性卡他性脓性子宫内膜炎:出现全身症状,表现为精神不振、体温 40℃ 左右,食欲减退,逐渐消瘦,经常从阴道内流出灰白色或浅褐色稀薄脓液,母兔尾根、阴门周围,后肢上部被污染并有痂;阴道检查时看到阴道及子宫颈部充血、肿胀,黏膜上有脓性分泌物,子宫颈外口开张。③慢性脓性子宫内膜炎:病兔经常从阴道内排出脓性分泌物,有灰白色的、黄色的、褐色的,带有腥臭味;卧下去、发情时排出的脓液更多,尾根、阴门周围及后肢上部内侧被污染,时间长了变为脓痂,病兔发情周期紊乱,阴道检查时其症状与慢性卡他性脓性子宫内膜炎相似。④子宫积液症状:母兔表现不发情,常从阴道中不定期排出稀薄的棕黄色或淡白色分泌物,当子宫颈完全阻塞以后,则见不到分泌物外流,但分泌物全部滞留在子宫内,从外部观察像临产的母兔,腹部很大,如果经过几个发情期均达成交配但未产子,而腹部仍然很大,摸胎又未发现胎儿,可以诊断为子宫积液症。还有子宫积脓和坏死性子宫内膜炎。

3）治疗

一般性治疗：主要是加强饲养管理，贯彻"三分治、七分养"的原则，在饲料上，供给病兔新鲜、充足的全价配合饲料，尤其是饲料中蛋白质含量不能低于饲养规定的标准比例，维生素类不能缺乏。在保证全价配合饲料的同时，每天要补充一定量的优质青草或多汁饲料，特别是豆科牧草，对恢复很有好处。在管理上保持兔舍卫生、通风良好、空气新鲜、干燥，这样的环境条件对病兔恢复健康有利。

对症治疗：针对急性和慢性子宫内膜炎进行对症治疗，可以进行全身性治疗，也可以采取局部治疗。

急性子宫内膜炎的治疗：①抗菌消炎，氨苄西林每千克体重15～20毫克、链霉素每千克体重15毫克，肌内注射，每天2次，连续注射5～7天；恩诺沙星每千克体重5～7毫克，肌内注射，每天2次，连续注射7～10天，耳静脉注射磺胺嘧啶钠或者磺胺噻唑钠，每千克体重5毫克，每天2次，连注6天。②中药治疗，地骨皮20克，山豆根30克，金银花、栀子、防风、连翘、牛蒡子、生地各25克，荆芥27克，黄连18克，黄芩30克，甘草15克。烘干、粉碎，以7%比例加入饲料中，加工成颗粒料。这样的饲料每只兔子至少150克/天，连用15天左右，有明显疗效。③消毒剂冲洗子宫，用0.1%的高锰酸钾溶液或0.1%的复方利凡诺尔溶液冲洗子宫。当分泌物多时，每天冲洗2次，分泌物少时，每天冲洗1次，冲洗后向子宫内注入抗生素或磺胺类药物溶液。④促进子宫排出分泌物，给母兔每只每次肌内注射垂体后叶素10国际单位，或催产素5～10国际单位，使子宫收缩，排出子宫内炎症分泌物。

慢性子宫内膜炎的治疗：为了尽快清除子宫内膜炎分泌物，并起到消炎杀菌作用，使子宫机能尽快恢复，冲洗子宫和向子宫内灌注药物是最常用的方法。一般采用以下几种冲洗液：①无刺激性冲洗液。1%食盐水；碳酸氢钠食盐水——碳酸氢钠0.5%、净食盐0.8%；1%～2%的碳酸氢钠溶液。冲洗时，冲洗液的温度控制在30～35℃。②刺激性冲洗液。5%～10%的食盐水、1%～2%的鱼石脂溶液，冲洗时溶液温度在42～45℃。这种冲洗液对兔子子宫有较大的刺激作用，适合于各种子宫内膜炎。

（2）子宫炎　是子宫体肌纤维发生了炎症、病变，该病可引起母兔的繁殖障碍病。子宫炎分为两大类，即急性子宫炎和慢性子宫炎。

1）病因　急性子宫炎是由于难产、带有严重损伤的流产、胎衣滞留子宫、胎儿死在子宫内以及产子时由于母兔体质虚弱造成子宫脱出或者严重感染所致;慢性子宫炎病例不多,病因多为急性子宫炎没得到及时治疗,它与慢性子宫内膜炎的区别是,不仅子宫内膜受到感染,而且子宫肌层,甚至浆膜层也受到影响。慢性子宫炎也分为卡他性、卡他性脓性和脓性。

2)症状　急性子宫炎与急性子宫内膜炎临床症状相似,特点是子宫和阴道分泌物比急性子宫内膜炎多,其炎症分为卡他性脓性、脓性、化脓出血性及化脓坏死性。病兔体温上升到 41℃ 伴随精神不振、食欲废绝,而且由于脓毒败血症的迅速发展,病兔生命受到威胁。慢性子宫炎病兔的子宫和子宫颈的坚硬肥大程度比子宫内膜炎病兔的显著,子宫壁厚薄不均,子宫颈圆筒状,壁厚有弹性,子宫无收缩能力。由于黏膜和肌肉中的结缔组织细胞大量增生,所以质地比较坚硬。

阴道检查时,急性子宫炎可看到子宫颈呈圆筒状,且变长变粗,子宫颈口松弛张开,子宫颈外口黏膜水肿,慢性子宫炎的病兔子宫颈口处有炎症反应,但肿胀不明显。

3)治疗　急性子宫炎:应以全身治疗为主,抑制和消除炎症。在使用大量抗生素类药物的同时,用中药配合治疗效果更好。

抗生素治疗。青霉素、链霉素按治疗子宫内膜炎的用量,可以由原来的 1 天 2 次改为 1 天 3 ~ 4 次;磺胺嘧啶钠、磺胺噻唑钠注射液用量如急性子宫内膜炎的用量,每天用药 2 次;恩诺沙星用药量和用药方法同急性子宫内膜炎。

中药治疗。板蓝根 60 克,金银花、连翘、栀子、山豆根、牛蒡子、防风、荆芥、生地黄、黄芩、黄柏、黄连各 45 克,甘草 25 克,混合后烘干、粉碎,每天每只兔 10 克加入饲料中喂服,连用 7 天。

冲洗子宫。如果子宫渗出物量大或已有大量积脓时,可用 0.1% 的高锰酸钾溶液或用 0.1% 的利凡诺尔溶液或用 0.1% 的稀碘液冲洗子宫,每天 1 次,连冲 3 ~ 5 天,直到回抽的冲洗液澄清为止。

慢性子宫炎:慢性子宫炎与慢性子宫内膜炎的治疗方法基本相同,都是要经过较长时间的治疗才见效。

卡他性子宫炎:用刺激性较小的消毒液,如 5% 的浓盐水、2% 的碳酸氢钠溶液等。5% 的浓盐水可起到高渗作用,使子宫内膜得到清洗,加强其分泌机能,反射性地作用于子宫肌肉组织,从而加速炎症消失。

脓性子宫炎:应使用刺激性较强的消毒液,如 0.5% ~ 1% 的来苏水,10%

的浓盐水,1%～2%的鱼石脂水等,每隔3天冲洗1次,直到子宫内脓性分泌物停止排出为止。

无论任何类型的慢性子宫炎,用热消毒液(37～38℃)冲洗,都可以增加血液循环,加速炎症消散。

中药治疗。中药添加剂配方:白术、苍术、山药、党参各30克,陈皮、车前子、酒白芍各25克,荆芥、甘草各15克,柴胡12克,烘干后粉碎加入饲料中,每天每只兔10克,连用10～15天。

(五)皮肤病及皮肤寄生虫病

1. 真菌性皮肤病

(1)流行特点　主要是通过接触传染、饲养用具间接传染。温暖潮湿的环境或污秽环境均易使本病发生。

(2)临床症状　发病初期多在嘴周围、脸部、耳根周围出现小片无毛区,无经验的生产者往往误认为是兔脸在笼壁上擦蹭所致,不重视,以后无毛区蔓延至颈部及全身,由小片变大片,使兔皮失去应用价值。认真观察,可见患部被毛脱落形成圆形或不规则的脱毛区,表面覆盖近似透明灰白色的厚鳞屑,鳞屑脱落后形成泛红的无毛区。兔舍通风干燥、清洁卫生可以不治而愈;如果环境条件差,病兔病情严重,也是不好治愈的。

(3)防治

1)预防　搞好兔舍卫生、定期消毒、保持兔舍通风干燥可以大大降低发病率。

2)治疗　①内服灰黄霉素治疗:每千克兔每天用药25毫克。如群防群治,可将灰黄霉素加入饲料中喂饲,按每千克饲料0.5克,连用15天以上。②外部涂擦药膏:先剪短患部周围的被毛,用肥皂水或消毒水擦洗患部周围,达到去污和去鳞屑的效果。患部表面水干后擦抹10%的水杨酸软膏、克霉唑软膏、达克宁软膏、2%福尔马林软膏、2%咪康唑软膏、益康唑软膏等,任选两种交替使用或混合使用。

2. 兔螨虫病　兔螨虫病俗称"生癞",是家兔常见病和多发病之一。是由疥螨和痒螨寄生于兔皮肤表面的外寄生虫病。

(1)流行特点　寄生兔体表的螨虫主要有两种,即疥螨和痒螨,疥螨寄生于兔体表层,吸食其深部细胞液和组织液。痒螨常寄生在兔的外耳道,可引起耳道内的慢性皮肤病。螨虫病在兔群中流行主要是通过健康兔与病兔接触而感染,也可以由兔笼、饲槽和其他用具间接传染而感染。兔舍阴暗、潮湿的环境最适合螨虫生长和繁殖,秋冬季是螨虫病高发期。

(2)临床症状

1)疥螨病症状 疥螨虫主要寄生在兔体表,一般先由嘴、鼻孔、眼、耳周围和脚爪部发病,患部很痒,病兔不停用脚爪搔抓患部,或用嘴咬脚部,把病原体扩散到健康部位。初感染部位皮肤表面出现脱毛、龟裂、疱疹,严重时病变部位皮肤增厚,结痂,使患部变硬,并向周围蔓延,结厚厚的灰白色的痂。由于螨虫不断地由表皮层向真皮层挖掘,其代谢产物中的毒性物质刺激家兔末梢神经,皮肤奇痒。该病影响其食欲,病兔会出现减食或拒食,之后消瘦,免疫力降低,最后死亡。

2)痒螨病症状 兔痒螨虫主要寄生于外耳道内,引起外耳道炎,渗出液干涸形成黄色痂皮塞满耳道,如卷纸样。患病耳根出现肿胀,耳朵变重下垂,兔不断摇头并用脚搔抓耳朵。本病因不容易被发现不能及时治疗,病程长了,病兔消瘦,体质衰弱,最后死亡。

(3)防治

1)预防 兔舍应经常消毒和打扫,保持清洁卫生,做好通风换气工作,保持空气清新、干燥。经常观察兔面部和脚爪,一旦发现某部分有螨虫病发生,及时隔离治疗。

2)治疗 ①每季度注射1次伊维菌素(伊力佳)注射液,每千克体重0.02毫升,必要时10天后再注射1次。②三氯杀螨醇10毫升,加植物油90毫升混均匀放于棕色瓶中保存。发现家兔患螨虫病,先用温水润湿患部,揭去痂皮,再涂擦油剂,1天1次,连涂3~4天即痊愈。③2%敌百虫水溶液,涂擦或浸泡患部,每隔7天涂擦1次。溶液使用前现配。④螨净,按1:500倍稀释涂擦患部,疗效高,成本低。⑤双甲脒,又称特敌克,商品含2.5%的双甲脒,将其稀成0.05%浓度的溶液涂擦患部,使用安全,疗效佳。

3. 兔虱病 由兔血虱寄生于兔体表面引起的一种慢性寄生虫病,对幼兔危害较大。

(1)临床症状 兔血虱靠吸血来维持生命活动,1只兔血虱1天能吸食0.2~0.8毫升兔血。兔血虱大量寄生于兔体表面可导致兔贫血、消瘦、衰弱无力,被毛变薄,皮肤表面多皱纹、发炎。血虱叮咬时分泌毒性的唾液,刺激病兔皮肤发痒、不安,影响采食和休息。病兔啃痒或擦痒时常发生咬伤或擦伤,造成毛皮品质降低,有时皮肤上出现小结节、小出血点,甚至坏死灶,如果伤处被感染还能引起化脓性皮炎。

（2）治疗

1）预防　①兔舍要经常打扫，定期消毒，做到清洁卫生。②兔舍要每天通风换气，排出兔舍湿气，做到干燥、阳光充足。③定期扒开兔体被毛，仔细观察毛根处有无虫卵或皮肤上有无兔血虱，如发现有成虫或者虫卵应立即隔离治疗。

2）治疗　主要采取用外用药涂擦被毛。①将敌百虫稀释为1%～2%的溶液涂擦被毛深处，可以杀死兔血虱。②将杀灭菊酯乳油稀释5 000～75 000倍，用其稀释液涂擦被毛深处。③将1毫升二氯苯醚菊酯药液加入20～25千克水中，稀释20 000～25 000倍的溶液涂擦被毛深处。

4. 溃疡性脚皮炎　指家兔后肢跖骨部的底面，以及掌骨指骨部的侧面所发生的损伤性溃疡性皮炎，后肢最为常见。

（1）病因　有些体型大的兔，沉重的兔体使其脚上压力大，加上笼底不平，容易给脚下皮肤造成创伤，笼底不洁，受到葡萄球菌感染，引发脚皮炎。

（2）临床症状　跖骨底部和掌骨侧面皮肤上覆盖干的硬痂或大小不等的局限性溃疡。溃疡上的真皮可发生继发性细菌感染，有时在痂皮下发生脓肿。脚皮炎严重时，病兔食欲下降，体重减轻，病兔的后肢不敢着地，因体质下降易患其他疾病而死亡。

（3）防治

1）预防　保持兔笼和产仔箱内清洁、卫生、干燥，减少病菌滋生。种兔结合预防乳腺炎要注射葡萄球菌疫苗，隔4个月1次，每次2毫升。

2）治疗　①首先将病兔脚疮口周围的脚毛剪去，用温水润湿创口上的硬痂，再用0.2%醋酸铝溶液冲洗患部。②涂抹红霉素软膏或撒红霉素粉于伤口。③用纱布将病兔脚包扎好，胶布固定，每隔1天换1次药和纱布，直至患部痊愈为止。药膏除红霉素软膏外，10%碘附软膏、15%氧化锌软膏都可以。④病兔脚部包扎处理后很疼，不能直接站在笼底板，可将笼底板铺一层软干草，使其活动时降低疼痛。

5. 母兔乳腺炎

（1）病因

1）乳房胀满所造成　母兔产前、产后饲料营养丰富，产仔后母兔乳汁多、乳汁过稠。小兔吃不完滞留在乳房，使乳房胀满，血液流通不畅；胎产仔少，母兔泌乳量大，小兔吃不完，乳汁在乳房长时间蓄积胀满，造成血流不畅，都会引起乳腺炎。

2）兔舍不清洁 兔笼内清洁卫生工作做得不好，笼底污秽，母兔产仔前拔毛使乳房裸露，卧在笼底上乳头被污染，或母兔乳汁不足，仔兔吃奶时吃不饱，出现吊奶现象，仔兔咬伤的乳头被葡萄球菌或链球菌感染而发病。

（2）临床症状 母兔乳腺炎轻重不一，可分为3种情况：

1）轻度乳腺炎 乳房红肿，乳头发干，母兔仍能给仔兔喂奶，但喂奶时间较健康兔短，发现后停止喂奶，及时治疗，痊愈后仍能用作种兔。

2）重度乳腺炎 发现时患部已明显充血、红肿，乳头发黑，皮肤张紧发亮，触摸有灼热感，这时母兔已经不为仔兔哺乳了。

3）脓肿型乳腺炎 母兔乳房肿大，初期皮肤基本正常，在乳房周围皮下可摸到大小不等的硬块，小的如莲子大小，大的如山楂大小，后期皮肤发黑而形成脓肿，最后脓肿破溃，流出脓液。严重时发展为败血症，乳房变黑紫色，蔓延至所有乳房都会发生炎性病变，乳房丧失泌乳能力，体温上升到40℃以上，病兔出现精神沉郁、拒食、饮欲增加，2～3天死亡。

（3）防治

1）预防 ①对母兔进行预防注射，葡萄球菌疫苗4个月注射1次，每次注射2毫升，可降低母兔乳腺炎发病率；母兔产仔当天注射1次乳酸环丙沙星，2毫升/次，以后第二天、第三天再注射1次，2毫升/次。可预防本次产仔发生乳腺炎。②产仔头几天减少投饲量。母兔妊娠20天以后自由采食，产仔后3～5天内初生仔兔喂乳量小。投饲量也应减少，防止母兔乳汁分泌量过多、过稠造成乳房肿胀。

2）治疗 ①轻型乳腺炎治疗，先挤出乳房中的乳汁，防止乳房肿胀，影响血液流通；注射乳酸环丙沙星注射液2毫升/次，1天2次，连注3～5天；同时乳房上涂敷10%鱼石脂软膏或10%樟脑软膏。②重度乳腺炎和脓肿型乳腺炎治疗，全身治疗用红霉素肌内注射，每千克体重5毫克，1天2次，连注3～5天；局部用药可用普鲁卡因青霉素打封闭，配制方法为青霉素40万单位，0.25%普鲁卡因溶液30毫升混合，在患部周围皮下注射，隔天1次，连用3次即能收到良好效果。如果发生脓肿，肿块已经软了，证明已经化脓，必须开刀排出浓汁，清除脓液后向患部注入20万单位的青霉素，治疗效果更好。

6. 湿性皮炎

（1）病因 湿性皮炎又称垂涎病，湿内垂病，多因下颌、颈下、肛门、后肢长期潮湿，继发病菌感染而引起。使患部受潮的原因是：①牙齿、口腔疾病，牙齿咬合错位，口腔炎治疗不及时引起经常流涎。②饮水方法不当，经常流至下颌。③饲养管理不到位,垫草潮湿,经常不换等。还有慢性腹泻,经常使肛门周围和后肢内侧潮湿,引发湿性皮炎。

（2）临床症状　患部皮肤发炎,脱毛、糜烂、溃疡,甚至组织坏死。可继发各种细菌感染,病原体常为绿脓杆菌,将患部被毛染为绿色,有人称此病为"绿毛病""蓝毛病"。

（3）防治

1）预防　发现家兔患了口腔炎及牙齿病,应及时治疗;改善饲养管理条件,保持兔舍通风干燥,产仔箱内垫草一定要柔软干燥。

2）治疗　发现并确定家兔得了湿性皮炎后,首先剪去患部被毛,用0.1%的新洁尔灭溶液洗净患部,在洗过的患部抹氯霉素软膏或四环素软膏,10～14天为1个疗程。或剪毛后用3%过氧化氢清洗消毒,再在患部涂擦碘酒。对严重的病例,可用抗生素治疗。

7. 眼结膜炎　指兔的眼睑和眼球结膜发炎,在兔群中比较常见。

（1）病因　本病病因很多:寒冷季节兔舍封闭,通风不好,尿粪不及时清扫,尿内尿素分解生成氨,刺激眼睛;外伤或沙土、灰尘、草末等异物落入眼内没及时冲洗;缺乏维生素;病菌感染等。

（2）临床症状　病初结膜轻度潮红,肿胀,流出少量浆液性眼泪,下眼睑及两颊绒毛湿润,有痒感。严重时发展成化脓性结膜炎,眼睑结膜严重充血、肿胀,在眼中流出或在结膜内积蓄大量黄、白色脓性眼垢,上下眼睑无法睁开。

（3）防治

1）预防　保持兔舍、兔笼卫生,防止异物落入兔眼内;兔舍保持通风干燥,防止冬季有较浓的氨气味;兔舍消毒时要注意合理配制消毒液浓度和选择消毒时间,消毒后应及时开窗换气。

2）治疗　发现某兔发生结膜炎,首先用0.01%新洁尔灭溶液、0.01%呋喃西林、2%～3%硼酸溶液冲洗眼睛,冲洗之后用抗菌消炎药液（或软膏）滴眼或涂抹眼睛,如0.5%的金霉素眼药水、0.5%的土霉素眼膏、0.5%的氢化可的松眼药水、氯霉素眼药水、四环素可的松眼膏、10%的磺胺醋酰钠溶液。

（六）家兔其他杂症

1. 妊娠毒血症

（1）病因　妊娠毒血症又称毒奶症或酮症。主要病因是妊娠最后10天胎儿迅速生长,要从母兔体内获得大量的营养。母兔体内葡萄糖的消耗比非妊娠期高得多,这时胎儿和母兔对糖类的消耗量都大,如果饲料中碳水化合物含量不高,满足不了需要,母兔体内首先将肝糖原转化为葡萄糖,满足应急需要。饲料中低糖水平的刺激,使脑垂体等分泌功能失调,不能完成上述的调节过程时,使血糖浓度降低,导致大脑葡萄糖的供应量不足,脑垂体的分泌功能失调,也就不能很快恢复正常,母兔体内就要代偿性加快脂肪代谢,大量代谢脂肪产生的酮体不能很快排出,在母兔体内蓄积引起母兔毒血症。

有些母兔妊娠毒血症较轻,不出现其他症状,仅出现食欲减退,产仔后经调理有所缓解。但是,所产仔兔 5～8 天陆续失去,愈是个体大、体质强的愈先死,死前死后看不到明显症状。

(2)临床症状　妊娠母兔毒血症症状差异很大,轻症个体几乎不出现症状,只是在产前的 2～3 天食欲不振,吃食减少,产后 2～3 天食欲就能恢复。重症者表现拒食,精神沉郁,反应迟钝,粪干常被胶冻样黏液包裹,或排稀便,有黏液或呈水样,黑绿色,有恶臭,最后衰竭死亡。重症相对较轻的个体,发生流产,产死胎,有的病兔产后遗弃仔兔,或仔兔产后不久死亡。

(3)防治

1)预防　妊娠后期母兔饲料营养要丰富,饲料中玉米比非妊娠期要提高4%,豆粕提高 2%;妊娠后期饲料中添加 2% 的葡萄糖,效果更好。

2)治疗　治疗应以提高母兔血糖、保肝为原则,兼以解毒。25% 的葡萄糖 20 毫升、维生素 C 注射液 2 毫升,一次性静脉注射,1 天 1 次,连续注射 3～5 天;静脉注射氢化可的松注射液 2 毫升,1 天 1 次,连续注射 3～4 天;肌内注射维生素 B_1、维生素 B_2 和氢化可的松注射液 2 毫升,1 天 1 次,连续注射 3天;口服甘油,每次 4 毫升,每天 2 次,连服 3～5 天。

2. 产后瘫痪

(1)病因　妊娠母兔产前缺乏阳光照射和运动,兔舍长期潮湿,饲料缺钙、维生素 D,产仔窝数过多,体质消耗过大,体弱;受惊吓产生应激或饲料中毒,都会引起瘫痪;其他疾病造成体质降低也会引起产后瘫痪。

(2)临床症状　经产母兔患本病后食欲减退。重症者拒食,常常便秘,排尿减少或尿路不通,产仔后四肢或后肢突然麻痹,出现跛行,消瘦,昏睡,有时子宫脱出,身体过于虚弱者很快死亡。

(3)防治

1)预防　按兔的应用方向合理配制日粮,达到营养丰富、全面,特别是钙、磷比例要合理;母兔笼要大一些,让种母兔能活动开,种兔舍阳光要充足;

保持种兔舍通风干燥、温暖。

2）治疗　补充钙质，10%的葡萄糖酸钙静脉注射，每天1次，每次20毫升，连注5～7天。若出现便秘，口服硫酸钙5克或硫酸钠5克；或每天口服蜂蜜3克，连服3天。

3. 仔兔瘫痪病

（1）病因　有些养兔生产者养兔时间短，不知道饲料霉变给兔群带来的危害有多大，购买草粉时对轻微的霉变也不在乎，或买回来的草粉保管不当，在高温高湿条件下霉菌生长繁殖，产生的霉菌毒素污染饲料。母兔吃了用发霉草粉配制的全价饲料，霉菌毒素不能及时从体内完全排出，部分毒素进入奶中，仔兔吃了一段时间有霉菌毒素的奶水后，发生积累中毒。

（2）临床症状　仔兔从7天左右开始突然发病，陆续死亡，死后身体发软，解剖观察消化道，看不到明显的病变。15日龄后发病率增加，病兔吃奶尚好，但却消瘦，被毛蓬乱、无光泽，断奶前后死亡。如果没死，其发育也缓慢。为什么发病多在7～15天的阶段呢？主要是因为仔兔吃了一段时间"毒奶"后，毒素累积到足以致病的量时，出现中毒症状。

仔兔断奶后如果吃了发霉草粉配制的全价料，发病率也很高，幼兔普遍消瘦、衰弱，食欲下降，生长缓慢，被毛蓬乱，出现便秘或腹泻，饮水增加，尿多，有的出现黄疸，两月龄以内死亡。

母兔吃了发霉饲料，繁殖性能下降，发情不明显，受胎率降低，时有大量口水从病兔口腔流出。病兔步态不稳，后肢瘫痪，出现爬行，死时全身瘫软。

（3）防治

1）预防　①规模化养兔场购买饲料原料时一定要把好质量关，即从制度上做到层层把关，采购人员不采购发霉变质的原料，保管人员不收发霉变质的原料入库；饲料加工人员不用发霉变质的原料加工成品料。②高温高湿季节加工饲料时只要不当天用完，饲料中要添加防霉剂，如可加丙酸1～2克/千克饲料，或丙酸钙和丙酸钠1～3克/千克饲料；也可加山梨酸钙0.05%～0.3%，苯甲酸0.05%～0.1%，苯甲酸钠0.05%～0.3%。饲料原料轻度霉变时每吨饲料添加霉可脱1千克，可防霉菌毒素中毒。

2）治疗　若兔群出现霉菌毒素中毒，可以用以下方法控制病情。①支持和解毒：静脉注射25%的葡萄糖20～40毫升，加维生素C 1毫升，1天1次，直到痊愈。也可以服10%的葡萄糖溶液50～60毫升，加维生素C 1支。或皮下注射安钠咖0.5～1.0毫升，以增强心脏功能。②保护肠黏膜：淀粉20克加水煮成糊状,再加入硫酸钠5~6克,灌服,以保护肠黏膜。③抑制和杀灭肠道霉菌:投喂对真菌高敏感的抗真菌药物,如制霉菌素5万~10万单位/只,1天2~3次,连用6~7天。静脉注射两性霉素B,每千克体重0.5毫克,1天2次,连用10天以上。

4. 棉籽饼中毒

(1)病因 棉籽饼含有棉籽毒素和棉籽油酚,用量过大或长期添加可引起中毒,腐烂、发霉的棉籽饼毒性更大,棉籽饼毒是一种细胞毒种,对胃黏膜有强烈的刺激性,并能溶解细胞。棉籽饼中毒多为慢性,中毒严重时也会很快死亡。

(2)临床症状 中毒初期家兔食欲减退,精神沉郁,肌肉有轻度震颤。以后出现明显的胃肠功能紊乱,食欲废绝,表现先便秘后腹泻,粪便中混有黏液或血液。后期出现体温升高,可视黏膜发黄。拉耳对光照看,血管和耳壳均发黄。磨牙,全身发抖,心跳加快,有时出现血尿,怀孕母兔流产。解剖检查,发现胃出血,心内膜和心外膜出血,心脏扩张,心肌变性。肝实质变性,肾水肿,有出血点。

(3)防治

1)预防 腐烂发霉的棉籽饼毒性更大,不能做饲料。妊娠母兔饲料中不能添加棉籽饼。在棉籽饼内添加1%~2%的硫酸亚铁或硫酸钙,再用50%的水拌均匀,放入容器中封闭发酵,可以大大降低毒性。

2)治疗 若兔群用了未脱毒的棉籽饼,并且兔群少数个体出现棉籽饼中毒的症状,可采用如下方法解毒,①每升水加葡萄糖100克、食盐9克、维生素C1克,全群不间断饮水7天;重症个体10%葡萄糖溶液40毫升加维生素C1支,静脉注射,1天1次,连续注射3~5天。②口服0.1%~0.3%高锰酸钾溶液20毫升或5%的碳酸氢钙溶液10毫升。③口服人工盐溶液饮水排毒。④优良种兔可用0.5~1.0毫升安钠咖注射液皮下注射强心。

5. 发霉玉米中毒

(1)病因 玉米含水量大,保存不善,加上气温偏高,容易发霉。没经验者用发霉玉米做家兔饲料原料,当家兔吃了这种饲料易引起中毒。

(2)临床症状 主要表现为神经症状,开始出现精神沉郁,迟钝,嗜睡,口唇麻痒流涎。当兴奋时出现不安、站立不稳,向前冲,有时转圈,严重者四肢岔开行动不了。多数兴奋和沉郁交替出现。后期出现腹泻,粪便发黑,有的也拉干粪球,粪球上有乳白色或黄色黏液。

（3）防治

1）预防　玉米要干燥,含水量不能超过14%。对兔场技术员和采购员强调,不能采购发霉变质的玉米和贮备粮库的陈玉米。仓库内一旦发现发霉玉米,坚决不能再用,否则后患无穷。

2）治疗　①饲料中添加头孢噻呋钠,每千克料200毫升,连用3~5天;同时饮水中加硫酸新霉素,每千克水加硫酸新霉素100毫克,碳酸氢钠1克,全天饮水,连饮3~5天。②拉干粪的个体可催泻排毒,用硫酸钠或硫酸镁,每次5克,1天1次,以泻下为止。③兴奋不安的静脉注射氯丙嗪（冬眠灵）每千克体重0.5~1毫克。

6. 佝偻病

（1）病因　佝偻病又称钙缺乏症,多发生在幼兔饲料中维生素D添加量不足,或某个个体对维生素D吸收利用率低,使骨基质钙盐淀积不足所致;或饲料中钙本身含量不足,或钙、磷用量不平衡,都会造成兔体钙供给不足。

（2）临床症状　病兔生长发育不良,精神不振,四肢发软,向外侧倾斜,身体呈匍匐状,凹背,骨骼发育畸形,生长缓慢,甚至停止生长,趴在笼底不愿动。剖检可见四肢弯曲似弓状,关节肿大。骨与软骨连接处及骨骺部位膨大,肋骨与肋软骨接触处肿大,出现"串珠骨"。

（3）防治

1）预防　补充维生素D,家兔对维生素D日需求量为50国际单位/千克体重,若添加量达不到,要补充才行。每只幼兔（1~2千克）每天需要1~2克钙,一定要按量添加。做到钙磷比例平衡,钙、磷通常以（2:1）~（1:1）的比例供给家兔,以利家兔利用,如果比例达不到则影响对钙、磷的利用。

2）治疗　大群预防性治疗,如果幼兔发病率偏高,就要大群投喂维生素D,对健康兔起预防作用,对病兔起治疗作用,每只兔每天补喂维生素D 500国际单位,连喂2~3周,以兔群稳定为原则。对病情严重的,用维生素AD注射液进行肌内注射,维生素A 1毫升、维生素D 1毫升,每天1次,连续注射5~7天。肌注维生素D胶性钙注射液,每次1 000~5 000国际单位,1天1次,连注5~7天。每只兔每天灌服鱼肝油2毫升,配合灌服磷酸钙2毫升,乳酸钙2毫升,连服5~7天。

7. 中暑　中暑是由于天气闷热,家兔体热散发困难所引起的一种急性病,往往大群发生。

（1）病因　天气闷热,笼舍内潮湿,通风不良,最易引发本病。暑期长途运输,装运兔多造成拥挤,也往往造成中暑。兔舍露天没采取遮阳措施或降温措施,受到强烈阳光照射,兔舍温度过高易发生中暑。伏天气温过高,妊娠母兔、哺乳母兔体质弱也容易发生中暑。

(2)临床症状　热天兔群突然出现有些个体虚弱、昏倒,发生全身性痉挛、迅速死亡。病情缓慢一些的则表现极度不安,头撞笼壁,呼吸急促,心跳加快,体温升高,黏膜发绀、流涎,四肢撑开,不时抽搐,全身无力,很快死亡。有的病兔呼吸困难,从口腔和鼻腔流出带血的泡沫。

(3)防治

1)预防　①兔舍能建在树荫下最好,如果没有这样的条件,可在6月以前在兔舍上搭建遮阳网,比太阳直射降温5℃以上。②在兔舍内装冷水帘和排风扇,用冷气循环降低兔舍温度,凡是装水帘的兔舍夏季温度都能保持在30℃以下。③做好通风换气工作,晚上气温低的时候打开门窗,通风换气。④增强兔群抗热能力,每100千克饲料中加碳酸氢钠1千克,维生素C 10克,长期服用。

2)治疗　①把中暑的兔马上移到通风阴凉处,用冷水袋冷敷,或用电风扇吹其降温。②用冷水灌,促进降温,缓解症状。③在以上紧急处理过后,对其灌服十滴水2~3滴或人丹2~3粒,或用20%的甘露醇注射液,或用25%的山梨醇注射液20~30毫升/次,静脉注射。④对有抽搐的个体,用2.5%的盐酸氯丙嗪注射液,按每千克体重0.5~1.0毫升进行肌内注射,可缓解症状。

8. 便秘

(1)病因　家兔得了热性病,体内发热,排便硬小,肠弛缓,内容物积滞、变干、变硬致使排便困难。除以上病因外,还有以下原因:规模化养兔场因全部喂饲全价颗粒饲料而饮水不足,饲料品质差,饲料内混有土、灰或毛发等物,加之笼小活动不足,大量食物滞留在盲肠、结肠,使肠胃疏导不力而引起本病。还有结肠炎、直肠或肛门疼痛,都可以引起家兔便秘。

(2)临床症状　粪便少、小而干硬,有的呈两头尖形状,有的一头尖;吃食减少,饮水增多,耳色苍白;有时兔头颈弯曲,回头望腹部或用嘴啃肛门处。有的病例干粪外包一层透明的胶样物,尿呈红色。病兔腹痛不安,结肠、盲肠坚硬,在结肠下部与直肠上部粪粒干硬阻塞肠道,出现肠胀气。因硬粪滞留,结肠长时间胀气,出现呼吸困难、心力衰竭等。

(3)防治

1)预防　购买草粉时要求颜色青色、黄色或青黄色,但不能是深褐色、黑色的,含土量不能高于5%;日常饮水器中经常有清洁的饮水;种兔笼要大,便于运动。

2)治疗　治疗的原则是先泻下肠道积存的硬块,再调理肠道,其方法是,①口服人工盐,成年兔每天5～6克,幼兔减半,加温水溶解后让其饮用或灌服(人工盐可自配:硫酸钠44%、硫酸钾2%、食盐18%、碳酸氢钠36%混合而成)。②灌服植物油或液态石蜡,植物油每天每只兔灌服20毫升;液态石蜡成年兔每天每只15毫升,幼兔减半,加温水混合灌服。③果导,成年兔每次1片,每天3次喂服。④大黄苏打片,成年兔每次4片,喂后2～3小时放出兔笼赶其奔跑,效果更好。⑤温肥皂水或0.05%的高锰酸钾水灌肠,成年兔每次30～40毫升,效果良好。

9. 直肠脱出　直肠后端全层脱出肛门外称直肠脱出,若仅仅直肠后段黏膜脱出称脱肛。

(1)病因　患慢性病、营养不良、年老体弱或慢性便秘、长期轻度腹泻等,造成兔体质弱,易引发直肠脱出。

(2)临床症状　初期仅见在排便后直肠黏膜外翻,呈球状,为粉红色或鲜红色,但常能自行恢复。病情进一步发展,脱出部分不能自行恢复,且增多变大,使全层脱出,多呈棒状。引起水肿瘀血,呈暗红色,易出血,表面易附兔毛、粪便和草屑等。随后黏膜坏死、结痂。严重者造成排便困难,体温、食欲明显变化,若治疗不及时,造成死亡。

(3)防治

1)轻症治疗　用0.05%的高锰酸钾溶液或0.1%的新洁尔灭溶液或3%的明矾水清洗消毒后,提起后肢,用消毒的手指送入肛门使其复位。

2)对脱出时间长者　如水肿严重,甚至部分黏膜已经发生坏死,可用消毒液消毒后,剪除坏死组织,轻轻复位,整复困难时,用注射针头刺水肿部位,用浸有高渗液的湿纱布包裹,并稍用力挤出水肿液,再行复位。为防止再脱出,复位后肛门周围进行袋口包缝合,但要注意松紧适度,以不影响排便为宜。防止剧烈努责,可在肛门以上与尾椎之间注入0.1%盐酸普鲁卡因溶液3～5毫升。

10. 子宫脱出　指子宫一部分翻转形成套叠,或全部翻转脱出阴门以外,多发生在产后几小时。

(1)病因　母兔怀仔少,个体大;或妊娠期延长,胎儿大;或母兔体质差,产程长,产仔后子宫未完全收缩,子宫仍然开张,子宫体、子宫角容易翻转脱出,助产方法不当也会增加本病的发病率。

（2）临床症状　母兔产后出现子宫套叠时,往往举尾、拱背、频频努责,不停地做排尿姿势,阴门外有脱出物,以消过毒的手指伸入产道检查,可触到套叠的子宫角。子宫全脱出时,脱出物像肠管,但表面有许多褶皱。脱出的子宫有时可将卵巢或子宫系膜扯断,造成内出血。

（3）防治

1）机械复位　仅出现子宫套叠时,术者把操作用的手指甲剪短、打磨光滑、消毒,然后用手指将其送入腹腔;也可向子宫内注入灭菌生理盐水,借助盐水的重力使其复位。

2）子宫全脱出时处理　①子宫全脱时往往子宫上粘有粪便、兔毛等物,可用3%的温明矾水溶液浸泡子宫,使其收缩。如果脱出的时间长,子宫严重肿胀、充血,可用盐水洗涤,使其脱水,以便复位。②清洗完毕,由助手提起病兔的两后肢,操作者一手轻轻托起脱出的子宫,一手用三指交替地从四周将子宫推入腹腔。整复位后的子宫内放入金霉素1片,或氯己定3粒,并提起后肢将兔左右摇摆几次,拍击其臀部以助其收缩复位。③肌内注射恩诺沙星,每千克体重3毫克,1天2次,连用3天,或肌内注射环丙沙星,每千克体重5毫克,1天2次,连续注射3天。

11. 难产

（1）病因

1）产仔母兔体弱　产仔母兔体质弱,产力不足;频密繁殖,体力消耗太大或产仔时分娩无力。

2）胎儿异常,胎位不正　胎儿个体过大、胎儿畸形、胎位不正等均可以发生难产。

3）母兔生殖器官畸形　如产道狭窄、骨盆狭小等先天性产道狭窄等,引起难产。

（2）临床症状　妊娠母兔已到预产期,拉毛絮窝,有子宫阵缩、努责等分娩的行为出现,但胎儿迟迟产不出来;有的母兔分娩过程非常缓慢,造成母兔筋疲力尽。如不及时采取有效措施,会导致母兔死亡。

（3）防治

1）催产　对产力不足的难产母兔,可先往阴道内注入0.5%的普鲁卡因2毫升,使宫颈松弛、张开;过5～10分给难产母兔肌内注射催产素5～10国际单位;皮下或肌内注射马来酸麦角新碱注射液1～3毫克。

2）人工助产　注射催产素后几个小时仍不能产出的，应实行人工助产。选一位手指细长的女饲养员，剪短指甲并磨光滑，手及手指严格消毒。往产道内注入肥皂水后，操作者用手指矫正胎位，两手指夹住胎儿头部拉出。

3）剖宫产　人工助产也拉不出胎儿的，要实行剖宫产。将难产母兔仰卧绑定在手术台上，后腹部刮光被毛进行消毒，再对母兔进行麻醉，然后在腹部后端至耻骨前缘的腹正中线处开刀，取出子宫，用消毒纱布将子宫和腹刀口隔开，切开子宫、取出胎儿，将子宫缝合后送回原位。最后缝合腹壁。术后对母兔抗菌消炎处理。对存活的胎儿应马上打开胎胞，取出，剪短脐带，打好结，擦干身上、鼻孔处黏液，让其吃初乳。

对死胎造成的难产的处理：将消过毒的人用导尿管插入母兔子宫，用大注射器抽取温青霉素生理盐水，推入子宫，用量 100～200 毫升，以从阴门流出来为适度，一般 30 分后排出死胎，母兔恢复正常。

第三部分

兔场经营与管理

· 兔场经营管理新理念
· 兔场高质量发展路径

第十章 兔场经营管理新理念

一、经营与管理的辩证关系

管理是对养兔企业的治理,其实质是实现对企业行为的有效控制。

经营是管理的目的,是实现养兔企业发展的现实手段,实质是缔造企业的行为能力。

权力是实施管理的前提,智慧则是经营的手段。管理可以使企业由无序变为有序,经营则可以使企业由小变大、由弱变强。企业间的竞争,就是企业成长的竞争,而企业的成长是由企业的经营和管理造就与控制的。管理和经营在企业发展过程中相辅相成,缺一不可。

在经营管理的运转过程中,管理是经营的前提,没有严密管理制度的企业,就如同一盘沙,经营就无从谈起。就一个养兔场来讲,没有很好的各项管理制度,例如定额管理制度、奖惩制度、技术管理制度、经营管理制度和人事管理制度,就会出现分工不明确,责任不明确,没有奖和惩,干好干坏一个样,导致饲养成本高,经济效益低,出现亏损。

编者曾被一个投资几千万元人民币的负责人聘请做他企业的总工程师。上任以后给他交谈的首先是建立严格的现代企业制度,做到分工明确,责任明确,各负其责,成绩大小分明。特别是生产第一线的人员,生产有定额,超产有奖励,完不成生产任务的有惩罚。

负责人开始是很支持的,待到各项制度建立起来以后,在这里混日子的人都纷纷反对,谁坚持执行制度谁就遭到反对。负责人本身没文化,在管理上习惯一言堂,如果都按制度办事,他的事情就少,他反而感到"没权了",慢慢也不支持了,最后制度坚持不下去,有技术、能干的人纷纷离去,生产效益不好,企业维持 1 年以后倒闭。所以养兔业要想走上产业化、规模化、规范化的道路,必须有现代制度作保障,否则是干不下去的。

二、生产与经营的新理念

有的人对养兔的看法是:"养兔利不大,销售形势好的时期还能挣些钱,销售形势不好时还赔钱,总的来说养兔效益不高。"也有人说:"养兔周期短、见效快、效益高,是农户搞庭院经济的好项目。"那么为什么有人养兔效益高、有人养兔效益低? 有同行没同利呢? 这就是人与人之间的理念不同。

（一）种兔品质选择上的理念

以獭兔为例，目前河南省范围内有两种品质的种兔，一种是明显獭兔（暂定名），成年种兔体重4.5~5.0千克，所产仔兔90~105日龄体重达到2.75千克左右，且毛被品质达到收购商的要求。这样品质的种兔2.75千克售价150~160元1只。一般品质的种兔，成年兔体重3.75~4.00千克，所产仔兔135日龄左右体重达到2.75千克。这种种兔2.75千克售价100元1只。

第一种种兔每只商品兔从20日龄开始补饲到出售，自身消耗全价配合饲料9千克左右，摊种兔饲料2.5千克，共计消耗饲料11.5千克，厂家自己加工全价配合饲料，以目前精料与农副产品的价格来计算，每千克成本在1.7元左右，饲料成本19.55元，加上防疫费、水电费，饲养成本21.6元左右。第二种兔所产商品兔，每育成1只商品兔它自身要消耗全价配合饲料14.25千克，再加种兔饲料2.5千克，共16.75千克，每千克饲料成本价1.7元，饲料费28.5元，加防疫费、水电费3.0元，每只商品兔饲养费31.5元。

若让有正确理念的人选择种兔时，他一定选择第一种兔，因这种种兔的后代生长快，饲养成本要比第二种种兔后代育成成本低、利润高，即使购种兔时每只种兔多花50~60元，第一窝商品兔出售节省的饲养费就把多花的钱挣回来了。

（二）科学饲养上的理念

科学饲养就是按照种兔的生产性能制定饲料的营养标准，结合本地饲料原料产量和价格研制饲料配方，保证各阶段的兔都能满足营养需要。这样种兔繁殖的优良性、幼兔生长发育的优良特性才能表现出来。有些养兔户即使买了优良种兔，他们也不能长期保持种兔群的优特性。表现在即使供给优良种兔的种兔场把保持兔群优良性的饲料配方送给购种户，实际操作过程中，购种户会把饲料中价格高的原料比例降下来，节省开支。比如饲料中豆粕价高，优良兔群饲料中的配比多在18%，并且还加2%的动物性饲料，但为了节省开支，购种户会把豆粕降到15%、不用动物性饲料，即把优质獭兔饲料蛋白质应占的比例降至肉用兔饲料中应占的比例。时间长了种兔繁殖力降低，生长兔生长速度变慢，被毛品质降低，商品兔本应在90~105日龄卖出，但只能到135日龄才能卖出，把自己的优良种兔群退化到一般兔群的品质。真是"想让马儿跑，又想让马儿不吃草"。

（三）保证仔、幼兔成活率上的理念

仔、幼兔的成活率，是指从仔兔出生到3月龄快速生长期结束，100只初生仔兔还有多少只。生产实践证明，在没有经验的技术人员驻场指导的情况下，成活率也就在70%~80%，最好的达95%以上。但是，在这一环节上仍有一些人理念不正确，不能完全按技术要求办事。例如，兔舍简陋夏天兔舍温度不能降至30℃以下，冬季兔舍温度不能升至7℃以上（夜晚），使用的预混料不是看质量而是看推销人的面子购买的。导致夏冬季节仔、幼兔发病率高，春秋温度适宜仍有陆续发病，这样有的干几年了幼兔育成率才能达到40%~50%，这种生产水平的利润就不大了，兔价稍有下降就有亏损的危险。有正确理念的人，兔舍建设按技术要求建，夏季隔热、降温，冬季供温保暖，技术上找技术依托单位或专家，按技术要求办，保证兔群常年稳定，幼兔育成率均在95%以上，即使兔的收购价格有所下降，兔场经济效益也不会有大波动。兔价若下降明显，利润不大了，还可利用现有资源和条件拓展新的收入来源，维持企业经济状况稳定。

三、建立规章制度规范管理

养兔规章制度分两大方面，一是工作人员的责任制度；二是生产过程中应遵守的工作制度。这里做一简单介绍，各养兔企业可以根据各自场的督促检查情况在此基础上进行补充、修订并进一步细化，以适应自己场的情况。

（一）工作人员岗位责任制

1. **场长工作责任制**　场长负责制定本养兔企业的发展规划、年度种兔规模、生产计划、销售计划、种兔选育计划，并负责这些计划的实施。负责制定每个参与生产人员的责任目标，并督促目标的落实。负责养兔场各项规章制度的制定和实施。负责对生产人员、管理人员、财务人员、业务人员的教育和管理工作。负责本场年初制定财务预算、年终财务决算的审核工作。负责技术人员对种兔群的选育工作方案的实施和验收工作。负责对技术员、饲养员的技术培训工作。负责组织好后勤保障工作和场内安全保卫工作。

2. **畜牧技术员的工作责任制**　畜牧技术员负责制定饲养管理技术操作规程，并组织饲养员实施和监督实施情况。负责制订种兔群选育计划，组织饲

213

养员配合实施及选育计划的总结验收工作。负责场内科研、生产、经营原始数据(或档案)的记录工作。负责指导、督促、检查饲养员的饲养管理工作。负责饲料原料、添加剂或预混料的质量把关工作。

3. 兽医技术员的工作责任制　负责制定养兔场内清洁卫生制度、卫生防疫制度、兔群免疫程序,并组织实施。负责消毒剂、兽药、预混料或添加剂的质量把关工作。负责每天进兔舍检查各阶段兔的健康状况,发现病兔及时治疗,发现问题及时向场长反映,及时解决。负责组织兔群定期检疫、免疫注射及场内外消毒工作,并做好这些工作的记录工作。负责兔群疾病防治和所需药品的采购工作。

4. 饲养员的工作责任制　服从工作安排,配合做好种兔群的选育工作、消毒工作、免疫注射工作。发现兔群发生什么问题及时向技术员汇报。按饲养管理技术操作规程进行工作。做好日常的饲养管理工作,做好适时配种、接产工作。负责场内外、兔舍、笼具的清洁卫生工作和消毒防疫工作。爱护兔子、爱护公物、防火防盗、保障安全。

(二)养兔场的各项工作制度

1. 清洁卫生制度　饲养员上岗要穿兔场配的工作服和水靴,不准穿工作服、水靴离开兔场。家兔笼舍、粪池每天要打扫 1 次,保证兔场、兔舍清洁卫生。食槽、水缸、笼底板、承粪板在 5 ~ 9 月每周清洗消毒 1 次;10 月至第二年4 月每 2 周清洗消毒 1 次。每月的 15 日、30 日兔场要进行大扫除,特殊情况,可随时组织大扫除,保持环境卫生。兔场与兔舍要经常性地注意防鼠工作,夏秋季节要经常性地做好灭蝇工作。

2. 消毒制度　兔场门口设消毒池,进场人员与车辆都必须走消毒池(垫)上,做到鞋底消毒、车辆消毒,防止把外界的病菌带入饲养场。食槽、笼底板夏季每周用 0.1% 的高锰酸钾溶液浸泡消毒 1 次,承粪板同时用 0.1% 的高锰酸钾溶液喷洒消毒 1 次。冬季和早春每 2 周消毒 1 次。兔舍、兔场环境,每 15天用 3% 氢氧化钠溶液喷洒消毒 1 次。工作服每周洗涤消毒 1 次,水靴子每天工作完后都要洗干净,放在更衣室。大门口消毒池每周换消毒液 1 次。兔舍空间每周用 0.02% 百毒杀溶液喷雾消毒 1 次。

3. 防疫制度　仔兔出生第二天滴喂乳酸环丙沙星注射液,每只滴喂0.3 ~ 0.5 毫升,每天 1 次,连滴 4 天,预防仔兔黄尿病。母兔产仔当天,注射乳酸环丙沙星,每只 2 毫升,连注 3 ~ 4 天,预防母兔乳腺炎。仔兔 20 ~ 23 日龄注射 1 次波大二联苗,每只 1 毫升;30 ~ 35 日龄注射 1 次魏氏梭菌疫苗,每只 2 毫升;40 ~ 45 日龄注射 1 次瘟巴二联苗,每只 2 毫升,60 日龄再加强注射 1 次,每只 2 毫升。种兔初配前 7 天注射 1 次葡萄球菌疫苗,每只 2 毫升,预防母兔乳腺炎。以后与大群母兔一起每 4 个月注射 1 次葡萄球菌疫苗,每只 2 毫升。每 4 个月注射 1 次魏氏梭菌疫苗,每只 2 毫升。种兔群每年春秋两季各注射瘟巴二联苗 1 次,每只 1 毫升,间隔时间不能超过 6 个月。新购进种兔不能马上与本场种兔混群,预防传染。

(三)兔场"五定"及奖惩制度

1. "五定"

(1)定基础母兔饲养数　每个饲养员负责 120 只基础母兔,15 只种公兔饲养任务和繁殖任务;每年从后代兔中选育出 40 只优秀后备种,补充自己的种兔群。

(2)定种兔成活率　种兔年终清理,1 年的死亡率不高于 5%。

(3)定产仔数　肉用兔每只母兔 1 年平均产活仔 45 只以上,獭兔每只母兔年产仔在 35 只以上。

(4)定育成率　肉用兔每只母兔每年育成商品兔 40 只;獭兔每只母兔每年育成商品兔 30 只。

(5)定饲料消耗　种兔 1 年的饲料消耗 95 千克,商品兔养到 2.5 千克交场内集中饲养时,每只消耗饲料 9 千克。

2. 奖励　完成五定任务的人员发基础工资。种兔生产超额完成任务的每只奖励 80 元。商品兔生产超额完成任务的每只奖励 20 元。

3. 惩　每多死 1 只种兔从基础工资里扣发 50 元。每少生产 1 只商品兔从基础工资里扣发 15 元。饲料消耗低于定额 5% 不惩罚;超过 5% 的,超出部分按当时饲料成本扣发基础工资。

第十一章　兔场高质量发展路径

一、懂管理，会经营

养兔业走到现阶段已经形成了产业，成了畜牧业的一个组成部分。产供销形成一个完整链条，种兔选育、商品兔生产、兔饲料加工机械、笼具加工、用具加工等一应俱全；兔产品如活兔出售、兔肉出售、兔皮出售都有市场，也可以坐在家中等中间商到家来收购。但这也有一个弊端，即同行无同利。

例如，生产者办个养兔场只管喂兔，兔饲料销售商可以送上门；卖活兔也等着中间商上门收购，这样很清闲、自在。但是，如果生产者自己加工饲料，每千克全价配合饲料成本只有 1.5 元（2016 年原料市场价），而商品饲料售价就要达到 2.1 元/千克，1 只商品兔多花饲料费 4.5～5.4 元。如果饲养 200 只繁殖母兔，每年育成 6 000 只商品兔（獭兔），1 年就要多花 3.65 万～4.38 万元饲料费。1 只 2.75 千克的商品兔能提供兔肉 1.5 千克，每千克兔肉 20 元，1 只售价 30 元。除去收购活兔、去毛皮市场卖兔皮的消耗，每收 1 只活兔中间商能挣 25 元钱。如果养兔户能把自己育成的商品兔宰了，兔肉卖出去，6 000 只商品兔又多收入 15 万元。

如果你能养好兔，又能够加工本场用的饲料，养兔户就能多挣 3.5 万～4.5 万元；如果自己宰杀，肉卖出去，皮到毛皮市场卖，养兔户 1 年就能多挣 20 多万元。

二、循环利用，绿色发展

畜牧业在农业生产链中起着承前启后的作用，在大农业中扮演着主要角色。随着畜牧业微利时代的到来，单纯饲养 1 种畜禽往往因市场、成本等多方面的原因而得不到良好的经济效益，必须走既生态、环保，又有较好效益的新模式。目前，传统养殖业是"资源—产品—废物"的单项、直线过程，大规模的养殖企业是"大投入—大生产—大排放"的生产模式，规模愈大，创造的财富愈多，消耗的资源和产生的废物也愈多，对资源和环境造成的负面影响也愈大。发展高效的生态养殖模式符合中央提倡的低碳经济，循环利用、无废物排放的资源节约型、环境优良型、物资循环型养殖模式。

为什么主项目选养兔呢？因为兔是草食小家畜，属节粮型畜牧业的畜种之一，立体笼养好管理，占地面积小，适合庭院饲养，规模可大可小，属于投资小、见效快、效益高的项目。养兔的项目,从引种到商品兔出售 7~8 个月,这是牛、羊等草食动物都无法比的。

(一)"兔—猪—农"作物循环模式经济效益分析

1. 养兔经济效益　200 只基础母兔,每只母兔平均育成 30 只商品兔(獭兔),即年出售商品兔 6 000 只。商品兔饲养期 90~105 天,消耗饲料 9 千克,摊种兔饲料 2.5 千克,合计 11.5 千克;饲养场自己加工饲料,每千克成本1.7 元,饲料费 19.55 元/只,平均每只免疫注射与用电费 2 元,即饲养成本为 21.6 元。2016 年交通便利的地方活兔收购价 18 元/千克,1 只体重 2.75千克活兔售价 49.5 元;活兔价减去饲料成本 49.5 - 21.6 = 27.9 元。6 000只商品兔纯收入 16.74 万元。

2. 养猪经济效益　1 只成年兔每年可产粪 100 千克,折干 45 千克左右。每只商品兔从初生到出售可产粪 10 千克,折干 4.5 千克以上,200 只基础母兔加 30 只种公兔每年可产粪(折干)1 035 千克;6 000 只商品兔可产粪 25 200 千克(折干),共计 26 235 千克,兔粪经过发酵处理可按 40% 添加在猪饲料中,能供育成 180 头肥猪。每头肥猪平均创 500 元利润,总共能创 9 万元纯利润。

两项目合计,年收入可达 25.74 万元,养兔者可以顺利走上富裕的道路。有关技术问题可通过河南省农业科技 110 有限公司与专家联系。

(二)发酵床养猪的关键技术

1. 发酵床养猪的关键技术

(1)益生菌在养殖中的应用　正常品质的产品,粉剂每克含活菌 5 亿~10 亿个,液体每毫升 5 亿~10 亿个。随着保存时间的延长品质有所下降。8℃ 以下保存的活菌活力下降得慢,保存 1 年仍有活力。

益生菌在养殖业中的应用有两个方面的用法:一是用作饲料添加剂,一般幼畜肠道发育不完善,饲料中添加益生菌制剂,通过调节幼畜肠道微生态系统平衡来促进肠道正常微生物区系的建立,增强畜禽免疫力,提高饲料利用率,改善肉质,提高养畜的经济效益。二是制作发酵床,猪、肉、鸡都可以在发酵床饲养,发酵床发热可以杀死病原菌和虫卵,畜禽不易生病。三是发酵散热,猪舍温暖,生长发育良好。

(2)发酵床养猪的好处　①能调节猪舍湿度:用益生菌与基料混合制成的发酵床,冬暖夏不热。益生菌和基料混合后,迅速发酵,基料分解,在分解过程中产生热量,中心发热层温度可达 50~60℃,而表层不发热,温度 20℃ 左右,猪卧在发酵床上很舒适。②发酵床养猪能起到防病的效果:益生菌、基料、猪粪尿混合后,经益生菌的分解产生粗蛋白质、氨基酸和各种有益的代谢物,对猪的生长和健康都起着良好的作用。发酵床是天然的营养物质库,常年为猪提供源源不断的营养物质。③具有自动清除粪尿的功能,猪圈无臭味:发酵床在发酵过程中产生了大量益生菌,新的益生菌又以猪粪尿、基料为营养物继续发酵,在发酵过程中又产生了大量营养物质,再被猪拱食,周而复始形成食物循环。这个循环是以有益菌为"中枢"而循环转化的,(益生菌分解猪粪尿—猪拱食益生菌及代谢产物—粪尿)。整个猪舍没有废料,不需要每天清理猪粪尿。猪排泄的粪尿由它自己清理。猪舍比较卫生,舍内无臭味。④发酵床上养的猪,猪肉食用安全:目前常规养猪方法,饲料中常加药物、抗生素、激素、瘦肉精等。发酵床养猪不用抗生素,不用毒性物质,生产的猪肉安全。

(3)发酵床的制作方法

1)发酵剂的选择　发酵剂销售价格差距较大。应选效果好、价格偏低、质量有保证的产品。

2)场地和猪舍选定　猪舍应选地势高,雨后不积水、排水性好的地方。猪舍可建双列式的,也可以建单列式的,单列式应坐北向南,双列式的可南北走向,以便两边都能接受光照。新建发酵床猪舍示意图如图 10-1、图 10-2。

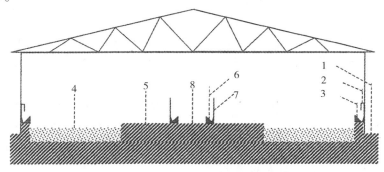

图 10-1　双列式发酵床猪舍

1. 地平面　2. 饮水器接水槽　3. 自动饮水器　4. 发酵床宽 4 米　5. 平台宽 2 米　6. 猪食槽深 0.2 米,宽 0.3 米　7. 护栏高 1 米　8. 工作通道宽 1 米

注:发酵池深 0.7~0.8 米;垫料厚 0.5~0.6 米

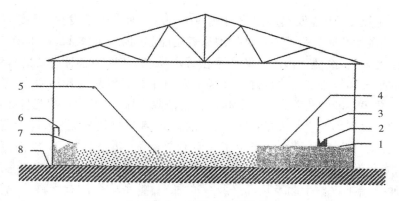

图 10 - 2　单列式发酵猪舍

1. 工作通道宽 0.9 米　2. 猪食槽深 0.2 米，宽 0.3 米　3. 护栏高 1 米　4. 平台宽 2 米

5. 发酵床宽 6 米　6. 自动饮水器　7. 自动饮水器台宽 0.8 米　8. 地平面

注：平台、自动饮水器台高 0.7 ~ 0.8 米；发酵床厚 0.5 ~ 0.6 米

　　家庭养猪可以因陋就简，利用现有的闲房、旧厂房，每个猪舍可大可小，一般 60 ~ 90 千克的育肥猪每头占 1.5 米²，20 ~ 50 千克的育肥猪每头占 1.2 米²，密度过大和过小都不好。因为菌种的数量有限，密度过大，产生粪尿太多，分解不完，经常有生粪，造成发酵床不卫生；如果猪的投放密度太小，猪粪尿少，生粪料不足以被益生菌分解，时间长了，益生菌新生的量不足，老化的多，活力变低，达不到好的效果。采用旧房改造的猪舍，也要创造条件解决好光照、通风、冬季保暖、夏季遮阳降温的问题。

　　猪舍位置选定后，可建发酵床（图 10 - 3），猪舍的地方可以建成地上式发酵床，也可以建成地下式发酵床，以地下式发酵床为好。地下式发酵床即向地面以下挖 70 ~ 90 厘米，料层 50 厘米，上面还有 20 ~ 30 厘米一坎，以便补料和防止垫料铺散在平台上。发酵床底应是土层，不用水泥处理，以便垫料中的水下渗。

　　3）发酵床垫料的组成要求　垫料的选择从技术角度讲，其原料必须碳氮比例高，碳水化合物（包括木质素）含量高，优点疏松，多孔通气，吸水性、吸附性良好，细度适中、无毒无害、无明显杂质；从实用角度讲，原料必须来源广，采集采购方便，价格低廉，质量容易把握。

　　锯末：所有垫料中锯末的碳氮比最高，最耐发酵（碳氮比 492∶1）。同时锯末疏松多孔，保水性最好，透气性也比较好。生产中全用锯末或以锯末为主掺少部分稻壳作发酵床主料是最好的，但价格较贵。

　　稻壳：透气性比锯末好，但吸附性稍次于锯末。碳氮比低于锯末，灰分比

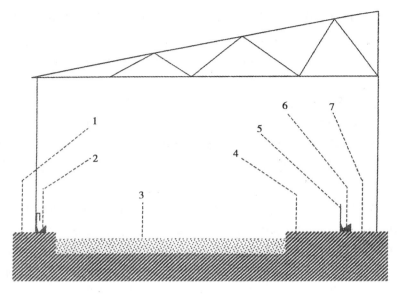

图 10 - 3　简易猪舍单列式发酵床示意图

1. 地平面　2. 饮水器接水槽　3. 发酵床宽 6 米　4. 平台宽 2 米　5. 护栏高 1 米　6. 猪食槽深 0.2 米,宽 0.3 米　7. 工作通道宽 0.9 米

注:发酵池深 0.7～0.8 米;垫料厚 0.5～0.6 米

锯末高,使用时间比锯末短。可以单独使用,也可与锯末混合使用。使用稻壳不要粉碎,垫料过细不利透气。用稻壳的好处是原粉纯,质量稳定,不易过湿或霉变。

花生壳:可以不经粉碎铺于发酵床最下层,厚度不超过 15 厘米。也可以不经粉碎与锯末或稻壳合用。

玉米秆:可以铡短在发酵床底层铺 10 厘米一层,也可以打成粗粉与花生壳混合使用,使用期 1 年以上,种植户可用这种配合,材料由自家地里产,只花一点粉碎费。

棉花秆:可以粉碎后与花生壳混合使用,也可以与锯末或稻壳混合使用。即不经粉碎而铡短成 5～10 厘米的小段,在发酵床底部铺 10～15 厘米一层,上面再铺锯末或稻壳。不单独使用。

4)垫料配方　锯末、稻壳组配:锯末 50%、稻壳 30%、鲜猪粪 5.5%、米糠 4%、益生王酵素 0.5%、菜园土 10%。

玉米秆粉与花生壳组配:玉米秆粉 50%、花生壳(不粉碎)35%、细米糠 4.5%、益生王酵素 0.5%、菜园土 10%。

稻壳与花生壳组配:稻壳 50%、花生壳(不粉碎)35%、麦麸 3.5%、益生王酵素 0.5%、菜园土 10%。

锯末与花生壳(不粉碎)组配:花生壳 35%、锯末 50%、菜园土 10.2%、食盐 0.3%、麦麸 4%、益生王酵素 0.5%。

5)铺设发酵床　发酵床铺设前的消毒:新建猪舍发酵床料池建好后,先用生石灰消毒池底,再用其他消毒剂消毒池壁、猪舍内走道、平台及空间。方法为:菌毒敌(复合酚),用自来水稀释 300 倍,喷洒消毒。福尔马林(40%的甲醛),稀释成 2%的溶液,喷洒消毒。氢氧化钠(火碱、烧碱),配成 2%溶液喷洒消毒。来苏儿(煤酚皂),3% ~5%的溶液喷洒。

旧房改造猪舍,还要进行空间消毒。其方法有:福尔马林熏蒸消毒,按空间计算,15 毫升/米^3,加热蒸发消毒 4 ~10 小时。福尔马林与高锰酸钾混合熏蒸消毒。按每立方米福尔马林 15 毫升、高锰酸钾 7 克。准备 1 个陶瓷盆,将陶瓷盆放入猪舍中间,关好窗户,门先开着,把消毒液倒入陶瓷盆以后马上离开猪舍,离时把门关严,一天一夜后开门、窗,将余气排出。

铺料:除益生菌、麦麸或米糠外,所有垫料都混合在一起,搅拌均匀,然后加水,料与水的比例为 2:1,即 100 千克料加 50 千克水,再继续搅拌。益生菌专用酵素与麦麸或米糠混在一起,拌均匀。撒播菌种采取边铺垫料边撒菌种的方法,垫料原料洒水时已翻混了一遍,然后将其堆放在发酵床的一侧,最后往对侧铺一层垫料撒一层菌种。一般是将垫料分五层撒布,每层垫料上面撒一层菌种,每层 10 厘米左右。最终料厚度应在 50 ~60 厘米,进猪饲养一段时间后经过猪踩踏,也得有 50 厘米,不足时还得补充。垫料铺设完毕,上面盖一层塑料薄膜或编织袋保温。3 ~4 天检查一次发酵床中间层温度,如果中间温度达到 50 ~60℃即可放猪。

(4)发酵床运行维护　发酵床运行正常的标准是:中间层温度冬季50 ~60℃,夏季 40 ~50℃;垫料表面无明显猪粪堆积、无蝇蛆、无霉块、无板结;空气无臭味,无明显味;屋顶和墙壁上无水滴;垫料表面松软,略有潮湿,手握成团,猪在垫料上活动不起尘,中层垫料与表层垫料湿度相近,或由于填粪湿度比表层料稍高,下层料基本保持原来的干湿度。

发酵床日常维护主要包括通风、粪尿与垫料的混合填埋、垫料的翻动以及垫料的补充 4 个方面。

1)通风　通风的目的:一是及时排出发酵的废气和水蒸气;二是天热时起降温作用;三是给猪舍内补充新鲜空气,即补充猪呼吸和垫料发酵消耗的氧气。如果猪舍封闭严不透风,或通风强度不够,发酵产生的湿气难排出,会在墙上、舍顶上结成水珠,再滴到发酵床料上,时间长了垫料湿度过大,影响发酵床功能,甚至导致发酵失败。猪舍空气湿度大会造成猪群应激,霉菌滋生,猪易得病。通风不良还会使发酵产生的废气滞留圈内,对猪直接产生毒害。

通风的方法:一是打开门窗水平通风;二是风机抽风或送风;三是利用天窗和地窗形成的循环气流实现的通风。在环境温度不十分高,湿度不大,有明显的自然风情况下,单独使用较大的门窗进行水平通风就可达到排放废气的目的。

天窗和地窗的应用:发酵床生成废气的量大,加大了废气排放的任务。由于发酵产热,发酵生成的气体就有自动上升的动力,天窗正好给垂直上升的湿热气流提供了顺畅的通道。而墙根处的地窗给发酵床表面上升的垂直气流补充了外来新鲜空气,这样就形成了自动循环的气流,使发酵垫料表面的湿气和浊气能直接上升到天窗排出,提升了废气排放的效率,保证了全天候状态下的舍内外气体交换。因此,天窗与地窗形成立体循环气流,排放浊气与湿气的效果特别好。

卷帘的使用:大猪阶段外界温度在10℃以上,或者仔猪保育阶段外界温度在20℃以上时,可以完全开启卷帘,温度稍低时,根据情况适时开启,同时灵活配合天窗和地窗通风。

天热时期的通风:夏季温度高,湿度大,没有自然风,靠门窗水平通风和天窗、地窗的通风能力不能满足需要时,要及时开启机械通风设备。

夏秋炎热季节,通风的目的不仅是排放废气,更重要的是降温。发酵床产热,猪舍内降温负荷比一般猪舍更大,这时要开启机械通风降温设备。

2)猪粪尿与垫料混合填埋　日常猪粪填埋:每天饲养管理人员都要把发酵床表面猪排的粪用平板锹扒成堆,把垫料上层30厘米深的垫料翻起,把猪粪填在挖开的坑内,再把垫料埋上。让其在中间发热层进行发酵,一方面为益生菌提供了营养,创造了良好的发酵条件,另一方面发酵后猪粪还能被猪拱食,为猪提供了营养。

猪群排泄区湿度大时要翻出并与正常湿度的垫料混合重新铺设:圈养猪有到圈的边角排便的习惯,时间长了这一区域湿度就大,破坏了这一区域垫料的发酵条件,不但粪尿不能及时发酵降解,而且使这一区域丧失发酵功能。解决的办法是:将尿湿区的垫料翻起,将本圈内垫料干爽区域的垫料转过来一部分填充到湿区,湿区翻出的湿垫料再撒在干区的垫料表层。

3)垫料的翻动　因发酵床在发酵过程中需要氧气,排出废气,所以垫料要保持松散、透气。定期或不定期地对垫料进行翻倒处理,可防止因猪的踩踏而使垫料板结、不透气,进而转化为厌氧发酵,无法使猪粪尿降解掉的情况发生。是否翻倒要看垫料透气程度,以松散没有结块为准。猪群对垫料的拱掘动作能起到很好的翻动效果,但猪不会在所有的地方拱掘,特别是发酵不充分的地方,因为没有好的气味引诱猪。一般来讲,小猪粪尿量小,对垫料踩踏也较轻,没有必要频繁翻动。但中型猪、大型猪粪尿量越来越大,对垫料踩踏也越来越重,翻动的次数也越来越频繁。

为了增加猪群对垫料的拱翻,减少人工翻动,对猪群采取定时定量的喂食方法,在正常喂饲量的基础上减少 5% ~ 10%,迫使猪为寻食而增加掘土量。也有人在猪群不经常拱掘的垫料下面埋一些爆玉米花,引诱猪拱掘。日常维护翻动垫料时,最好用较大而且齿多的铁叉,这种工具不仅比用铁锹操作轻快,而且掺和得均匀。

4)垫料的消耗与补充　垫料的消耗:发酵床运行一段时间垫料会消耗一部分,一般 3 ~ 4 个月一个育肥猪饲养周期垫料厚度会减少 10 厘米左右,所以需要补充一部分垫料。垫料减少的原因有两方面,一是猪拱食粪便时带着吃掉一部分垫料;二是垫料碳化体积减小。

垫料补充形式:集中补充、定期补充、随时补充。

集中补充:即在一批育肥猪出栏或转圈后一次补齐消耗的垫料。

定期补充:每隔一定时间补充 1 次,如隔 2 个月补充 1 次。

随时补充:根据发酵床上垫料的情况,如猪群粪尿集中、垫料过湿,随时可以添加干料。

大猪生长阶段垫料水分和粪尿较多时,可以随时补充干垫料。这样不但可以迅速降低垫料中水分和粪尿的比例,而且能通过增加垫料厚度提高单位面积的发酵率,保证完成大猪阶段较大的发酵负荷。定期补充和随时补充垫料,就需要经常有一定的垫料原料贮备。补充的垫料原料质量应和开始铺设时用的原料相同或相近,并且按比例添加发酵剂。

5)尽量保持垫料干燥　在发酵床运行过程中不需要另外添加水,猪的粪尿进入后正好符合发酵需要的水分要求。湿度太大时水分不易排出,应通过增加垫料、翻倒混合、加强通风来控制发酵床湿度。尽量降低垫料中水分含量是维护发酵床条件的重要方面。

保持垫料干燥的好处：一是较干的垫料对中间发酵层可以起到很好的保温效果，使原本最上面的保护层也具有了一定的发酵活力，就等于加厚了发酵层。二是在较干的垫料上猪感到舒服。三是较干垫料对热的传导慢，冷天保温效果好，夏天也不至于使发酵层内的热量过多地传导到猪身上，猪不会感到很热。四是垫料中水分少时，对以后的水分蒸发负荷小，不易造成含水量超出比例。

垫料中水分过多的原因：一是除猪的粪尿外，其他水分进入，包括雨水、地下水、水管水或饮器漏水。二是维护不到位引起的发酵功能低下和猪的密度过高，尿量远高于发酵床发热蒸发的量，造成粪尿中的水分没有及时通过发酵床蒸发出去。三是通风不良影响水分蒸发，甚至水汽在猪舍屋顶和墙壁上凝结为水珠再滴在垫料上。

避免垫料中水分过多的措施：一是猪圈顶棚和门窗不能漏雨，猪场排水设施要齐全到位。二是发酵的高度要与地下水位相适应。三是水管铺设要合理，饮水器质量要好，一定不能用劣质饮水器。要定期检修或更换饮水器弹簧及弹簧垫，定期更换饮水器。从饮水器漏下的水必须从导流台流出，不能流到垫料上。最好安装水碗式饮水器。四是翻动、通风等日常维护工作要到位。五是在大猪阶段饲养密度要合理，每头猪占发酵床面积一定不能低于 1.5 米^2。

在生产实践中，垫料的含水不能经常地用仪器测量，只能靠人的视觉经验来判断。一般讲，含水量在 20% 左右，垫料干爽，没有潮湿感；含水量在 30%，垫料稍有湿润感；含水量 40%~50%，垫料明显潮湿；含水量 60%，手握垫料略有黏结感，但手稍晃动马上散开；超过 60%，用手握垫料，指缝中有水浸感。

6）猪群出栏后垫料的处理　要彻底翻倒垫料，做到垫料松散透气，粪尿与垫料混合均匀；二是再在原有垫料的上层补充新垫料，达到要求的厚度。如果原有垫料中水分和粪尿过多，新垫料有必要与老垫料混合，否则要用适当部分新料掺入老垫料中，提高发酵效率。此时新垫料中需要加入发酵剂，然后发酵 1 周左右，猪舍再进下一批猪。这样处理的目的，一是在短时间内使垫料快速发酵，使粪尿和水分尽快降低，为下一批猪进入发酵床提供良好的环境，减轻以后发酵负担。二是尽量使发酵过程剧烈，温度尽可能升高，以通过发酵过程杀死存留在垫料中的病原微生物和寄生虫卵。

（5）发酵床异常情况的处理　发酵床是持续运行的活力系统，发酵剂是能源,是实现运行的核心,猪舍是配套系统。要保证发酵床正常运行必须具备3个条件:一是高效的发酵剂(菌种);二是发酵床及发酵床猪舍建造要规范;三是要正确维护发酵床和管理猪群。

这些年编者在推广发酵床养猪技术过程中,发现并总结生产者经常遇到的一些问题,现将这些问题分析一下,指导新上此项目的养殖者少走弯路。

1)发酵床不启动 新制作的发酵床不启动大概有两方面的原因,一是冬季气温过低不能启动;二是垫料湿度太大也不能启动。

一是温度低不启动的解决办法:发酵床的发酵剂——菌种,在10℃以上复活快,启动也快。垫料温度低于10℃时菌种不能繁殖,发酵床也就不会启动。属于这种情况的发酵床不启动就应该采取各种办法给猪舍升温,使猪舍温度保持在15℃以上,垫料升温后发酵床启动了,靠发酵床的热使猪舍温度达到10℃上时可以停止加温。

二是发酵床垫料湿度大,含水量超过60%,再加上温度偏低,发酵床就不能启动。这种情况的解决办法是:在原垫料中再添加干垫料30%左右,混合后整个发酵垫料相对湿度降到40%~50%,加上猪舍保温,发酵床就可以启动了。

2)淹死 发酵床垫料中突然进了大量水分,导致发酵床失去功能。解决的办法是:①先阻止水进入发酵床,同时赶出猪群。②取出一部分垫料到猪舍外晾晒到干,同时在原发酵床垫料中取出一部分加入新垫料并与之混合。晾干的老垫料可按新垫料的使用方法加入,再加入发酵剂。③加强通风,使垫料中的水分蒸发出去。

3)死床 发酵床维护不好,积存猪粪尿过多,导致不能有效发酵降解猪粪尿。解决的办法是:赶出猪群,把积存的粪清出,掺入1倍左右的干垫料和发酵剂混合均匀,发酵7~10天后,待垫料中的粪尿和水分很少时,再进猪饲养。

4)垫料发黑发臭 一般是垫料透气性不好,形成厌氧发酵所引起。解决的办法是:勤翻动垫料,加强猪舍通风。

5)垫料高温 猪舍环境温度过高或猪舍通风不良。解决的办法是:通过增加垫料的透气性,加大猪舍内通风降温等方法。

6)猪舍内有雾 这种情况见于冷天,原因是猪舍内温差大,室内外温差大。应对这种情况解决的办法是:在寒冷天气里,适当做好猪舍保温工作,开天窗和地窗,排出室内湿气。

7)猪舍闷热 通风不畅,发酵生成的湿热气体不能及时排出,造成闷热。

解决的办法是:开天窗和地窗,加强水平通风降低猪舍湿度,适当翻动垫料。

8)猪舍顶凝水　这种情况多见于寒冷季节,其原因是猪舍内湿气没有及时排出,遇到较凉的屋顶凝成水珠。解决办法同前。

9)垫料中生蛆　发酵床表面粪便集中湿度大,没有及时往发热层中埋,使之形成蝇蛆滋生条件。解决的办法是驯导猪群分散排便,或人工及时清理粪便并将其埋入发热层使之发酵。在夏季新铺成的发酵床表面,如果湿度大也会生蛆,因垫料中有适合蛆生长的营养物质。垫料经过发酵后,如果没有猪粪堆积,一般不会再生蛆。在垫料没有完全发酵之前,可在猪饲料中加入蝇蛆净,防止蝇蛆发生。

10)猪皮肤出现红疹　可能是垫料中含有致敏成分。应对方法是:提前晾晒垫料,特别是气味重的垫料。如果过敏症状明显,可以在猪饲料中投放脱敏药物防治。例如地塞米松(孕猪不能用)或氯苯那敏,配合维生素 C 使用。

2. 兔粪发酵技术　据测定,干兔粪中蛋白质含量 18.4%,粗脂肪 4%,无氮浸出物 16.8%,还含有烟酸、泛酸、维生素 B_2、维生素 B_{12} 等多种维生素。兔粪经过发酵后蛋白质能增加 12% ~ 13%,粗蛋白质含量可以达到 30.4% ~ 31.4%,纤维素降低 10% 以上,无氮浸出物增加 10% 以上,可以达到 27% 左右,可以代替猪饲料的 40%,不影响育肥猪的生长速度。这里将兔粪发酵技术介绍如下。

(1)兔粪收集与处理　兔场内选一个小场地,将其平整,地面进行硬化,作为兔粪的晒场。5 ~ 10 月每天都要收集,收集上来后放在硬化的晒场上晒干,夏季气温高兔粪会发霉,拾出很麻烦。每年的 11 月至第二年的 4 月由于气温低,可以 2 ~ 3 天收集一次。收集的兔粪在小晒场晒干以后用平板锹拍碎,可以上发酵床,也可以装入编织袋暂存。刚收集的兔粪要拾出兔毛和其他杂物,再进行晒干。

(2)选择发酵剂　用河南省科学院生物研究瑞特利生物技术有限公司生产的益生王。这是多个学员在生产实践中验证过的。

(3)兔粪发酵方法　准备 1 间兔粪发酵房,房子有后窗,地面上固定 4 行立砖,每边两行,中间留一条操作通道。两行间立砖距离 50 ~ 60 厘米,其上放兔粪发酵袋。每边放一排发酵袋后与墙之间还要留 10 ~ 20 厘米的道缝,以便通风。

兔粪发酵操作:按 100 千克干兔粪 40 ~ 50 千克饮用水、0.5 千克益生王发酵剂。将发酵剂均匀地撒布在干兔粪上,一边洒水一边翻兔粪,水用完了还要再继续翻,直到湿度均匀。准备大量的大塑料袋。兔粪、水、发酵剂混合均匀后,开始装袋。一边往塑料袋装料,一边压袋中的料,压得愈实愈好,但必须均匀,不能这一段实那一段不实,或这一边压得实那一边压得不实。若是买的成捆塑料筒,可以截成140厘米1段,一头先扎紧,从另一头装料,料装100厘米长时把另一头也扎紧,横放在发酵室立砖上,可以放3~4层。发酵室湿度不能低于10℃,低于10℃发酵剂就延迟启动。冬季发酵室温度保证17℃以上,这一温度下8~10天可以发酵成功;在20~25℃的温度下7天左右发酵成功;30℃以上4~5天就发酵成功。

(4)兔粪发酵成功与否的鉴定方法　按照发酵室的温度估计发酵时间,时间到了,先选择1袋,解开袋口,从里面抓出一把,若发酵成功,闻一闻,其气味近似酒糟的味,既有酸香味还带微弱的酒香味。其实这样的气味一打开袋子就能闻到了,发酵好的兔粪料深部气味更浓一些。如果发酵没有成功,一打开袋子,就闻到臭味,一点没有酒糟味加酒香味。

(5)发酵不成功的原因　兔粪中加水量超过60%,发酵剂中好氧菌不能繁殖甚至死亡,剩余的厌氧菌数量小不能发酵;发酵剂品质差,发酵放置地方温度过高,加速菌种老化;发酵剂放置时间过长,菌种自然老化等。只要克服以上因素的影响,兔粪发酵应是很顺利的。

(三)其他两项与养兔循环利用项目

1. 地鳖虫与兔同时饲养　养兔与养地鳖虫就是这样一种结合。办一个存栏200只基础母兔的小型兔场,只用把兔粪收集起来进行发酵,将发酵兔粪晾至含水量20%~25%,既可以做地鳖虫的养殖土,又可以做它们的饲料。在地上挖1.5米左右的长沟,上面搭上棚,只要夏季不进雨水,冬季不积雪就行。沟内铺一层发酵兔粪,大地鳖虫15~20厘米厚,小地鳖虫10厘米厚,地沟冬暖夏凉,放进地鳖虫后,只要经常去看一看养殖土的湿度不要过干就可以,不添加饲料、不清粪省了很多工,集中力量搞好养兔生产稳定收入,保证生活。过三个夏季有收获了集中收获一次,再增加一次收入。多修一些地沟,年年都投一批种,年年都有地鳖虫长成、收获。

地鳖虫养殖土用的兔粪发酵方法和养猪用的发酵方法有所不同,比较简单一些。不用袋装,也没在冬季气温低的时候发酵,因为地鳖在气温低的时期冬眠,不用再新加养殖土。

地鳖虫用的兔粪发酵时发酵的办法。一次发酵量较大,省时也省工。

发酵的方法是:将收集晒干的兔粪用平板锹拍碎,准备相当于干兔粪重量的40%~50%的清洁水和0.5%益生王发酵剂,在场地上混合均匀,然后拢成馒头状堆,拍实,堆上盖麻袋或编织袋,保温和防灰尘落在其表面上。例如是中秋前后发酵,日平均温度20℃左右,即7天左右发酵成功,到时用较长的玻璃体温计插入料堆20厘米深,5分后拔出,若温度在50~60℃,即发酵成功。然后把表层盖的麻袋片揭下来,从表层刮下来一块层料埋在发酵堆的中心,再把堆的表面平整好,拍实,再盖上麻袋片,继续发酵2~3天,才算发酵完好。然后扒开散热散湿,待水量达到20%~25%时,即可铺在地鳖虫养殖沟内。

2. 蚯蚓与兔同时饲养 蚯蚓食性很广,属杂食动物。兔粪,牛粪,草,饭店的废料、残汤剩饭等,都可以做它的饲料。

养殖方法可以分为土法养殖和工厂化养殖两种方法:

(1)土法养殖 土沟养殖:在背风、背阴、潮湿、土质肥沃处挖一养殖沟,沟宽1米,深60~80厘米,长度根据条件而定。在沟底先铺5厘米厚的猪粪或鸡粪,粪上再铺5厘米厚的一层耕地里的熟土,熟土以上铺10厘米以上的发酵好的兔粪。然后按每平方米放40条左右性成熟的大蚯蚓。依此法再放2层,最后在上层覆盖3~5厘米的耕地土。最后在沟上方搭一简易棚,防止雨水浇入沟内将蚯蚓淹死。

养殖池养殖:在地下建造能贮存发酵兔粪的池子,大小不限,以方便操作为原则。把发酵好的兔粪放入池内,厚50厘米左右,池温控制在15~25℃。一般3米^{2}的池子可养10万条左右的蚯蚓。做好饲料的保湿工作和防雨水淋入池内的工作。过一段时间检查一次兔粪消耗情况,若兔粪少了可以补充,蚯蚓多了要收获一部分,降低密度。也可以在地上用砖建池,周围开水槽,床用砖砌,水泥抹缝防止逃跑。池面5~10米^2,长方形、正方形均可以。池底先铺20~30厘米发酵兔粪,表层铺1层耕地里的熟土5~10厘米厚。池上搭棚防雨水浇在池里。注意检查兔粪消耗情况,不足时随时添加。

(2)工厂化养殖 大棚式养殖法:建造宽6米、长30米的塑料大棚。棚顶用有色塑料布遮光。棚内地面用水泥抹平,棚两边各2米作饲养区,中间2米用作走道。两边养殖区可以建成多层浅池,池深50厘米即可。池内全铺成发酵兔粪,厚度35厘米。棚内温度控在20~30℃,养殖温度15~25℃,这是蚯蚓生长发育最适宜的温度。棚内温度如超过30℃,可在棚内喷水降温。

室内多层养殖池养殖:有多余闲房的可在室内建成多层式养殖池,深50

厘米,发酵兔粪铺35厘米,温度保持20~25℃,兔粪含水量保持60%~70%,然后放入种蚓。

(3)管理要点 防天敌:天敌有禽、鸟、鼠、蛇、青蛙和蟾蜍,以及壁虱、蚂蚁、蚂蟥、蜈蚣等。

防逃:在温度、湿度、酸碱度不适宜时,或养殖密度过大时,便会引起蚯蚓逃跑。

定期清除蚓粪:当饲料大部分转变成蚓粪时,应及时清出,换上新的发酵兔粪,保持饲料清洁。

参 考 文 献

[1]郑艳华,张宝庆,裘孝良.家庭养兔.北京:中国农业出版社,2000.

[2]任克良.现代獭兔养殖大全.太原:山西科学技术出版社,2002.

[3]鲍国连.兔病鉴别诊断与防治.北京:金盾出版社,2005.

[4]向前,姜继民.怎样提高养长毛兔效益.北京:金盾出版社,2006.

[5]向前.优质獭兔饲养技术.郑州:河南科学技术出版社,2005.

[6]向前.肉兔安全高效饲养技术.郑州:中原农民出版社,2009.

[7]向前.兔繁殖障碍病防治关键技术.郑州:中原农民出版社,2006.

[8]向前.养兔科学用药指南.郑州:河南科学技术出版社,2013.

[9]向前.兔产品加工技术.郑州:中原农民出版社,2002.

[10]向前.兔产品实用加工技术.北京:金盾出版社,2009.